知识生产的原创基地
BASE FOR ORIGINAL CREATIVE CONTENT
颉腾科技
JIE TENG TECHNOLOGY

CiaoCiao 船长
征服Java

喂养大脑更好的Java技能练习

卷 I

Captain CiaoCiao
erobert Java

[德] 克里斯蒂安·尤伦布姆 / 著
刘玲玉 王佳莹 / 译

北京理工大学出版社
BEIJING INSTITUTE OF TECHNOLOGY PRESS

版权专有　侵权必究

图书在版编目(CIP)数据

CiaoCiao船长征服Java：喂养大脑更好的Java技能练习卷. Ⅰ /(德)克里斯蒂安·尤伦布姆著；刘玲玉，王佳莹译. -- 北京：北京理工大学出版社, 2025.6.
　　ISBN 978-7-5763-5424-9

Ⅰ. TP312.8

中国国家版本馆CIP数据核字第2025FB1998号

北京市版权局著作权合同登记号　图字：01-2023-3102号
Copyright © 2021 Rheinwerk Verlag, Bonn 2021. All rights reserved.
First published in the German language under the title "Captain CiaoCiao erobert Java"（ISBN 978-3-8362-8427-1）by Rheinwerk Verlag GmbH, Bonn, Germany.
Simplified Chinese edition copyright © 2025 by Beijing Jie Teng Culture Media Co., Ltd. through Media Solutions, Tokyo Japan（info@mediasolutions.jp）
All rights reserved. Unauthorized duplication or distribution of this work constitutes copyright infringement.

责任编辑：钟　博　　　　**文案编辑：**钟　博
责任校对：刘亚男　　　　**责任印制：**施胜娟

出版发行 / 北京理工大学出版社有限责任公司
社　　址 / 北京市丰台区四合庄路6号
邮　　编 / 100070
电　　话 / （010）68944451（大众售后服务热线）
　　　　　　（010）68912824（大众售后服务热线）
网　　址 / http://www.bitpress.com.cn

版 印 次 / 2025年7月第1版第1次印刷
印　　刷 / 三河市中晟雅豪印务有限公司
开　　本 / 787 mm×1092 mm　1/16
印　　张 / 24.5
字　　数 / 369千字
定　　价 / 169.00元

图书出现印装质量问题，请拨打售后服务热线，负责调换

亲爱的读者朋友：

很荣幸在此介绍海盗 Bonny Brain、船长 CiaoCiao 和各位船员。海盗们为自己设定了一个目标：征服 Java。他们不仅想在此登陆，更是想要最终占领 Java 中每一处有趣的角落。

如果你也有同样的目标，那你就找对地方啦。或许你听过本书作者克里斯蒂安·尤伦布姆（Christian Ullenboom）的另一本书：《Java 岛：程序员经典标准教程》（*Java ist auch eine Insel. Einführung, Ausbildung, Praxis*），该书包罗万象，是一本非常详尽的综合手册。而在本书中你也将受益于作者丰富的知识储备和讲师经验，书中还包含了他实操多年的练习材料。

你可以将本书与任一教材或其他资料配合使用，因为在每章的开头都有该章练习内容所属类别和方法的摘要。相对应地，你也能够很快地为每个主题找到合适的练习。

本书最为便捷的使用方式是配合作者所编写的综合手册进行练习：你可以通过练习里的章节指示快速地找到其在《Java 岛：程序员经典标准教程》中的相应内容。本练习手册对应《Java 岛：程序员经典标准教程》的原书第 15 版，但你也可以通过标题指引配合其他版次的综合手册进行学习。有时，本手册还会提到《Java SE 9 标准库：Java 开发人员手册》（*Java SE 9 Standard-Bibliothek. Das Handbuch für Java-Entwickler*）中的章节内容以便深化学习。

本书适用于自 Java 8 起的所有 Java 版本。如果任务涉及 Java 的更高版本，则会明确说明它是属于哪个功能和自第几版本起的 Java 可以使用。

小提示：如果你想尽办法，但 Java 仍无法按预期运行，或者你有任何建议，请随时与我们联系。期待你的建设性批评！

祝你和船长及他的船员们玩得开心！

Rheinwerk Computing 的编辑阿尔穆特·波尔（Almut Poll）

可以通过以下方式联系我
电子邮件：almut.poll@rheinwerk-verlag.de
网站：www.rheinwerk-verlag.de
地址：Rheinwerk Verlag · Rheinwerkallee 4 · 53227 Bonn

目录
CONTENTS

序言

第 1 章　Java 也是一种语言　　001

1.1　字节码和 JVM　　001
1.1.1　移植 Java 程序 ★　　001
1.2　Java 开发人员的工具　　002
1.2.1　了解集成开发环境的错误反馈 ★　　002
1.3　建议解决方案　　003

第 2 章　命令式语言概念　　005

2.1　屏幕输出　　005
2.1.1　认识 SVG 规范 ★　　005
2.1.2　在控制台中写一个 SVG 圆圈 ★　　006
2.2　变量和数据类型　　007
2.2.1　访问变量和输出赋值 ★　　008
2.2.2　测试：遵循取值范围 ★　　008
2.2.3　测试：并不是那么准确 ★★　　008
2.2.4　形成随机数并生成不同的圆圈 ★　　009
2.2.5　测试：避免混淆 ★　　010
2.2.6　处理用户输入 ★　　010
2.3　表达式、操作数和运算符　　010
2.3.1　测试：在区域内检查 ★　　010

2.3.2	检查是否能公平地分配战利品 ★	011
2.3.3	两个数包含相同的数字吗？★★	011
2.3.4	将货币金额转换为硬币 ★★	012
2.3.5	1 瓶朗姆酒、10 瓶朗姆酒 ★	013
2.3.6	21 点 ★	013
2.3.7	测试：零效应 ★	014
2.4	**条件判断**	**014**
2.4.1	支付日 ★	014
2.4.2	测试：错误分支 ★★	014
2.4.3	转换升的数据 ★★	015
2.4.4	生成随机色的 SVG 圆圈 ★	016
2.4.5	测试：»else« 属于哪块？★★	016
2.4.6	评估输入的字符串是否获得许可 ★	016
2.5	**循环**	**017**
2.5.1	创建旋转的 SVG 矩形 ★	017
2.5.2	创建 SVG 珍珠项链 ★	018
2.5.3	从命令行对数字求和 ★	018
2.5.4	实践一个数学现象 ★	018
2.5.5	测试：会出现多少个星号？★	019
2.5.6	计算阶乘的乘积 ★	019
2.5.7	判断一个数字是否是阶乘 ★	020
2.5.8	找出一个数各位中的最小和最大数字 ★	021
2.5.9	测试：这样从 0 到 100 不可行 ★★	021
2.5.10	用嵌套循环画一个风中的旗帜 ★	022
2.5.11	输出简单的棋盘 ★	022
2.5.12	圣诞来啦：装饰圣诞树 ★	023
2.5.13	绘制鱼形刺绣图案 ★	023
2.5.14	以尝试代替思考 ★	024
2.5.15	确定一个数的位数 ★★	024
2.6	**方法**	**025**
2.6.1	画心 ★	025
2.6.2	实现重载 line() 方法 ★	025
2.6.3	必须垂直 ★	025
2.6.4	计算科拉茨序列 ★	026

2.6.5　创建乘法表★　　　　　　　　　　　　　　　027
2.7　建议解决方案　　　　　　　　　　　　　　　028

第 3 章　类、对象、包　　　　　　　　　　　　066

3.1　创建对象　　　　　　　　　　　　　　　　　066
3.1.1　绘制多边形★★　　　　　　　　　　　　　066
3.2　导入和包　　　　　　　　　　　　　　　　　068
3.2.1　测试：按顺序才好★　　　　　　　　　　　068
3.3　使用引用　　　　　　　　　　　　　　　　　068
3.3.1　测试：点的短暂一生★　　　　　　　　　　068
3.3.2　创建三角形★　　　　　　　　　　　　　　069
3.3.3　测试：== vs. equals(...)★　　　　　　　　069
3.3.4　测试：避免空指针异常（NullPointerException）★　070
3.4　建议解决方案　　　　　　　　　　　　　　　070

第 4 章　数组　　　　　　　　　　　　　　　　075

4.1　万物皆有类型　　　　　　　　　　　　　　　075
4.1.1　测试：数组类型★　　　　　　　　　　　　075
4.2　一维数组　　　　　　　　　　　　　　　　　076
4.2.1　运行数组并输出风速和风向★　　　　　　　076
4.2.2　确定营业额的持续增长★　　　　　　　　　076
4.2.3　搜索连续的字符串，看看咸鱼斯诺克来了没有★　077
4.2.4　反转数组★　　　　　　　　　　　　　　　078
4.2.5　找到最近的电影院★★　　　　　　　　　　078
4.2.6　突袭糖果店，公平分配战利品★★　　　　　079
4.3　拓展 for 循环　　　　　　　　　　　　　　　080
4.3.1　绘制大山★★　　　　　　　　　　　　　　080
4.4　二维和多维数组　　　　　　　　　　　　　　081
4.4.1　检查迷你数独的有效解决方案★★★　　　　081
4.4.2　放大图像★★　　　　　　　　　　　　　　081

目录　|　7

4.5 可变参数列表 082
- 4.5.1 用可变数量的参数创建 SVG 多边形 ★ 082
- 4.5.2 检查赞成票 ★ 083
- 4.5.3 救命，4 的恐惧症！把所有的 4 往后放 ★★ 083

4.6 常用类数组 084
- 4.6.1 测试：复制数组 ★ 084
- 4.6.2 测试：比较数组 ★ 084

4.7 建议解决方案 084

第 5 章 字符串处理 104

5.1 String 类及其特点 104
- 5.1.1 测试：字符串是内置关键字吗？★ 104
- 5.1.2 用简单的连接构建 HTML 元素 ★ 104
- 5.1.3 填充字符串 ★ 105
- 5.1.4 双倍字符，检查传输安全 ★ 105
- 5.1.5 交换 Y 和 Z ★ 106
- 5.1.6 给出挑衅的答案 ★ 107
- 5.1.7 测试：用 == 和 equals(...) 比较字符串 ★ 108
- 5.1.8 测试：equals(...) 是对称的吗？★ 108
- 5.1.9 测试字符串的回文属性 ★ 108
- 5.1.10 检查 CiaoCiao 船长是否站在中间 ★ 108
- 5.1.11 找到数组中最短的名字 ★ 109
- 5.1.12 计算字符串出现的次数 ★ 109
- 5.1.13 找出更大的团队 ★ 110
- 5.1.14 建造钻石 ★★ 111
- 5.1.15 给单词添加下划线 ★★ 111
- 5.1.16 删除元音字母 ★ 111
- 5.1.17 检查密码好不好 ★ 112
- 5.1.18 计算校验和 ★ 112
- 5.1.19 拆分文本 ★★ 113
- 5.1.20 用最喜欢的花画一片草地 ★★ 113
- 5.1.21 识别重复 ★★ 115
- 5.1.22 限制行的边界并重新排版行 ★★ 115

5.1.23	测试：有多少个字符串对象？★	116
5.1.24	检查水果是否裹上了巧克力 ★★	116
5.1.25	从上到下，从左到右 ★★	116
5.2	使用 StringBuilder 的动态字符串	117
5.2.1	和鹦鹉练习字母表 ★	117
5.2.2	测试：轻松添加 ★★	118
5.2.3	将数字转换为一元编码 ★	119
5.2.4	通过交换来减小重量 ★	120
5.2.5	不要射杀信使 ★	120
5.2.6	压缩重复的空格 ★★	121
5.2.7	插入和移除噼啪声和爆裂声 ★	121
5.2.8	拆分骆驼拼写法字符串 ★	121
5.2.9	实现恺撒加密 ★★★	122
5.3	建议解决方案	122

第 6 章　编写自己的类　　172

6.1	类声明和对象属性	172
6.1.1	用对象变量和主程序声明收音机 ★	173
6.1.2	收音机的实现方法 ★	173
6.1.3	私有部分：使对象变量私有 ★	174
6.1.4	创建 Setter 和 Getter ★	175
6.2	静态属性	175
6.2.1	将电台名称转换为频率 ★	175
6.2.2	使用跟踪器类编写日志输出 ★	176
6.2.3	测试：没有被盗 ★	177
6.3	枚举	177
6.3.1	给收音机添加 AM-FM 调制 ★	177
6.3.2	为调制设置有效的开始和结束频率 ★	178
6.4	构造函数	178
6.4.1	创建函数：编写收音机构造函数 ★	178
6.4.2	实现复制构造函数 ★	179
6.4.3	实现工厂方法 ★	179
6.5	关联	180

6.5.1	将显像管连接到电视机 ★	180
6.5.2	测试：关联、组合、聚合 ★	181
6.5.3	通过 1∶n 关联将收音机添加到船上 ★★	181
6.6	继承	182
6.6.1	通过继承将抽象引入电器 ★	182
6.6.2	测试：三、二、一 ★	183
6.6.3	测试：私有和受保护的构造函数 ★	184
6.6.4	确定打开的电器的数量 ★	184
6.6.5	船应容纳任何电器 ★	184
6.6.6	将正在工作的收音机带到船上 ★	185
6.6.7	火警不响：重写方法 ★	185
6.6.8	调用超类的方法 ★★	186
6.7	多态性和动态绑定	186
6.7.1	放假啦！关闭所有电器 ★	186
6.7.2	测试：Bumbo 是一种很棒的饮料 ★★	187
6.7.3	测试：调味伏特加 ★	188
6.7.4	测试：朗姆酒天堂 ★	188
6.8	抽象类和抽象方法	189
6.8.1	测试：消费设备作为抽象的超类？ ★	189
6.8.2	TimerTask 作为一个抽象类的例子 ★★	189
6.9	接口	191
6.9.1	比较电器的消耗 ★	191
6.9.2	找到耗电量最高的电器 ★	192
6.9.3	使用 Comparator 接口进行排序 ★	193
6.9.4	接口中的静态方法和默认方法 ★★	193
6.9.5	使用谓词删除选定的元素 ★★	194
6.10	建议解决方案	194

第 7 章　嵌套类型　　224

7.1	声明嵌套类型	224
7.1.1	在无线电类型中设置 AM–FM 调制 ★	224
7.1.2	写出三种类型的瓦特比较器的实现方法 ★	225

7.2	嵌套类型测试	226
7.2.1	测试：海盗本可以挥手★	226
7.2.2	测试：瓶中的名字★★	226
7.2.3	测试：再给我拿瓶朗姆酒★	227
7.3	建议解决方案	227

第 8 章　异常　　　　232

8.1	捕获异常	232
8.1.1	确定文件的最长行★★	233
8.1.2	识别异常，笑个不停★	233
8.1.3	将字符串数组转换为 int 数组，并对非数字进行宽松处理★	234
8.1.4	测试：到达终点★	234
8.1.5	测试：一个孤独的 try ★	235
8.1.6	测试：好的捕获★	235
8.1.7	测试：太多的好东西了★	235
8.1.8	测试：继承中的 try-catch ★★	236
8.2	抛出自己的异常	236
8.2.1	测试：throw 和 throws ★	237
8.2.2	测试：失败的除法★	237
8.3	编写自己的异常类	237
8.3.1	用自己的异常展示"瓦特是不可能的"★	237
8.3.2	测试：土豆或其他蔬菜★	237
8.4	try-with-resources	238
8.4.1	将当前日期写入文件★	238
8.4.2	阅读音符并写入一个新的 ABC 文件★★	238
8.4.3	测试：排除★	241
8.5	建议解决方案	242

第 9 章　Lambda 表达式和函数式编程　　　　256

9.1	Lambda 表达式	257

9.1.1	测试：识别有效的函数式接口 ★	257
9.1.2	测试：从接口实现到 Lambda 表达式 ★	258
9.1.3	为函数式接口编写 Lambda 表达式 ★	259
9.1.4	测试：像这样编写 Lambda 表达式？★	259
9.1.5	开发 Lambda 表达式 ★	260
9.1.6	测试：java.util.function 包的内容 ★	260
9.1.7	测试：了解映射的函数式接口 ★	260
9.2	方法引用和构造函数引用	262
9.3	选定的函数式接口	262
9.3.1	删除条目，移除评论，转换为 CSV ★	263
9.4	建议解决方案	264

第 10 章　Java 库中的特殊类型　　270

10.1	终极超类 java.lang.Object	271
10.1.1	生成 equals(Object) 和 hashCode() ★	271
10.1.2	现有的 equals(Object) 实现 ★★	272
10.2	Comparator 和 Comparable 接口	272
10.2.1	测试：是否为自然排序 ★	273
10.2.2	处理超级英雄	273
10.2.3	比较超级英雄 ★★	276
10.2.4	连接超级英雄比较器 ★★	276
10.2.5	使用键提取器快速调用 Comparator ★★	277
10.2.6	按距中心的距离对点进行排序 ★	279
10.2.7	查找附近的商店 ★★	279
10.3	自动装箱	280
10.3.1	测试：拆箱时的 null 引用的处理 ★	280
10.3.2	测试：拆箱时的意外 ★★	280
10.4	枚举类型（enum）	281
10.4.1	糖果的枚举	281
10.4.2	提供随机糖果 ★	282
10.4.3	用成瘾因素标记糖果 ★★	282
10.4.4	通过枚举实现的接口 ★★	283

10.4.5　测试：通报舰和双桅横帆船★　　284
10.4.6　统一枚举★★★　　284
10.5　建议解决方案　　285

第11章　高级字符串处理　　309

11.1　格式化字符串　　309
11.1.1　创建 ASCII 表格★　　309
11.1.2　对齐输出★　　310
11.2　正则表达式和模式识别　　311
11.2.1　测试：定义正则表达式★　　311
11.2.2　确定社交媒体上的人气★　　311
11.2.3　识别被扫描的数值★　　312
11.2.4　小声点！消除尖叫的文本（Java 9）★　　313
11.2.5　识别数字并将它们转换成单词★★　　313
11.2.6　将 AM 和 PM 时间转换为 24 小时制★　　314
11.3　将字符串拆分为标记　　314
11.3.1　使用 StringTokenizer 拆分地址行★　　314
11.3.2　将句子拆分为单词并反置★　　315
11.3.3　检查数字之间的关系★　　316
11.3.4　将 A1 表示法转换为列和行★★　　316
11.3.5　解析含有坐标的简单 CSV 文件★　　317
11.3.6　使用游程编码无损压缩字符串★★★　　318
11.4　字符编码和 Unicode 排序算法　　319
11.4.1　测试：Unicode 字符编码★　　319
11.4.2　测试：使用和不使用 Collator 的字符串排序★　　319
11.5　建议解决方案　　319

第12章　数学相关　　339

12.1　Math 类　　339
12.1.1　测试：π 乘以大拇指等于多少？★　　339

12.1.2　检查丁丁在舍入时是否作弊★　　　　　　　　　　　341
12.2　大而精准的数字　　　　　　　　　　　　　　　　　　342
12.2.1　计算一个大整数的算术平均值★　　　　　　　　　342
12.2.2　电话里的逐个数字★　　　　　　　　　　　　　　342
12.2.3　发展分数类并约分★★　　　　　　　　　　　　　342
12.3　建议解决方案　　　　　　　　　　　　　　　　　　　344

编后语　　　　　　　　　　　　　　　　　　　　　　　　　353

附录 A　Java 领域中常见的类型和方法　　　　　　　　　355

A.1　经常出现的类型的包　　　　　　　　　　　　　　　　355
A.2　100 个最常使用的类　　　　　　　　　　　　　　　　357
A.3　100 种常用的方法　　　　　　　　　　　　　　　　　361
A.4　100 个最常用的方法，包括参数列表　　　　　　　　　365

序言
PREFACE

刚开始接触编程的人会不断地问自己同样的问题：作为开发人员，我如何取得进步，如何更好地编程？答案其实很简单——阅读、观看网络视频、学习、复习、练习、讨论。学习编程与学习其他技能在许多方面都有相通之处。只靠读书无法学会演奏一种乐器，观看《速度与激情》系列电影也不能教会我们开车。只有不断地练习和重复才能在大脑中建立模式和结构。学习自然语言和学习编程语言之间有很大的相似之处。坚持使用语言，以及使用语言表达自己和进行交流的迫切渴望与急切要求，例如使用这门语言去购买汉堡或啤酒，可以促使技能得到稳步提高。

市面上并不缺乏学习编程语言的书籍和网络视频。然而，阅读、学习、练习和重复只是第一步。我们必须把知识创造性地结合起来，才能成功地开发软件解决方案。而这一点只有通过练习才能做到，就像音乐家经常做手指练习和演奏曲目一样。练习效果越好，效率越高，就能越快成为大师。本书旨在帮助你迈出下一步并获得更多实践经验。

Java 16 声明包含大约 4 400 个类，1 300 个接口，以及更多的列表、注释和异常。这些类型中只有一小部分与实践相关，本书选择了其中最重要的类型和方法并提供相应的练习。我竭尽所能地将书中的练习编写得生动有趣，并提供符合 Java 编码规范的示例性解决方案，此外，也会展示多种多样的替代解决方案和方法。希望我提出的解决方案能清楚地展示非功能性需求，因为程序的质量不仅体现在"做它应该做的"，诸如正确缩进、遵守命名规范、正确使用修饰符、投入最佳实践、设计模式等也很重要，这些都是本书中提供的解决方案应展示的内容。简而言之：干净的代码。

知识储备和目标群体

本书专为初次接触 Java 或已经进阶并希望继续学习 Java SE 标准库的 Java 开

发人员设计，主要面向以下目标群体：

- 计算机专业大学生；
- IT 专家；
- Java 程序员；
- 软件开发人员；
- 求职者。

  本书的重点在于练习任务和完整的解决方案提议，其中包含有关 Java 特点、优秀的面向对象编程、最佳实践和设计模式的详细背景信息。本书中的练习任务最好配合教科书使用，因为本书相当于一本任务集，并不是一本典型的教科书。你可以配套使用我所编写的手册《Java 岛：程序员经典标准教程》——在本书中我标记了各个任务在手册中的相应章节，你也可以使用其他教科书，先学习所选教科书中的一个主题，然后解决本书中相应的任务，这也不失为一个好的学习方法。

  本书中的前期任务针对刚开始使用 Java 的编程初学者，而学习 Java 的时间越长，相应的 Java 任务要求就越高。故在书中对于初学者和高级开发人员都有相应水平的练习任务。

  Java 标准版可被许多框架和库扩展。本任务集不涉及特定库或 Java Enterprise 框架，如 Jakarta EE 或 Spring (Boot)。市场上有针对这种环境单独的练习册。本书也不需要 Profiling 之类的工具。

使用说明

  本书分为不同的模块，其中包含针对 Java 语言、Java 标准库的精选内容，如数据结构或文件处理等相关练习。每个模块都包含编程任务，此外还增加了附带小惊喜的"测验"。每一部分的内容都从学习动机、主题分类导入，紧接着是相关的练习任务。如果任务特别棘手，还会有额外的提示。其他任务可通过自行选择决定是否继续拓展练习。

  绝大多数的任务之间并没有直接的关联，读者可以从任意一个任务入手进行练习。只有在命令式编程章节，部分练习包含相对较大的项目，以及在面向对象编程章节中，部分任务是相互关联的。你可以在任务描述中找到相关说明。相对复杂的程序不仅能够帮助你结合任务学习不同的语言属性，赋予整个项目更多实际意义，还能激励你继续学习。

每项任务都会附有本人对任务复杂度的评估，以 1 星、2 星或 3 星来标记。当然，你在做任务过程中，也许对任务的难度会有不同的感受。

1 星★：任务简单，适合初学者。它们很容易解决，不是很费力，通常只需要迁移知识，如转写教科书中的内容。

2 星★★：需要付出更多时间，需要将不同的技术结合起来，需要拥有更强的创造力。

3 星★★★：任务更复杂，需要更多的知识积累，有时还需要检索相关资料。这些任务通常无法通过单一方法解决，而需要多个协同工作的类。

解决方案建议

每项任务至少有一个建议的解决方案。我不想称之为"标准答案"，以免暗示给定的解决方案是最好的，而所有其他解决方案都是无用的。读者应该将自己的解决方案与建议的解决方案进行比较，如果自己的解决方案比给出的解决方案更清晰，这是值得高兴的事情。书中提出的解决方案附带注解，因此理解各步骤应该不成问题。

为了避免大家在阅读任务后就直接翻看答案，所有建议的解决方案都收录在每一章节的结尾。这样自己解决任务的乐趣就不会被剥夺。

你可以在 https://www.rheinwerk-verlag.de/5329/ 和 https://github.com/ullenboom/captain-ciaociao 这两个网站上找到所有建议的解决方案。在一些解决方案中会出现 //tag::solution[ ] 样式的注释，它表明有关这些答案的相关段落是在本书中出现过的。

结合教科书和本书学习 Java

本书是作为 Java 教科书（或视频课程）的扩展实践部分编写的。虽然本书并不是其他教科书的配套练习书或实践书，但本书内容与作者所著的下列两本教科书的顺序相同：

▶《Java 岛：程序员经典标准教程》（Java 岛 1）
▶《Java SE 9 标准库：Java 开发人员手册》（Java 岛 2）

本书的章节开头附有《Java 岛：程序员经典标准教程》的相应章节指引，书中几乎所有的练习都可以通过学习《Java 岛：程序员经典标准教程》来解决，但并不是《Java 岛：程序员经典标准教程》的每一章节都能在本书中找到练习任务，如本书中并没有关于图形界面的内容。

本书优势

每个软件开发人员的目标都是将任务转换为程序，而这需要大量的练习和范例。本书很好地结合了两者。网上固然也有非常多的任务，但这些任务往往是混杂的，不成体系，其解决方案可能也已经过时。本书系统地编制任务，并提供了清晰的建议解决方案。研究这些建议解决方案并阅读代码有助于记住一些特定的模型。无法想象不阅读就能研读圣经，然而，软件开发人员阅读的第三方代码相对较少，他们往往只生产自己的代码，但讽刺的是，一段时间后他们很可能就无法理解自己写过的代码了。阅读也可以促进写作。在阅读时，我们的大脑会存储一些模型和解决方案，而这些模型和方案会被我们下意识地运用到我们自己的代码写作中。大脑是一个奇妙的器官，它可以根据模型自动联想，从中学习并进行加工。输入大脑的模型质量越好，神经结构就会越好。糟糕的解决方案是不良范例，我们应当只用好的代码"喂食"我们的大脑。以异常处理或错误处理为例，本书的所有建议解决方案都讨论了正确的输入值、可能发生的错误状态以及如何处理这些错误状态。我们并非生活在一个完美世界中，软件中总是会出现各种各样的问题，对此我们必须做好准备，不能忽视不完美的世界。

许多开发人员受限于自己编写软件的方式。因此，阅读新的解决方案以扩充词汇量是非常必要的。Java 开发人员的词汇是库。在企业工作的许多 Java 开发人员极少以面向对象的方式进行编程，而是编写庞大的类。本书旨在提高面向对象编程建模领域的技能。本书引入了新方法，创建了新数据类型，将复杂性降至最低。此外，函数式编程在当前的 Java 编程中也扮演着重要的角色。所有解决方案始终基于 Java 8（及更高版本）的现代语言。

一些建议解决方案可能过于复杂，但任务和建议解决方案可以帮助开发人员学会专注并反思思考步骤。专注力和快速掌握代码的能力在实践中非常重要，因为开发人员经常需要加入一个新的团队并能够理解和扩展其他源代码，甚至修复程序漏洞。即使是想要扩展现有开源解决方案的人也可以从这种专注练习中受益。

除了重点介绍 Java 编程语言、语法、库和面向对象外，本书还提供了大量关于算法、历史发展、与其他编程语言和数据格式的比较等内容。

如果还需要一个必须拥有本书的理由，那我告诉你，它也可以助你入眠。

所需软件

原则上，每项任务都可以用纸和笔解决。如果回到 50 年前，这甚至是唯一的解决方法。但如今专业的软件开发需要工具并需要能够正确使用工具。编程语言的句法知识、面向对象建模的可能性和标准库只是一方面，另一方面也需要 JVM（Java 虚拟机）、Maven 等工具或 Git 等版本控制系统，以及开发环境。有些开发者可以在开发环境中施展魔术，神奇地生成源代码，自动修正错误。

JVM

运行 Java 程序需要 JVM。之前这并不难，因为运行时环境最初由美国太阳微系统公司（Sun）提供。然而太阳微系统公司之后被甲骨文公司（Oracle）收购，我们虽仍然可从甲骨文公司获得运行时环境，但许可条款已被更改。我们可以使用甲骨文公司的 Java 软件开发工具包（Oracle JDK）进行软件测试和开发，但不能进行生产操作。如需要进行此类操作，甲骨文公司要收取专利许可费。这导致很多机构使用开源版本的 Java 软件开发工具包（OpenJDK）编译自己的运行时环境。读者可以使用 Eclipse Adoptium（仍以 AdoptOpenJDK 的名称为人所知，https://adoptopenjdk.net）、Amazon Corretto（https://aws.amazon.com/de/corretto）、Red Hat OpenJDK（https://developers.redhat.com/products/openjdk/overview）和其他产品，如来自 Azul Systems 或 Bellsoft 的产品编译运行时环境。读者可以选择任意一个发行版，没有强制规定。

本书中的大部分任务都可以使用 Java 8 版本解决，无须使用更高版本的 Java。当然，新的 Java 版本提供了语言和库的扩展，但 Java 8 在企业中仍被广泛使用。具有更新语言元素和应用程序编程接口（API）的任务带有标识符，读者可以自行筛选任务。

开发环境

Java 源代码只是文本，因此原则上一个简单的文本编辑器就足够了。但是，我们不能期望像记事本这样的编辑器具有很高的生产力。现代开发环境可以支持我们完成许多任务：关键字的颜色突出显示、自动完成代码、智能纠错、插入代码块、可视化调试器中的状态等。因此，建议读者使用完整的开发环境。目前流行的四种集成开发环境（IDE）是 IntelliJ、Eclipse、Visual Studio Code 和 (Apache) NetBeans。与 Java 运行时环境一样，读者可以自行选择开发环境。Eclipse、NetBeans 和 Visual Studio Code 是免费开源的，IntelliJ 社区版也是免费开源的，但功能更强大的 IntelliJ 终极版是收费的。

自本书中间的某些任务开始，需要通过 Maven 来实现项目依赖关系。

本书代码格式说明

本书中代码使用等宽字体，文件名使用斜体。为了区分方法和属性，方法总是包含一对括号，如"变量 max 包含最大值"或"max( ) 返回最大值"。由于方法可以重载，所以在命名参数列表时，要么如 equals (Object) 这样，要么用省略号缩写，如"各种 println (...) 方法"。如果一组标识符被寻址，则会将其写成 XXX，类似"printlnXXX (...) 会在屏幕上显示 ..."。

为了避免本书内容过于冗余，建议解决方案通常只包含相关的代码片段。文件名会在列表签名中显示，如下所示：

```
class VanillaJava { }
```
列表 1 VanillaJava.java

我们时常需要从命令行调用程序（同义词：命令行、控制台、shell）。由于每个命令行程序都有自己的提示序列，所以在本书中一般用 $ 表示它。用户的条目以粗体设置。例如：

```
$ java –version
openjdk version "15" 2020-09-15
OpenJDK Runtime Environment (build 15+36-1562)
OpenJDK 64-Bit Server VM (build 15+36-1562, mixed mode, sharing)
```

如果特别强调是 Windows 命令行，则会使用提示字符 ">"。例如：

```
> netstat -e
Schnittstellenstatistik
```

	Empfangen	Gesendet
Bytes	1755832001	2040354965
Unicastpakete	122394006	119142408
Nicht-Unicastpakete	2120671	163121
Verworfen	0	0
Fehler	0	0
Unbekannte Protok.	0	

船长 CiaoCiao 和 Bonny Brain 的帮助

CiaoCiao 船长和 Bonny Brain 是现代化的海盗，他们在忠诚的船员帮助下在海洋中航行。他们在各大洲做着不正当的生意；土匪和雇佣兵是他们的助手。他们的家乡是巴鲁岛，他们所使用的货币是里雷塔！由于工作人员来自世界各地，所以编程版本也总是用英文书写。

在前段时间，CiaoCiao 船长和 Bonny Brain 帮助你解决了问题。现在该还债啦。请帮助他们两个处理他们的事务。这将是值得的！

关于作者

克里斯蒂安·尤伦布姆 10 岁时在 C64 计算机上敲出了他的第一行代码。经过多年的编程和早期的 BASIC 语言扩展，在计算机科学和心理学专业毕业后，他旅行来到了 Java 岛。在 Python、JavaScript、TypeScript 和 Kotlin 的假期旅行还是没能把他从学者综合征中解脱出来。

20 多年来，克里斯蒂安·尤伦布姆一直是一位充满激情的软件架构师、Java 培训师 (http://www.tutego.de) 和 IT 专家培训师。基于多年的培训经历，他创作了两本著名的专业图书：《Java 岛：程序员经典标准教程》（第 15 版，Rheinwerk 2020，Java 岛 1）和《Java SE 9 标准库：Java 开发人员手册》（第 3 版，Rheinwerk 2017，Java 岛 2）。这些书让读者更接近 Java 编程语言。2005 年，太阳微系统公司（如今的甲骨文公司）表彰了克里斯蒂安·尤伦布姆对 Java 的杰出贡献。太阳微系统公司以及之后的甲骨文公司至今授予了世界各地 300 多人"Java 冠军程序员"的称号。

作为一名 Java 讲师，他不仅会讲解，还会设计各类练习任务以确保良好的培训效果。在此过程中，他创建了一个庞大并且全面的任务目录，并不断进行扩展和更新。本书汇编了这些任务，包括完整的、记录在案的解决方案。

作为爱好，他在多特蒙德建立了 BINARIUM (http://www.binarium.de)，这是最大的家用计算机和游戏机博物馆之一。克里斯蒂安·尤伦布姆生活在莱茵河下游的松斯贝克。

致谢

在此，我要感谢以不同方式为本书的顺利出版做出贡献的每个人。特别感谢校对人员 Michael Rauscher、Thomas Meyer 和 Kevin Schmiechen。

第 1 章
Java 也是一种语言

许多初学者陷入了"教程地狱":他们读了很多书,也看了很多视频。但是,迈出第一步很重要,因此本章旨在帮助您摆脱对实战练习的恐惧。在学习本章的过程中,我们可以更好地了解开发环境,从命令行开始启动程序,更清楚地认识 Java 编译器和运行时环境之间的任务分工。

1.1 字节码和 JVM

在 Java 早期,编译器通常会生成一个直接可执行的机器文件,而太阳微系统公司想要的是一个不受限于平台的编程语言——这促成了 Java 的出现。为此,编译器不再生成机器代码,Java 编译器则生成字节码。这种字节码不会绑定在一台机器上。为了执行字节码,必须有一个运行环境和一个函数库,这被称为 Java 运行时环境(Java Runtime Environment,JRE)。JRE 的一部分是 Java 虚拟机,或简称 JVM,它可以执行字节码。

1.1.1 移植 Java 程序★

任何开始编程的人都一定遇到过这样一个经典任务:Hello World 任务。这个小例子出现在 20 世纪 70 年代中期的 C 语言教程中,此后被运用到不同的编程语言中。这个程序虽然很小,但它有一个重要的目的:测试所有开发工具是否被正确安装以及能否正常运行。

任务:

以 Application.java 命名并保存以下程序,注意大小写。

```
public class Application {
```

```
    public static void main( String[] args )
      { System.out.println( "Aye Captain!" );
    }
}
```

列表 1.1 Application.java

现在可以使用
$ javac Application.java
进行编译并使用
$ java Application
运行程序。

提问：
- 可以将 Application.class 文件从 Windows 计算机复制到 Linux，并在 Linux 中使用 Java 程序执行它吗？
- 计算机中必须安装哪些软件？

1.2 Java 开发人员的工具

下列开发环境都能很好地掌握核心任务，但如何选择取决于个人偏好。

- IntelliJ (https://www.jetbrains.com/idea/)
- Eclipse (https://www.eclipse.org/)
- Visual Studio Code (VSC) (https://code.visualstudio.com/)
- (Apache) NetBeans IDE (https://netbeans.apache.org/)

本书完全独立于集成开发环境（IDE）。所有开发者都应该熟练应用键盘快捷键、调试器和其他工具。

制造商网站和 YouTube 网站提供了大量这方面的材料，例如：

- Eclipse: https://help.eclipse.org/, https://www.youtube.com/user/EclipseFdn/playlists?view=50&sort=dd&shelf_id=6
- IntelliJ: https://www.youtube.com/user/intellijideavideo

1.2.1 了解集成开发环境的错误反馈★

这项任务可以帮助我们更好地了解开发环境，让我们再来看看下面这个程序：

```
public class Application {
  public static void main( String[] args ) {
    System.out.println( "Aye Captain!" );
  }
}
```

列表 1.2 Application.java

任务：
将 Application.java 转入集成开发环境。
故意在程序代码中犯错，并观察错误反馈，例如：

- 改变文件名。
- 改变大小写，如用 Class 代替 class。
- 只有当类包含 public static void main(String[] args) 这个特别方法时，主程序才会启动。如果方法不叫 main，而是叫别的名称，如 Main 或 losgehts，那么会发生什么？
- 输入变元音或心形图案可以吗？

经常使用空白，即空格（通常不是制表符）和每条指令后经常换行。以下代码是否有效？

```
public class Application{public static void main(String[
]args){System.out.println("Aye Captain!");}}.
```

1.3 建议解决方案

任务 1.1.1：移植 Java 程序

如果把 Application.class 文件从 Windows 计算机复制到 Linux 计算机中，那么它是可以在 Linux 中执行的。但为了执行该文件，我们始终需要一个运行时环境，如 Oracle JDK。

任务 1.2.1：了解集成开发环境的错误反馈

我们可以有意识地尝试以下错误：

▶ 如果一个类具有 public 访问权限，则文件名必须与类相同。我们可以改变文件名或类名。集成开发环境会认识到这个错误，并且建议重新命名。

▶ 在 Java 中，关键词总是以小写的形式出现。如果你把关键字（如 public 或 class）或者单个的字母大写，那么会发生什么？在这种情况下，会出现编译器错误。

▶ 如果开始方法不是被设置为 public static void main(String[] args)，而是用其他方法呈现，则编辑器不能正确识别该方法，但编译器会正确翻译程序，因为如果写成 public static void losgehts(String[] args)，那么原则上该方法也会被视为我们想要的方法。因为这是一个语义错误，而不是编辑器或编译器无法识别的语法错误，但在程序启动时，运行时环境会提示错误："该 main(...) 方法不存在"。

▶ 方法由一系列指令组成——这些指令用大括号括起来。这同样适用于类，它由一组方法组成，这些方法也必须作为一个整体放置在一个代码块中。缩进在 Java 中无关紧要，而完全省略大括号会引起错误。

▶ 大括号必须成对出现，省略任意一个大括号都会引发编译器错误。

▶ 字符串文字在不同的编程语言中由不同的符号构成。有些编程语言使用双引号（"），有些编程语言使用单引号（'），还有些编程语言使用反引号（`）。Java 原则上只能使用双引号的字符串，否则会出现编译错误。单引号用于单个字符（数据类型 char）。

▶ 在 Java 中，空格用于使源代码更清晰，尤其是使代码块变得清晰可见。有些空格可以被删除，你可以尝试找出哪些空格可以被删除，哪些不能被删除。任务中给出的代码一般都是正确的。

第 2 章
命令式语言概念

JVM 的核心任务就是评估表达式和列出指令。本章的任务侧重于不同的数据类型、各种运算符和条件执行。

本章使用的数据类型如下：

- java.lang.System (https://docs.oracle.com/en/java/javase/11/docs/api/java.base/java/lang/System.html)
- java.lang.Math (https://docs.oracle.com/en/java/javase/11/docs/api/java.base/java/lang/Math.html)
- java.lang.ArithmeticException (https://docs.oracle.com/en/java/javase/11/docs/api/java.base/java/lang/ArithmeticException.html)
- java.util.Scanner (https://docs.oracle.com/en/java/javase/11/docs/api/java.base/java/util/Scanner.html)

2.1 屏幕输出

在第 1 章中，Java 程序实现了一个简单的输出。我们将以此为基础，学习如何编写特殊字符（例如引号）、设置换行符或实现简单的格式化输出。

2.1.1 认识 SVG 规范 ★

图形描绘就像玩耍般有趣，我们也应该用 Java 程序绘制一些东西。Java 标准版包括一个库，它允许你打开一个窗口并绘制内容，但这并不是几行代码就能实现的。因此，我们想采取不同的方法，即通过 SVG 来实现绘图。SVG 代表可缩放矢量图形，它是矢量图形的标准。SVG 允许通过文本来描述二维矢量图形，而文本可以很容易地通过 Java 程序进行编写。

任务：

- 通过 https://www.w3schools.com/graphics/tryit.asp?filename=trysvg_circle 上的一个例子了解 SVG。
- 更改网站中圆圈的大小。

2.1.2 在控制台中写一个 SVG 圆圈 ★

Java 中有多种屏幕输出选项，通常使用方法 print (...)、println (...) 或 printf (...)。这些方法位于 System.out 对象中。除了 System.out 之外，还有 System.err，但这是为错误输出预留的。一些开发人员也使用控制台将对象输出，在此我们使用 System.out.printXXX (...)。

CiaoCiao 船长需要一个可打印的实心圆圈来练习打靶。我们想为此开发一个新的 Java 程序。

以下方法可用于屏幕输出：

```
System.out.print( "没有换行符的文本" );
System.out.println( "有换行符的文本" );
System.out.printf( "有换行符的文本" );
```

任务：

- 创建一个新类 SvgCircle1。
- 创建一个 main(...) 方法，以便我们稍后启动程序。
- 在控制台中使用 main(...) 中的 printXXX( ) 方法输入以下文本：
  `<svg height='400' width='1000'><circle cx='100' cy='100' r='50' /></svg>`

- 在 https://www.w3schools.com/graphics/tryit.asp?filename=trysvg_circle 上输入控制台中的文字，单击"RUN"（运行）按钮后可以看到一个圆圈（见图 2.1）。需要显示 SVG 元素时，我们可以返回该网站查看。

图 2.1　SVG 输出展示

- 更改程序，以便在输出中出现换行符。目标：
  ```
  <svg height='400' width='1000'>
    <circle cx='100' cy='100' r='50' />
  </svg>
  ```
- 再次更改程序，使字符串中不再是单引号，而是双引号。目标：
  ```
  <svg height="400" width="1000">
    <circle cx="100" cy="100" r="50" />
  </svg>
  ```

2.2　变量和数据类型

变量用于存储信息，而 Java 中的变量总是属于一种类型。编译器始终知道变量的类型以及表达式的类型。

Java 嵌入八种基本数据类型：boolean、byte、char、short、int、long、float 和 double。你可以在其中存储布尔值和数值。布尔值可以被赋值为真和假，而数值共有三组。

- Java 中的数据类型 char 用于 Unicode 编码，此外还有整数和浮点数两种数据类型。
- 整数可以为正数或复数，根据其所占内存大小可分为 byte、short、int 和 long，也可以理解为这四种数据类型可以容纳的取值范围不同。

- 针对浮点数存在 float 和 double 两种数据类型，double 的存储位数是 float 的 2 倍。Java 规范规定了数据类型的大小，它们独立于各自的体系结构或平台。

2.2.1 访问变量和输出赋值 ★

CiaoCiao 船长希望为新手、进阶人士和专家定制不同大小的靶子。

可以用坐标和半径来描述一个圆。我们的第一个程序已经嵌入了圆心和半径，现在我们想让输出参数化。

在上一次的练习中添加 main(...) 方法。

任务：
- 在 main(...) 方法中，声明两个 int 变量 x、y 和一个 double 变量 r。
- 为变量赋值。
- 在输出中包含变量的赋值。

举例：
- 当 x = 100，y = 110，r = 20.5 时，控制台应输出以下内容：
  ```
  <svg height="100" width="1000">
    <circle cx="100" cy="110" r="20.5" />
  </svg>
  ```
- 手动赋值 x = 10，y = 10 和 r = 2.686：
  ```
  <svg height="100" width="1000">
    <circle cx="10" cy="10" r="2.686" />
  </svg>
  ```

屏幕的白色背景上会出现一个黑色的圆圈。

2.2.2 测试：遵循取值范围 ★

表达式 1000000 * 1000000 的计算结果是什么？它有什么特别吗？为什么会出现这个结果？

2.2.3 测试：并不是那么准确 ★★★

如果计算 0.1 + 0.1 + 0.1 + 0.1 + 0.1 + 0.1 + 0.1 + 0.1 + 0.1 + 0.1 − 1.0 并使用 System.out.println(...) 输出结果，输出的答案是否出乎意料？

2.2.4 形成随机数并生成不同的圆圈★

随机数在实践中发挥的作用比我们所设想的还要大。

在 Java 中，有一个类 Math，它提供重要的数学方法。随机数可以通过下列方式确定。

```
double rnd = Math.random();
```

方法 random( ) 是由类 Math 提供的。

任务：
- 在 Javadoc 中读取 random( ) 的结果在哪个数值范围内。
- 拓展圆的程序，使其半径为 10～20 的一个随机数（包括数字 10，不包括数字 20）。半径始终是一个浮点数。

举例：

如果运行该程序两次，则其输出结果可能是这样的：

```
<svg height="100" width="1000">
  <circle cx="100" cy="110" r="19.47493300792351" />
</svg>
<svg height="100" width="1000">
  <circle cx="100" cy="110" r="10.218243515543868" />
</svg>
```

> **提示**：
> **在 Java 中生成随机数也可以使用以下方式：**
> ```
> double rnd1 = java.util.concurrent.ThreadLocalRandom.current()
>             .nextDouble();
> double rnd2 = java.util.concurrent.ThreadLocalRandom.current()
>             .nextDouble(/* 0 bis */ max);
> double rnd3 = java.util.concurrent.ThreadLocalRandom.current()
>             .nextDouble(min, max);
> int rnd4 = java.util.concurrent.ThreadLocalRandom.current().nextInt();
> int rnd5 = java.util.concurrent.ThreadLocalRandom.current()
>             .nextInt(/* 0 bis */max);
> int rnd6 = java.util.concurrent.ThreadLocalRandom.current()
>             .nextInt(min, max);
> ```

2.2.5 测试：避免混淆 ★

干净的代码是指一系列最佳实践，它易于阅读和理解，并可维护、可扩展和可测试。很遗憾，对于干净的代码也存在很多反面典型。

下面的例子有什么问题？

```
double höhe   = 12.34;
double breite = 23.45;
double tmp = 2 * (höhe + breite);
System.out.println( tmp );
tmp = höhe * breite;
System.out.println( tmp );
```

2.2.6 处理用户输入 ★

到目前为止，我们已经进行了屏幕输出，但还没有尝试过屏幕输入。
在 new java.util.Scanner(System.in).nextXXX( ) 中，可以接受来自命令行的输入。

举例：

```
int      number1 = new java.util.Scanner( System.in ).nextInt();
double   number2 = new java.util.Scanner( System.in ).nextDouble();
String   line    = new java.util.Scanner( System.in ).nextLine();
```

CiaoCiao 船长希望能够自己确定 SVG 圆的位置。

任务：

在控制台中将圆的 cx 和 cy 赋值为整数，并将生成的 SVG 片段写回标准输出。半径保持随机。

2.3 表达式、操作数和运算符

计算表达式并给出结果。文字或变量之类的操作数可以与运算符连接。

2.3.1 测试：在区域内检查 ★

为了检测数值 between 是否真的大于 min 且小于 max，我们可以这样编写代码：

```
boolean isBetween = between > min && between < max;
```

以下语法在 Java 中也是被允许的吗？

```
boolean isBetween = min < between < max;
```

2.3.2　检查是否能公平地分配战利品 ★

对酒厂进行突袭后，CiaoCiao 船长和他的船员们偷走了许多酒。现在他们要瓜分战利品，CiaoCiao 船长分走了一半（如果酒瓶的总数为奇数，则分走不到一半的数量，船长就是这么大方）。其他所有强盗得到的份额应该完全相同。但是，这个数字能被除尽吗？

任务：
- 编写一个程序，从命令行读取捕获的酒瓶的数量，并输出 CiaoCiao 船长从中可获得几瓶酒。
- 给出船员们可获得的酒的总瓶数。
- 询问船员人数，并检查战利品是否可以公平分配，使每个船员得到数量完全相同的酒。以 true 或 false 的形式回答即可。

举例：
```
Number of bottles in total?
123000
Bottles for the captain: 61500
Bottles for all crew members: 61500
Number of crew members?
100
Fair share without remainder? true
```

> **提示：**
> 考虑除法和余数的情况。

2.3.3　两个数包含相同的数字吗？ ★★

Bonny Brain 正在玩多米诺骨牌，所有骨牌都有两个方块，每个方块上的数值为 0~9 的一个数。现在她想知道——通过旋转——是否可以将两块骨牌挨着放，以使两个方块的数值相同。

任务：
- 编写一个可以读取两个数字的程序，数字大小的范围是 0~99（包括 0 和 99）。
- 如果数字超过 100，则只计算最后两位数字；100 或 200 被读取为 00（即 0），1111 被读取为 11。
- 测试两个数是否包含相同的数字。

例如：
- 12 和 31 包含相同的数字 1。
- 22 和 33 不包含相同的数字。

注意：不是要求公共数字，只是输出 true/false。如果数字是个位数，则在前面加一个 0，因此 01 和 20 有一个共同数字 0。

2.3.4 将货币金额转换为硬币 ★★

钱对于 CiaoCiao 船长来说自然是非常重要的。

任务：
- 创建一个新的类 CoinMachine。
- 程序所做的第一件事是用一个浮点数来表示一定数量的钱。
- 输出的内容是必须使用多少个 2 欧元、1 欧元、50 欧分、20 欧分、10 欧分、5 欧分、2 欧分和 1 欧分的硬币才能用硬币支付这个金额。

举例：
输入"12.91"。
Please enter the amount of money:
12.91
6 x 2 €
0 x 1 €
1 x 50 Cent
2 x 20 Cent
0 x 10 Cent
0 x 5 Cent
0 x 2 Cent
1 x 1 Cent
输出的格式并不重要。

注意：当使用 Scanner 时，在德语输入法中浮点数必须用逗号而不是句号来输入。

2.3.5　1瓶朗姆酒、10瓶朗姆酒★

Bonny Brain 专门捕猎语言的错误，她总是想要确保标签在语法上是正确的。在许多语言中，复数的规则是特别的，如在德语中，1 瓶是 "1 Flasche"，99 瓶是 "99 Flaschen"，当然，还有 0 瓶是 "0 Flaschen"。通常它们会被简化为 "1 Flasche(n)"。

任务：

- 创建一个变量 noOfBottles，并给它分配一个大于或等于 0 的值。
- 根据瓶子的数量为 0，1 或者许多，编辑一个语法正确地输出。

举例：

- "0 bottles of rum"
- "1 bottle of rum"
- "99 bottles of rum"

提示：

条件运算符 (?-:-Operator) 会使代码紧凑。

2.3.6　21点★

在船长 CiaoCiao 的赌场中，荷官与玩家玩 "21 点"游戏。玩家手握两张或者更多牌，目标是其总分比荷官更接近 21 点。

任务：

- 读取两个正整数 dealer 和 player，分别代表荷官和玩家所取得的分数。
- 给出更接近 21 的值。如果一个值大于 21，则另一方获胜。如果两个值都大于 21，则输出 0。

举例：

- 输入 21 和 18 → 输出 21
- 输入 18 和 21 → 输出 21
- 输入 21 和 21 → 输出 21
- 输入 22 和 23 → 输出 0
- 输入 1 和 10 → 跳转至程序结束
- 输入 1 和 22 → 跳转至程序结束

2.3.7　测试：零效应★

下面的类可以翻译吗？如果可以，请运行该程序，其结果是什么？

```java
class Application {
  public static void main( String[] args ) {
    int zero = 0;
    int ten  = 10;
    double anotherTen = 10;
    System.out.println( anotherTen / zero );
    System.out.println( ten / zero );
  }
}
```

2.4　条件判断

如果–那么–关系是重要的命令式概念。使用此概念，根据条件处理或不处理程序的一部分。它可以用于以下任务，以检查和处理用户输入。

2.4.1　支付日★

Bonny Brain 以 1 000 里雷塔的价格向托尔特·埃里尼出售了一块古董怀表。托尔特现在得付钱。

任务：

- 编写一个程序，在命令行中用 new java.util.Scanner(System.in).nextDouble( ) 读入还款的金额。
- Bonny Brain 总是心情很好，即使少收 10% 的货款她也很满意。而当托尔特多付 20% 时，她也会受宠若惊。但是，如果托尔特主动多付 20% 以上，Bonny Brain 就会认为有什么不对劲，并认为怀表有着价值非凡的隐藏功能或怀揣着不为人知的秘密。请考虑如何构建程序，以便在边界临时发生变化时只需要进行少量的代码修改。
- 如果托尔特支付了合适的金额，则屏幕将显示"好孩子！"；如果金额太低或有贿赂的企图，屏幕将会显示"你这个坏蛋！"。

2.4.2　测试：错误分支★★

如果 x 大于 y，则以下程序将交换变量 x 和 y 的内容，对吗？

```
int x = 2; y = 1;
if ( x>y )
  int swap = x;
  x = y;
  y = x;
// x 应该是 1，y 应该是 2
```

2.4.3 转换升的数据 ★★

这个程序旨在将液体的数量转换为 CiaoCiao 船长可以轻松阅读的形式。

任务：

- 从命令行读入一个浮点数，单位为升。
- 根据以下模式转换数字（ca. 表示大约）：
  1.0 及更大：输出量以升为单位，如输入 4，输出 ca. 4 l
  0.1 及更大：输出单位为厘升，如输入 0.2，输出 ca. 20 cl
  0.001 及更大：输出以毫升为单位，如输入 0.009，输出 ca. 9 ml
- 输出值应为整数，可四舍五入。

举例：

1. 转化为毫升：

   Enter quantity in liters:
   0,0124134
   ca. 12 ml

2. 转化为厘升：

   Enter quantity in liters:
   0,9876
   ca. 98 cl

3. 数值太小时显示：

   Enter quantity in liters:
   0,00003435
   Value too small to display

4. 输入值以升为单位时显示：

   Enter quantity in liters:
   98848548485,445
   ca. 98848548485 l

2.4.4 生成随机色的 SVG 圆圈 ★

在之前的任务中，CiaoCiao 船长要求一个白底的黑色圆圈，但它应该更色彩斑斓一些！

任务：
- 使用 main (...) 方法创建一个新类。
- 在命令行中随机等概率地输出 red, green, blue。
- 在 SVG 中，你可以使用 fill 属性确定圆圈的颜色，如下所示：<circle cx = "20" cy = "20" r = "5" fill = "blue"/>。这样可以给圆圈一个随机颜色。

举例：
如果程序启动 3 次，可能显示以下输出：

```
<circle cx="20" cy="20" r="5" fill="green" />
<circle cx="20" cy="20" r="5" fill="blue" />
<circle cx="20" cy="20" r="5" fill="blue" />
```

2.4.5 测试: »else« 属于哪块? ★★

缩进是干净代码最重要的原则之一。如果缩进不正确，那么读者就会误解该程序。

以下程序会产生什么输出？

```
if ( true ) {
if ( false )
if ( 3!=4 )
;
else
System.out.println( "Klabautermann" );
else
System.out.println( "Pumuckl" );
}
```

在不翻译程序的情况下找到结果。
提示：首先正确缩进该程序。

2.4.6 评估输入的字符串是否获得许可 ★

Bonny Brain 期待新项目的批准，而这种批准可以通过不同的方式实现。

任务：

- 从命令行请求字符串。
- 如果字符串是"Ay""Ay, ay""An Egg""yes""ja"，则屏幕上输出"Keep it up！"，对于其他字符串会输出"Don't you Dare!"。

2.5 循环

除了事件区分，重复是第二个重要的命令属性。Java 为循环提供了不同的语言结构：

- while 循环
- do-while 循环
- for 循环
- 拓展 for 循环 —— for each 循环

2.5.1 创建旋转的 SVG 矩形★

以下 SVG 中的矢量图形围绕中心点 (100, 100) 旋转一个矩形，即旋转 60°：

```
<svg height="200" width="200">
  <rect x="50" y="50" width="100" height="100" stroke="black" fill="none"
        transform="rotate(60 100 100)" />
</svg>
```

任务：
编写一个程序，将 36 个 SVG 矩形旋转 10° 并显示在屏幕上。

举例：
输出开头为

```
<svg height="200" width="200">
  <rect x="50" y="50" width="100" height="100" stroke="black" fill="none"
        transform="rotate(0 100 100)" />
  <rect x="50" y="50" width="100" height="100" stroke="black" fill="none"
        transform="rotate(10 100 100)" />
  <rect x="50" y="50" width="100" height="100" stroke="black" fill="none"
        transform="rotate(20 100 100)" />
  ...
```

2.5.2　创建 SVG 珍珠项链 ★

CiaoCiao 船长想送给他心爱的 Bonny Brain 一条珍珠项链。这条项链由三种不同的宝石组成：蓝宝石（蓝色）、祖母绿（绿色）、锰铝榴石（橙色）。他想要一个设计方案，使颜色可以随机排列。

下面是一个画有三个圆圈的 SVG 文档：

```
<svg height="100" width="1000">
  <circle cx="20" cy="20" r="5" fill="blue" />
  <circle cx="30" cy="20" r="5" fill="green" />
  <circle cx="40" cy="20" r="5" fill="orange" />
</svg>
```

任务：
在命令行中生成一个具有 50 个相邻圆圈的 SVG 输出。

2.5.3　从命令行对数字求和 ★

CiaoCiao 船长想要一个程序。在该程序中，他可以在命令行中输入他在个人突袭中获得的里雷塔数量并对它们进行求和。

任务：
- 创建一个新类 SummingCalculator。
- 通过 Scanner 取数，直到输入 0。负数也是被允许的，因为 CiaoCiao 船长也会被抢劫，尽管次数寥寥无几。忽略数字太大可能导致的溢出。
- 输入 0 后，输出总数。

举例：
```
12
3
-1
0
Sum: 14
```

2.5.4　实践一个数学现象 ★

在数学中，迭代是指从一个起始值开始重复计算，直到满足某个条件。在计算中，迭代是一个重要的方法，用于在得出初始近似值之后，通过增加步骤来提升答案的精确度。

任务：
- 用以下行声明一个介于 0（包括）和 10（不包括）之间的 double 变量 t：
  double t = Math.random() * 10;
- 如果 t<1，则用 t 乘以 2；如果 t ≥ 1，则减去 1。
- 将此计算放入 while 循环，该循环应在 t 小于或等于 0 时结束。

举例：
输出可能是这样的：
9.835060881347246
8.835060881347246
7.835060881347246
6.835060881347246
...
0.75
1.5
0.5
1.0

2.5.5 测试：会出现多少个星号？★

控制台中的循环 A 和循环 B 会出现多少个星号？

A：
```
for ( int stars = 0; stars <= 7; stars = stars + 2 )
  System.out.println( "***" );
```
B：
```
for ( int stars = 10; stars < 0; stars++ )
  System.out.println( "**" );
```
提醒：stars ++ 是 stars = stars + 1 的缩写。

2.5.6 计算阶乘的乘积 ★

Bonny Brain 要为新的舰队"瑞格尔七号"挑选指挥人员，但她不太确定谁适合哪个职位。目前的候选人是保罗·佩德里恩、凯特·马格尔、罗宾逊·兰登和连恩·兰登。职位有指挥官、大副、二副、三副。

哪个人担任哪个角色，有很多种可能性。所谓排列（permutation）是指不同元素在一行中有多少种可能的排列方式。我们可以使用阶乘（factorial）计算没有重复的排列。如果有 4 个人，就有 1×2×3×4=24 种可能的排列方式。

自然数的阶乘是根据以下模式由数字的乘积构成的：

n! = 1×2×3×…×(n - 1)×n

0 的阶乘被规定为 0! = 1。

任务：

编写一个 Java 程序，从命令行读取一个大于等于 0 的自然数并显示计算结果。

举例：

- 输入：9 → 输出：9！ = 1 * 2 * 3 * 4 * 5 * 6 * 7 * 8 * 9 = 362880
- 输入：3 → 输出：3！ = 1 * 2 * 3 = 6
- 输入：0 → 输出：0！= 1
- 输入：1 → 输出：1！= 1
- 输入：-1 → 输出：数字必须为非负数

> **提示：**
> 在内部使用数据类型 long。

提问：从哪个数字开始会出现"问题"？"问题"是如何显示的？我们怎样能够识别出"问题"？ Math.multiplyExact(long x, long y) 能够帮助我们吗？

2.5.7　判断一个数字是否是阶乘 ★

扎尔接到了 Bonny Brain 委托的任务：为既定数量的人写下所有可能的安排。在查看列表之前，她数了数，检查是否已列出所有可能的排列。

我们在前面的练习中已学习了如何计算自然数的阶乘，但是我们如何才能知道一个数是否是阶乘呢？我们知道 9！ = 362 880，那么 212 880 或 28 呢？

任务：

编写一个程序，从命令行读取一个自然数并输出该数是否为阶乘。

举例：

- 该数字是一个阶乘：
  ```
  Enter a number:
  362880
  ```

362880 = 9!
- 该数字不是一个阶乘：
  Enter a number:
  1000
  1000 is not a factorial

> **提示：**
> 测试这个数是否能被 2，3，4，5…整除。

2.5.8 找出一个数各位中的最小和最大数字★

Bonny Brain 知道十进制数是由 0~9 的数字组成的。由于船上的旅程漫长而乏味，所以她想出了一个游戏：她给团队一个整数，谁最快说出其各位中最大和最小的数字，谁就会得到一个里雷塔。

任务：
- 给出任意数字（正数或负数），存储在 long 数据中。
- 根据程序确定存储数字各位中的最大数字和最小数字。

举例：
- 12345 → 1, 5
- 987654 → 4, 9
- 11111 → 1, 1
- 0 → 0, 0
- -23456788888234567L → 2, 8

2.5.9 测试：这样从 0 到 100 不可行★★

编译器使我们摆脱了检查程序语法的工作。现在让我们来玩玩编译器吧！下面的程序应当从 1 加到 100 并输出结果，但方案中存在一些错误。

```
class Sümme {
  private static int getSum() {
    int j == 0;
    for ( /* int */ i = 0, i <= 100, j++ );
      j += i
    ;
```

```
    }
  public static void Main( String aarg ) {
    system.out.println( getsum() );
  }
}
```

根据下列类型排列错误：
1. 语法错误
2. 语义错误
3. 违反风格指南

2.5.10 用嵌套循环画一个风中的旗帜 ★

任务：
创建以下输出，使其看起来像一个小旗子：
```
1
2 2
3 3 3
4 4 4 4
5 5 5 5 5
```
可选：输出应该以树状形式出现，即所有的行都居中。

2.5.11 输出简单的棋盘 ★

CiaoCiao 船长喜欢德国跳棋——一种国际跳棋游戏的变种。他经常定期参加比赛，发现棋盘的大小有不同的可能性。棋盘有时是 8×8 的，有时是 10×10 的，甚至 12×12 和 14×14 的棋盘他也玩过。

为了让 CiaoCiao 船长能够在不同规格的棋盘上练习跳棋，我们将制作一个可以在屏幕上输出棋盘的小程序。

任务：
▶ 从命令行请求棋盘的高度和宽度。
▶ 根据尺寸大小使用符号 # 和 _ 绘制棋盘。

举例：
```
Checkerboard width: 10
Checkerboard height: 5
_#_#_#_#_#
```

```
#_#_#_#_#_
_#_#_#_#_#
#_#_#_#_#_
_#_#_#_#_#
```

2.5.12 圣诞来啦：装饰圣诞树 ★

圣诞节快到了，Bonny Brain 想打印圣诞卡。为此我们需要不同大小的树木。

任务：
- 使用循环，在屏幕上画出一个最大宽度为 width 的三角形树冠。
- 为每行字符串增加 2 个字符，直到该字符串的长度 ≥ width。
- 利用前置的空格实现居中。
- 树叶由乘号 * 组成。
- 随机在树上添加符号 o 代表圣诞球。

举例：
宽度为 8 的树：
```
   *
  *o*
 ***o*
*o*****
```

2.5.13 绘制鱼形刺绣图案 ★

Bonny Brain 喜欢大海，她想要一条带有鱼形图案的手帕。缝纫机可以使用符号 < 和 > 绣出图案 ><> 和 <><。

下面是一个重复次数为 1 的模型，首先是一条向右游的鱼，然后是一条向左游的鱼。

```
><>    <><
```

任务：

编写一个程序，根据变量 repetitions 的赋值先绘制 repetitions 次数的 ><> 形鱼，再绘制 repetitions 次数的 <>< 形鱼。鱼的总行数也为 repetitions 的数值。

举例：
- 如果 repetitions = 2，则输出应为

```
><>    ><>    <><    <><
><>    ><>    <><    <><
```

▶ 如果 repetitions = 3，则输出应为

```
><>    ><>    ><>    <><    <><    <><
><>    ><>    ><>    <><    <><    <><
><>    ><>    ><>    <><    <><    <><
```

2.5.14 以尝试代替思考★

计算机的工作速度高到可以简单地尝试某些事情。密码破解程序就是根据这个原理工作的。

CiaoCiao 船长翻阅《海盗日报》，发现了一个智力游戏（见表 2.1）。

表 2.1

	X	O	L
+	L	X	X
=	T	L	T

他必须找到字母 L，O，T 和 X 所代表的数字，使计算公式成立。CiaoCiao 船长下定决心要赢得这个游戏的奖品——一个旧罗盘，但他并不想动脑筋。

任务：
▶ 开发一个程序，通过尝试所有的可能性来找到解决方案。
▶ 输出所有解决方案，并标记 X，O，L 和 T 值都不同的答案。

2.5.15 确定一个数的位数★★

Bonny Brain 想要设置数字格式为右对齐。为此，她需要在数字前放置空格。如果总宽度为 10 个字符，数字为 123（三位数），则数字前必须放 7 个空格，使总宽度为 10。

确定空格数量的第一步是确定数的位数。

任务：
给定一个 int 型的正整数 n，输出该数的位数。
不要用 ("" + n).length( )，那太简单了...

举例：
n 和其对应的输出：
▶ 1234 → 4
▶ 3 → 1

- 0 → 1
- Integer.MAX_VALUE → 10

2.6 方法

方法很重要，因为通过方法，我们可以集中通用代码，并为对象提供应用程序编程接口（API）供客户端访问。

2.6.1 画心★

CiaoCiao 船长喜爱他的所有船员，心就不够用啦。

任务：

- 创建一个新的类 LinePrinter，在其中放置静态方法 line( )，在该方法中画 10 颗心并放在一行内。Java 可以在字符串中存储和输出 Unicode 字符 ♥。
- 创建一个新的类 LinePrinterDemo，该类应包含方法 main (…) 并调用 line ( ) 方法。

2.6.2 实现重载 line() 方法★

接下来我们将学习 Java 中的方法，我们可以在方法中添加内容。一个同名方法可以多次出现，即重载方法。

任务：

- 方法 line(int len) 可在控制台输出由减号（"-"）构成的长度为 len 的直线，如 line(3) 应该在屏幕上显示为 ---。
- 方法 line(int len, char c) 需要自行选择填充字符。如 line(2, 'x') 在屏幕上输出为 xx。方法 line(int len) 可以改为使用此方法吗？
- 添加另一个重载方法 line(String prefix, int len, char c, String suffix)，该方法会在直线前添加一个开始字符串，在直线后添加一个结束字符串，如 line("╠", 3, '═', "╣") 会输出 ╠═══╣。三个字符为内部直线的长度，而不是整个字符串的长度。

思考：你不必总是使用一个循环来实现这三种方法。聪明的人可以从一种方法迁移到另一种方法。

将重载方法添加到类 LinePrinter 中。

2.6.3 必须垂直★

之前 Bonny Brain 手下的傻瓜把桅杆放歪了。海盗可以歪歪扭扭地站着，但是桅杆不行！

三角形具有各种各样的样式：锐角三角形、钝角三角形、等边三角形和直角三角形。提醒：在直角三角形中，$c^2 = a^2 + b^2$。

任务：

- 创建新类 RightTriangle 并编写一个新方法。使用以下代码作为模板：
  ```
  class RightTriangle {

    public static boolean isRightTriangle( double x, double y, double z){
      // Your implementation goes here
    }
  }
  ```
- 该方法应该取三角形的 3 条边，如果是直角三角形则返回 true，否则返回 false。
- 思考：每个参数 x，y，z 都可以代表斜边或直角边。

举例：

- isRightTriangle(3, 4, 5) → true
- isRightTriangle(5, 4, 3) → true
- isRightTriangle(5, 12, 13) → true
- isRightTriangle(1, 2, 3) → false
- isRightTriangle(1, 1, Math.sqrt(2)) → false

知识点：
从最后一个例子中可以看出计算不够精准。Math.sqrt(2)*Math.sqrt(2)（在输出中）等于 2.00000000000004，而不是 2。

2.6.4　计算科拉茨序列 ★

1937 年，洛萨·科拉茨定义了一个数字序列，如今被称为"科拉茨序列"。它被定义为一个跟随数字 n 的映射：

- 如果 n 为偶数，则 n → n/2，
- 如果 n 为奇数，则 n → 3n + 1，
- 如果达到 1，则序列结束。

如果我们从 n = 7 开始,则算法会运行以下数字:

7 → 22 → 11 → 34 → 17 → 52 → 26 → 13 → 40 → 20 → 10 → 5 → 16 → 8 → 4 → 2 → 1

每个序列都以 4,2,1 结尾,但为什么会这样至今仍然没有答案,这也是数学中未解决的问题。

任务:
- 创建类 Collatz 及方法 long collatz(long n)。
- 创建方法 main(...) 并计算起始值为 27 的科拉茨序列。
- 编写新方法 long collatzMax (long n),返回每次所达到的最大中间值。
- 我们如何对 collatz(...) 进行递归编程,使该方法返回最大假设值作为结果? 注意,必须修改方法签名(为什么?)。

2.6.5　创建乘法表 ★

Bonny Brain 为魔法公司增加了两款新产品:火焰喷射器(英语:flamethrower)和灭火器(英语:fire extinguisher)。火焰喷射器的售价为 500 里雷塔,灭火器的售价为 100 里雷塔。

为了能够快速读取大笔购买的价格,需要在 HTML 中创建一个表格(见表2.2)。

表 2.2

Quantity	Flamethrower	Fire extinguisher
1	500	100
2	1000	200
3	1500	300
…	…	…

在 HTML 中表格如下:

```
<html>
<table>
<tr><th>Quantity</th><th>Flamethrower</th></tr>
<tr><td>1</td><td>500</td></tr>
<tr><td>2</td><td>1000</td></tr>
</table>
</html>
```

任务：
▶ 生成一个表 2.2 所示的 HTML 表格，在屏幕上显示数量 1~10。
▶ 思考在哪里使用方法是有必要的。

提示：
你可以在 https://jsfiddle.net/ 复制生成的 HTML 并"运行"它以查看结果。

2.7 建议解决方案

任务 2.1.2：在控制台中画一个 SVG 圆圈

```
package com.tutego.exercise.lang;

public class SvgCircle1 {
  public static void main( String[] args ) {
    System.out.println(
      "<svg height='400' width='1000'><circle cx='100' cy='100' r='50' /> </svg>"
    );
  }
}
```
列表 2.1 com/tutego/exercise/lang/SvgCircle1.java

首先，构建一个新类，因为 Java 不允许类之外的程序代码。接下来，将特殊的方法 main(...) 放入类。JVM 会在程序启动时自动调用 main(...)，因此把想要在开始时执行的部分放在这里。

重点：
为了更好地按主题总结解决方案，我们将它们放置在 Java 包中。这就是第一个声明，package com.tutego.exercise.lang 的含义。包的概念会在第 3 章"类、对象、包"中介绍，你的解决方案暂时不需要打包。

要打印 SVG 圆圈，可以创建一个 circle.html 文件，在编辑器中打开它并将 SVG 部分复制到其中，然后用 Web 浏览器打开文件并打印页面。

```
System.out.println( "<svg height='400' width='1000'>" );
```

```
System.out.println( " <circle cx='100' cy='100' r='50' />" );
System.out.println( "</svg>" );

System.out.println(
  "<svg height='400' width='1000'>\n <circle cx='100' cy='100' r='50' />\n</svg>"
);

System.out.println(  "<svg height='400' width='1000'>\n"
                  + " <circle cx='100' cy='100' r='50' />\n"
                  + "</svg>" );
```

列表 2.2 com/tutego/exercise/lang/SvgCircle2.java

print(...) 和 println(...) 的区别在于后一种方法会自动写入换行符。因此，如果任务有好几行，可以用方法 println (...) 来写每一行。

还有另一种可能性，就是在字符串中放置一个换行符。用双引号括起来的字符串不能跨越多行。因此，字符串中的换行符是不正确的。可以通过所谓的转义序列来解决：用 \n 表示换行符。如果使用方法 println(...)，就不必在最后添加 \n，除非我们真的想在最后拥有两个换行符。从 Java 15 开始，多行文本才有固定的语言属性，称为文本块。

可以使用加号运算符将大字符串拆分为多个部分字符串，以便于阅读。因此，实际上可以将输出中的每行转换为一行 Java 代码。

```
System.out.println(  "<svg height=\"400\" width=\"1000\">\n"
                  + " <circle cx=\"100\" cy=\"100\" r=\"50\" />\n"
                  + "</svg>" );
```

列表 2.3 com/tutego/exercise/lang/SvgCircle3.java

最后一部分任务也是用转义序列解决的。除了 \n 之外，转义序列 "\"" 会在一个字符串中加入一个双引号。

任务 2.2.1：访问变量和输出赋值
下面介绍三种解决方案以区分 SVG 元素在屏幕上的输出方式。

```
int x = 100;
int y = 110;
```

```
double r = 20.5;

System.out.println( "<svg height=\"100\" width=\"1000\">" );
System.out.print( " <circle cx=\"" );
System.out.print( x );
System.out.print( "\" cy=\"" );

System.out.print( y );
System.out.print( "\" r=\"" );
System.out.print( r );
System.out.println( "\" />" );
System.out.println( "</svg>" );
```

列表 2.4 com/tutego/exercise/lang/SvgCircleWithVariables1.java

第一个解决方案只是将常量和变量部分分割成不同的 System.out.println(...) 和 System.out.print(...) 调用方法。

```
int x = 100,y= 110;
double r = 20.5;

System.out.println(  "<svg height=\"100\" width=\"1000\">\n"
              + " <circle cx=\"" +x+ "\" cy=\"" + y
              + "\" r=\"" +r+ "\" />\n" + "</svg>" );
```

列表 2.5 com/tutego/exercise/lang/SvgCircleWithVariables2.java

第二个解决方案使用了 +– 运算符串联字符串。通过串联，Java 可以灵活地把所有不是字符串的东西都转换为字符串并进行添加。

```
int x = 100,y= 110;
double r = 20.5;

System.out.printf(   "<svg height=\"100\" width=\"1000\">\n"
              + " <circle cx=\"%d\" cy=\"%d\" r=\"%s\" />\n"
              + "</svg>\n%n",
              x, y, r );
```

列表 2.6 com/tutego/exercise/lang/SvgCircleWithVariables3.java

第三种解决方案的结果也是相同的字符串，只是这里我们使用了格式字符串和方法 printf(...)。格式字符串中使用了 3 个占位符。其中整数使用了两次 %d，另外还使用 %s 格式化浮点数。此格式说明符通用于所有数据类型。然后，我们会得到英文的表示方法，其中小数点位被一个点隔开，这是 SVG 规范中带有小数点位的浮点数的正确记法。%n 是一个特定平台的换行符，是 \n 的一种替代方式。

测试 2.2.2：遵循取值范围

$1\,000\,000 \times 1\,000\,000$ 的乘积为 1E+12，超出了 int 类型的取值范围。int 类型最大只能表示 2 147 483 647。1E+12 需要 40 位，而 int 类型的长度只有 32 位，因此该数值的前 8 位会被截掉。long 类型的长度为 64 位，允许的数值范围达到 9 223 372 036 854 775 807（你不需要逐位记住这些范围）。

以下是正确的输出，整数以 long 的形式相乘：

```
long number = 1_000_000;
System.out.println( number * number );
```

在 Java 中使用下划线可以使大数字更易阅读。
其他可能：

```
System.out.println( 1_000_000 * 1_000_000L );
System.out.println( 1_000_000L * 1_000_000 );
System.out.println( 1_000_000L * 1_000_000L );
System.out.println( (long) 1_000_000 * 1_000_000 );
System.out.println( 1_000_000 * (long) 1_000_000 );
```

测试 2.2.3：并不是那么准确

结果并不是精确的 0.0，原因在于 double 类型不能精确地表示数字 0.1。0.1 是一个"困难"的数字，简单地说，它不能被表示为 ½ⁿ 类型的分数之和。0.1 在 IEEE-754 格式中的位模式为 0|01111011|1001_1001_1001_1001_101，符号 | 将符号位与指数和尾数分开，下划线标记小数循环节。这个位模式对应的是 0.100000001490116119384765625，即误差约为 1.49×10^{-9}。如果现在将 0.100000001490116119384765625 相加 10 次，则结果不是 1.0。

该问题有几种解决方案：
1. 使用类 BigDecimal 取代 double。
2. 接受不准确性并在输出时四舍五入，可以使用 printf(...) 实现。

3. 一笔钱可以以分的形式进行存储。例如，程序可以存储 10 欧分，而不是 0.1 欧元，然后在输出中将其显示为 0.1。

任务 2.2.4：形成随机数并生成不同的圆圈

```
int x = 100,y= 110;
double r = Math.random() * 10 + 10;

System.out.printf(
   "<svg height=\"100\" width=\"1000\">\n <circle cx=\"%d\" cy=\"%d\" r=\"%s\" />\n</svg>\n%n",
   x, y, r );

System.out.printf(
   Locale.ENGLISH,
   "<svg height=\"100\" width=\"1000\">\n <circle cx=\"%d\" cy=\"%d\" r=\"%.2f \" />\n</svg>\n%n",
   x, y, r );
```

列表 2.7 com/tutego/exercise/lang/SvgCircleWithRandomRadius.java

方法 Math.random( ) 会生成一个 [0，1) 范围内的浮点数。如果我们将结果乘以 10，会得到一个 [0，10) 范围内的浮点数。如果再加上 10，则随机数将位于 [10，20) 范围内。

由于浮点数是随机的，所以它也有大量的小数位。格式说明符 %s 列出了所有小数位。结果可能是这样的：

```
<svg height="100" width="1000">
  <circle cx="100" cy="110" r="17.8078351633111744" />
</svg>
```

另一个解决方案如列表 2.7 所示。我们不再使用格式说明符 %s，而是使用 %f。这是用于浮点数的格式说明符。然而，它有一个特性：输出是本地化的，即使用本地语言。如果在德语操作系统中使用我们的程序，小数位的分隔符不是"."，而是","。这对 SVG 而言是错误的表达。解决方案是将语言作为方法 printf (...) 的第一个参数传递。我们还可以确定小数位数。为此，格式说明符要变得更加精确。两位小数会使用 %.2f 来替代 %f。你可以从输出中看出，程序在此处也进行了四舍五入。

```
<svg height="100" width="1000">
  <circle cx="100" cy="110" r="17.81" />
</svg>
```

测试 2.2.5：避免混淆
存在以下三个问题：
1. 变量应该是英文的，而不是带有变音符号的德文。
2. tmp 这个名字并不好。在描述周长或面积时，变量也应该称为 area 或 diameter。
3. 变量的功能在程序运行过程中不可以改变，因此最好有两个局部变量。

```
double diameter = 2 * (height + width);
System.out.println( diameter );
double area = height * width;
System.out.println( area );
```

任务 2.2.6：处理用户输入
```
int x = new java.util.Scanner( System.in ).nextInt();
int y = new java.util.Scanner( System.in ).nextInt();

double r = Math.random() * 10 + 10;

System.out.printf(
    Locale.ENGLISH,
    "<svg height=\"100\" width=\"1000\">\n <circle cx=\"%d\" cy=\"%d\" r=\"%.2f\" />\n</svg>\n%n",
    x, y, r );
```

列表 2.8 com/tutego/exercise/lang/SvgCircleWithConsoleCoordinates.java

正如任务中提到的，可以使用 new java.util.Scanner (System.in) .nextInt( ) 读入一个整数。我们这样做两次。该程序的其余部分与前一个程序相同。

测试 2.3.1：在区域内检查
Python 可以进行 min < between <max 类型的范围检查，但 Java 不行。原因是这些类型不能放在一起。min < between 会生成 boolean，而比较 boolean<double 是

无效的。编译器会提示"Operator '<' cannot be applied to 'boolean', 'double'"（运算符"<"不能应用于"boolean""double"）。

任务 2.3.2：检查是否能公平地分配战利品

```java
System.out.println( "Number of bottles in total?" );
int bottles = new java.util.Scanner( System.in ).nextInt();

int captainsBottles = bottles / 2;
int crewsBottles    = bottles - captainsBottles;

System.out.println( "Bottles for the captain: " + captainsBottles );
System.out.println( "Bottles for all crew members: " + crewsBottles );

System.out.println( "Number of crew members?" );
int crewMembers = new java.util.Scanner( System.in ).nextInt();
System.out.println( "Fair share without remainder? " + (crewsBottles%crewMembers == 0) );
```
列表 2.9 com/tutego/exercise/lang/FairShare.java

首先，通过 Scanner 读入一个整数，并为战利品初始化我们的变量 bottles。由于船长会得到一半数量的瓶子，所以我们把输入的值除以 2。

然后，计算船员所得到的瓶子数量。这次我们不再选择除以 2 的解决方案，因为出现奇数时，我们会遇到两半相加不等于原本总数的结果（如果你想试试，可以输出 5/2 + 5/2 的结果）。为了防止这种情况发生，我们从 bottles 中扣除船长的份额，就是船员所获得的数量。

最后，要弄清楚剩余瓶子的数量是否能被船员的数量公平分配。为此，程序会询问船员的数量，余数运算符会告诉我们是否能够除尽或是存在余数。如果可以除尽，则余数为 0。在这种情况下，战利品可以被公平地分配。

任务 2.3.3：两个数包含相同的数字吗？

```java
System.out.println( "Enter two numbers between 0 and 99:" );
int number1 = new java.util.Scanner( System.in ).nextInt()% 100;
int number2 = new java.util.Scanner( System.in ).nextInt()% 100;

int number1digit1 = number1 / 10;
int number1digit2 = number1% 10;
```

```java
int number2digit1 = number2 / 10;
int number2digit2 = number2% 10;


boolean hasCommonDigits =   number1digit1 == number2digit1
                         || number1digit1 == number2digit2
                         || number1digit2 == number2digit1
                         || number1digit2 == number2digit2;
System.out.println( hasCommonDigits );
```

列表 2.10 com/tutego/exercise/lang/HasCommonDigits.java

首先，读入两个数字，表达式 %100 确保数字大小不超过 100，从而像任务所要求的那样限制在 0~99 的范围内。

为了理解解决方案，应该回到任务的例子中。我们有 12 和 31 这两个数字，应该怎么做？我们必须检验 31 这个数中是包含数字 1 或 2。换句话说，要测试是否 1 等于 3 或 1 等于 1 或 2 等于 3 或 2 等于 1。在这个任务中，1 等于 1，因此结果为真。

要将整个内容转换为 Java 程序，我们必须提取第一个和第二个数字。为此，需要一些数学知识。如果将一个整数除以 10，就会截去最后一位数字。如果将 12 除以 10，就会得到 1。整数的运算结果也是一个整数。如果需要最后一位的数字，则使用取余运算符 %。如 12%10 等于 2。

通过这种方式创建了 4 个变量并可以检测第一个数所包含的两个数字是否也能在第二个数中找到。

任务 2.3.4：将货币金额转换为硬币

```java
System.out.println( "Please the enter amount of money:" );
double input = new java.util.Scanner( System.in ).nextDouble();
int cents = (int) (input * 100);

System.out.println( cents / 200 + " x 2 €" );
cents%= 200;

System.out.println( cents / 100 + " x 1 €" );
cents%= 100;

System.out.println( cents / 50 + " x 50 Cent" );
```

```
        cents %= 50;

        System.out.println( cents / 20 + " x 20 Cent" );
        cents %= 20;

        System.out.println( cents / 10 + " x 10 Cent" );
        cents %= 10;

        System.out.println( cents / 5 + " x 5 Cent" );
        cents %= 5;

        System.out.println( cents / 2 + " x 2 Cent" );
        cents %= 2;

        System.out.println( cents + " x 1 Cent" );
```
列表 2.11 com/tutego/exercise/lang/CoinMachine.java

解决这个任务需要用到除法和余数这两个运算符。在命令提示符和读取浮点数之后，我们执行第一个技巧：将金额转换为分。这样计算更容易。

接下来的步骤都是成对进行的。首先我们计算一种硬币的数量，然后计算剩余硬币的数量。我们以 12.91 欧元为例（即 1 291 欧分）。总欧分数除以 200 将得到一个正整数，这就是总数值中 2 欧元的个数。现在我们继续处理余数，这里可以使用余数运算符来帮助计算。如果我们使用 cents% 200，就会得到一个更小的数。然后可以继续 1 欧元的部分，即 100 欧分。直到游戏进行到 1 欧分，然后就什么都不剩了。

任务 2.3.5：1 瓶朗姆酒，10 瓶朗姆酒

```
int noOfBottles = 1; // or 0,1,99,...

System.out.println( noOfBottles + " " + (noOfBottles != 1 ?
  "bottles" : "bottle") + " of rum" );

System.out.printf( "%d bottle%s of rum%n", noOfBottles,
  noOfBottles != 1 ? "s" : "" );
```
列表 2.12 com/tutego/exercise/lang/NumberOfBottles.java

根据变量 noOfBottles 来选择词尾。这里有两个主意：
1. 第一个建议是利用字符串连接并根据变量 noOfBottles 来选择 bottle 或者 bottles。方法 print (…) 和 println (…) 只允许一个参数，因此必须事先将字符串放在一起。
2. 第二个建议是使用 printf (…)，它由两部分组成：格式化字符串和几个格式化参数。在这里，我们将词尾视为一个单独的字符串，它要么是 "s"，要么是空的。在格式化字符串中，%s 会被用在这个词尾上。

任务 2.3.6：21 点

```
int dealer = new java.util.Scanner( System.in ).nextInt();
int player = new java.util.Scanner( System.in ).nextInt();

if ( player < 2 || dealer < 2 )
  return;

final int MAX_SCORE = 21;

// Both > 21 -> 0
if ( dealer > MAX_SCORE && player > MAX_SCORE )
  System.out.println( 0 );
// One party > 21 -> the other wins
else if ( player > MAX_SCORE )
  System.out.println( dealer );
else if ( dealer > MAX_SCORE )
  System.out.println( player );
// Both are <= 21 -> Max is best
else
  System.out.println( Math.max( player, dealer ) );
```

列表 2.13 com/tutego/exercise/lang/Blackjack.java

首先，读入 dealer 和 player 的两个整数，然后声明一个常数（用关键字 final 来表示），因为我们需要频繁地使用数字 21，而且把魔法值放在源代码之外总是好的。

接下来是各种查询。首先检查输入是否正确，因为小于 2 的输入会直接跳转至程序结束。程序中并没有检查可输入的最大值的代码，你可以自行添加。

然后，程序会检查两个输入的值是否超过了最大值 21。如果都超过了 21，则双方都输了，此时根据任务要求返回 0。而下一种情况则检查是否有一个人的值大于 21，如是，则对方获胜。在上一种情况中，我们已知晓另外一方的数值不可能大于 21。也就是说，我们不需要再引入一个测试。如果在上述情况中两个人的值都小于 21 或等于 21，则现在我们只需要找出谁的值更接近 21。此时，这个问题就是找出最大值。我们可以直接口算，也可以使用标准库中的方法 Math.max (...)。

测试 2.3.7：零效应
该程序可以进行编译，但是会在运行时抛出异常。输出为

```
Infinity
Exception in thread "main" java.lang.ArithmeticException:
/ by zero
...
```

第一个 println (10.0 / 0) 有效，因为可以将两个浮点数除以 0，输出为 Infinity，即正无穷大。zero 虽然是整数，但由于被除数是浮点数，所以除数也转为 double 类型。

整数除以 0 会出现 ArithmeticException（算数运算异常）。这种不同的结果虽然很奇怪，但也很好解释：整数没有特殊的位模式可以表示无穷大。而浮点数则包含一个特殊的位模式，用于 3 个特殊值：非数（Not a Number, NaN）、正无穷大和负无穷大。这些都是相当"正常的数字"。

任务 2.4.1：支付日
```java
double tortsPayment = new java.util.Scanner( System.in ).nextDouble();

double minPayment = 1000;
minPayment -= minPayment * 0.1;
double maxPayment = 1000;
maxPayment += maxPayment * 0.2;

// Solution 1
if ( tortsPayment >= minPayment && tortsPayment <= maxPayment )
  System.out.println( "Good boy!" );
else
  System.out.println( "You son of a bi***!" );
```

```
// Solution 2
if ( tortsPayment < minPayment || tortsPayment > maxPayment )
  System.out.println( "You son of a bi***!" );
else
  System.out.println( "Good boy!" );
```
列表 2.14 com/tutego/exercise/lang/PayDay.java

在询问托尔特的付款后，我们需要计算可以接受的最低付款额和最高付款额。1 000 的 10% 是 100，因此托尔特至少支付 900 欧元。至于最高价，1 000 的 20% 是 200，因此他最多支付 1 200 欧元。这里给出的固定数字在程序中是被动态计算的。这样做的好处是，我们以后可以更改限制，百分比也会随之进行动态计算。

现在有两种不同的解决方案。第一个解决方案是检测托尔特的付款是否在给定的范围内。第二个解决方案是使用否定的方式工作，检查托尔特的付款是否不在给定的范围内。我们可以很清楚地看到，条件判断在两种解决方案中是相反的，if-else 分支中的内容也是相反的。在实践中，当使用 if-else 判断条件时，这两种方式都有效。你可以选择你认为更容易理解的方式。第一个解决方案可能更好，因为测试付款是否在给定范围内比测试付款是否不在给定范围内更容易理解。

测试 2.4.2：错误分支

该程序代码中有两个错误：一是代码块虽然被缩进，但缺少大括号；二是 Java 中视觉上的缩进并不会改变语义。如果我们在没有括号的情况下正确缩进程序，则第一个错误显而易见：

```
if (x>y)
  int swap = x;
x = y;
y = x;
```

顺便提一下：这会导致编译器错误，因为这样的变量声明是不被允许的。

我们在 if 字符块的首尾加上大括号来改正第一个错误。

此外还有一个逻辑错误。该程序代码是错误的，因为两个变量得到的是相同的值：在程序中 x 会被 y 覆盖。因此，我们需要一个临时变量 swap。正确的代码如下：

```
if (x>y){
  int swap = x;
  x = y;
```

```
    y = swap;
}
```

任务 2.4.3：转换升的数据

```
System.out.println( "Enter quantity in liters:" );
double value = new java.util.Scanner( System.in ).nextDouble();

if ( value >= 1 )
  System.out.printf( "ca.%d l", (long) value );
else if ( value >= 0.1 )     // 1 l = 100 cl
  System.out.printf( "ca.%d cl", (long) (value * 100) );
else if ( value >= 0.001 )   // 1 l = 1000 ml
  System.out.printf( "ca.%d ml", (long) (value * 1000) );
else
  System.err.println( "Value too small to display" );
```

列表 2.15 com/tutego/exercise/lang/HumanReadableLiter.java

程序以屏幕输出开始，并要求输入浮点数。必须记住，Scanner 在本地读取浮点数。如果 JVM 在德语操作系统中运行，则浮点数必须用逗号分隔，而不是用句号。

这个任务的逻辑如下：从最大的计量单位（升）开始，如果该数字大于或等于我们要查找的数字，则程序将进行输出。如果该数字小于我们要查找的数字，则 else 代码块会检查下一个较小的单元。因此，程序中还有三个 if 查询。如果没有 else 代码块，则程序将无法正常工作，因为我们只能运行到一个代码块中。

在一个区块内，将输入数乘以一个转换系数，要么是 1（可以省略），要么是 100，要么是 1 000，然后我们将浮点数转换成整数并输出。

在转换时，使用 long 类型是有意义的，因为这允许输入的数字比使用 int 类型的数字大得多。在类型转换之前，程序可以测试浮点数是否大于 Long.MAX_VALUE，因为如果 double 类型的数字大于 Long.MAX_VALUE，则类型转换后的结果总是 9223372036854775807。例如：

```
System.out.println( (long)3858237523758235637657. ); // 9223372036854775807
System.out.println( (long)365827359283847475647. ); // 9223372036854775807
```

我们可以考虑引入 100 和 1 000 为常数。

```
final int CENTILITERS_PER_LITER = 100;
final int MILLILITERS_PER_LITER = 1000;
```

当然需要思考一个问题：这样做是否会使程序更具有可读性？

任务 2.4.4：生成随机色的 SVG 圆圈

```
String color;
double random = Math.random();
if ( random < 1. / 3 )
  color = "red";
else if ( random < 2. / 3 )
  color = "green";
else
  color = "blue";
System.out.println( color );

System.out.printf( "<circle cx=\"20\" cy=\"20\" r=\"5\" fill=\"%s\" />",
  color );
```

列表 2.16 com/tutego/exercise/lang/RandomColor.java

Math.random( ) 为我们提供了一个 [0，1) 范围内的浮点数。每个数字的可能性都是等同的，这也适用于取值范围。[0，0.5) 范围内的数字与 [0.5，1.0) 范围内的数字的可能性是一样的。

我们用它来选择三种随机颜色。[0，1/3) 范围内的随机数被指定为红色，[1/3，2/3) 范围内的随机数字被指定为绿色。其他数字为蓝色。当然，也可以反过来选择。

测试 2.4.5：»else« 属于哪块？

这个例子清楚地表明，没有缩进会造成理解困难。从始至终都要正确地缩进源代码，以免妨碍读者阅读。下面让我们来补充缩进：

```
if ( true ) {
 if ( false )
   if ( 3!=4 )
     ;
   else
     System.out.println( "Klabautermann" );
```

```
  else
    System.out.println( "Pumuckl" );
}
```

在进行条件判断时,几乎没有理由把真值直接写成文字,但是也不需要害怕这种书写方式,因为它标明了最重要的内容。每个条件判断都需要一个真值,并根据这个真值来决定代码块是否需要被执行。

我们简化一下程序。第一个语句是一个 if(true) 语句,这个代码块会一直被执行。

```
if ( false )
  if ( 3!=4 )
    ;
  else
    System.out.println( "Klabautermann" );
else
  System.out.println( "Pumuckl" );
```

下一个条件判断使用 if(false) 进行检查,这表示这个代码块不会被执行。这样做也会导致包括 else 在内的内嵌条件判断不会被执行。因此,输出仍为 Pumuckl。

任务 2.4.6:评估输入的字符串是否获得许可

```
String input = new java.util.Scanner( System.in ).nextLine();

switch ( input ) {
  case "Ay":
  case "Ay, ay":
  case "Ein Ei":
  case "yes":
  case "ja":
    System.out.println( "Keep it up!" );
    break;

  default :
    System.out.println( "Don't you dare!" );
}
```

列表 2.17 com/tutego/exercise/lang/DoYouAgree.java

在 Scanner 用 nextLine( ) 读取了该行后，switch 将其与不同的常量进行比较——由于输入可能包含空格，所以我们不能使用 Scanner 方法 next( )，否则返回的只是第一个空白前的字符串。

这里特意使用了 switch 将几个 case 块引用到同一段代码中。控制台输出后的 break 也很重要，它可以避免程序不小心从一个 case 块运行到另一个 case 块。如果 ja 块不被捕获，则会转到 default 块。如果以上 4 个 case 块都没有被捕获，则会运行 default 块。

任务 2.5.1：创建旋转的 SVG 矩形

```
System.out.println( "<svg height=\"200\" width=\"200\">" );

for ( int rotation = 0; rotation < 360; rotation += 10 )
  System.out.printf(   " <rect x=\"50\" y=\"50\" "
                     + "width=\"100\" height=\"100\" "
                     + "stroke=\"black\" fill=\"none\" "
                     + "transform=\"rotate(%d 100 100)\" />%n",
                     rotation );

System.out.println( "</svg>" );
```

列表 2.18 com/tutego/exercise/lang/SvgRotatingRect.java

将问题分解为三个部分。第一部分，我们编写了 SVG 元素的头部，即 SVG 容器的开始。第二部分，我们编写了一个循环，将变量 rotation 限定为以 10 为增量的 [0, 360) 范围内的数值。在循环的主体中，我们通过使用 printf (…) 在输出中设置赋值来访问不断变化的变量 rotation。第三部分是 SVG 容器的结束。

任务 2.5.2：创建 SVG 珍珠项链

```
System.out.println( "<svg height=\"100\" width=\"1000\">" );
for ( int i = 0;i< 50; i++ ) {
  double random = Math.random();
  String color = random < 1./3 ? "blue" :
                 random < 2./3 ? "green" : "orange";
  System.out.printf( "<circle cx=\"%d\" cy=\"20\" r=\"5\" fill=\"%s\" />%n",
    20 + (i * 10), color );
```

```
}
System.out.println( "</svg>" );
```
列表 2.19 com/tutego/exercise/lang/BonnysPearls.java

这个任务包含了 50 个圆圈，因此任务重心在于一个运行 50 次的循环。在循环的主体中，我们为随机颜色创建了一个随机数 random。随机数在 0 和 1 之间，我们把它分成三个区域，就像我们在之前的解决方案中所做的那样：[0，1/3) 范围内的值、[1/3，2/3) 范围内的值以及 [2/3，1) 范围内的值。解决方案没有使用 if 语句，而是使用嵌套的条件运算符。我们当然也可以计算 int random = (int) (Math.random ( ) * 3.0) 得到随机整数值 0，1 或 2。

为了让循环计数器 i 可以确定圆圈的中心 cx，我们将 i 乘以 10 并加上 20，以便圆圈在每一步中向右移动 10 个单位。y 轴和半径保持不变；相关数值可以保留在格式化字符串中，只有 x 轴和颜色被参数化。另一种解决方案是引入一个新变量 cx，它在每次循环中增加 10。但是，由于可以直接用 i 计算 cx，所以我们并不需要第二个变量。

任务 2.5.3：从命令行对数字求和

以下是两种解决方案：

```
final int END_OF_INPUT = 0;
int sum = 0;
int input = 0;

do {
  input = new java.util.Scanner( System.in ).nextInt();
  sum += input;
} while ( input != END_OF_INPUT );

System.out.printf( "Sum:%d%n", sum );
```
列表 2.20 com/tutego/exercise/lang/SummingCalculator.java

do-while 循环用于程序先运行一次任务，再询问是否继续循环。第一个程序也是这么做的。由于算法必须求和，所以我们声明一个变量 sum 并用 0 初始化它。另一个变量 input 存储用户输入。由于输入以 0 结束且 0 是一个魔术值，所以我们声明一个常量 END_OF_INPUT。结束循环的值也被称为标记值（Sentinel）。

不幸的是我们必须在循环主体外声明变量，因为必须在 while 部分访问该变量。在循环内部，我们要求输入并将其添加到总和中。由于 0 是加法中的中性元素，所以此时我们不必检查输入是否已被 0 中止，而是将检查推迟到 while 部分。这里我们检查变量 input 是否不等于 END_OF_INPUT（即 0），在这种情况下，它返回到输入主体。如果输入等于 END_OF_INPUT，则循环终止，我们在控制台中输出总数。

该程序的不理想之处在于变量 input 的有效区域比必要的要大。我们希望在编程中避免类似的事情——局部变量的有效范围不应该远远超出其使用范围。我们需要只属于循环且仅在循环中有效的变量。当然，有一种解决方案是人为地用 { } 创建一个块。但还有另一种办法。以下的这种书写方式是否真的更好，这仍有待商讨，因为它更复杂。

```
final int END_OF_INPUT = 0;
int sum = 0;

for ( int input;
    ( input = new java.util.Scanner( System.in ).nextInt() )
    != END_OF_INPUT; )
 sum += input;

System.out.printf( "Sum:%d%n", sum );
```
列表 2.21 com/tutego/exercise/lang/SummingCalculator.java

第二种解决方案也有一个总和变量。我们在 for 循环中声明了输入变量 input。for 循环允许三个不同的段。第一段，我们可以声明仅在循环内有效的变量。第二段是条件。第三段是增量表达式，它也可以为空。在这个方案中，for 循环中的条件有些复杂，因为它结合了两个步骤：首先为变量 input 赋值，在变量写入之后进行检查以确定输入是否为 0。如果输入不为 0，则循环继续，在主体中将输入添加到变量 sum 中。如果输入为 0，则 0 不会像第一个解决方案那样被相加，而是循环终止，在控制台中输出。

任务 2.5.4：实践一个数学现象

```
double t = Math.random() * 10;

while ( t > 0 ) {
  System.out.println( t );
// System.out.printf( "%64s%n", Long.toBinaryString(Double.
```

```
doubleToLongBits(t)) );
    if ( t < 1 )
      t *= 2;
    else // t >= 1
      t--;
}
```

列表 2.22 com/tutego/exercise/lang/AlwaysEnding.java

在变量 t 被初始化为一个 [0，1) 范围内的随机数后，循环条件 t>0 将判断循环体是否被运行。这看起来与该任务不同："当 t 小于或等于 0 时应该结束循环"。然而，这其实是完全一样的，因为任务说的是循环应该何时结束。在循环条件中，我们必须总是指定循环应该何时继续，而不是指定循环应该何时中断。因此，我们必须否定这个条件，不是 t ≤ 0 就是 t>0。

条件判断与任务中的一样。我们有两个选择，即 t<1 或 t ≥ 1。我们应该注意将条件判断作为一个真正的选择来执行，不要省略 else 块。因为存在一个依赖关系：如果 t<1，那么 t 乘以 2，可能导致 t ≥ 1，这样就会运行到下一个条件判断。这在我们的程序中无关紧要，因为下次我们运行循环时，无论如何最终都会出现这种条件判断。但是，作为开发人员，我们必须注意值之间的这种依赖关系。很可能开发人员想在代码中加入一个循环运行多少次的计数器，然后突然这个循环计数器就不再正确了。这是因为带有 if-else 的变体比连续两个 if 块平均运行更多次。

究竟是什么导致了程序的结束？这是因为两个特性"减少"了位（bit）：

1. 减法使数字变小，数字"丢失"位。
2. 乘法使数字翻倍，但所得数字可能不太精确，因此也"丢失"位。通过乘法，该数字可能变得大于 1，但在下一步中该数字会再次变小。

如果要查看数字的位模式，则可以通过以下方式显示位：

```
System.out.printf( "%64s%n",
  Long.toBinaryString( Double.doubleToLongBits( t ) ) );
```

任务 2.5.5：会出现多少个星号？
- for 循环 A 有 12 个星号。
- for 循环 B 没有运行，因为 10<0 是假命题，所以这个循环永远不会运行，也不会进入循环体。

任务 2.5.6：计算阶乘的乘积

```java
System.out.println( "Enter a number:" );
int n = new Scanner( System.in ).nextInt();

if (n< 0 )
  System.err.println( "Number must not be negative" );
else if (n< 2 )
  System.out.printf( "%d! = 1%n", n );
else {
  System.out.printf( "%d! = 1", n );
  long factorial = 1;

  for ( int multiplier = 2; multiplier <= n; multiplier++ ) {
    System.out.printf( " *%d", multiplier );
    factorial *= multiplier;
  }

  System.out.printf( " =%d%n", factorial );
}
```

列表 2.23 com/tutego/exercise/lang/Factorial.java

输入整数后，我们在第一个条件下测试该数字是否为负数。如果该数字是负数，则我们在通道上输出一条消息，从而终止程序，因为随后的备选方案都在 else 分支中。

下一个条件检查输入是否为 0 或 1，然后我们在屏幕上输出，因为 0! 是有效的，并且 0! 和 1! 都等于 1。

如果程序进入第二个 else 分支，则输入的数字大于或等于 2，因此屏幕上将显示序列的开始。在下面的迭代中，总是显示一对乘号和一个数字。

输入中的数字是 int 类型的，但我们必须用 long 类型声明结果，因为通过乘法很快会得到非常大的数字。我们的变量 factorial 被初始化为 2，因为这是在 1 之后的下一个乘数——不需要与 1 这个中性元素相乘。循环使乘法一直运行直到输入。在循环体中，我们将乘号和乘数这一对输出到控制台，将乘数乘以之前的阶乘，并将阶乘更新为下一个值。

在循环结束时，我们放置一个等号，输出结果，结束程序。

阶乘很快会变得很大，int 值的取值范围也会不够用，即使是 long 值也会在某个时候到达极限值（见表 2.3）。

表 2.3　数量级

阶乘 / 常数	值
1!	1
2!	2
3!	6
12!	479.001.600
Integer.MAX_VALUE	2.147.483.647
13!	6.227.020.800
20!	2.432.902.008.176.640.000
Long.MAX_VALUE	9.223.372.036.854.775.807
21!	51.090.942.171.709.440.000

虽然 20 的阶乘仍可显示，但我们已接近 long 类型可表示的最大值边缘。用程序计算 21！会得到一个难以置信的结果：–4 249 290 049 419 214 848。数字突然变成了负数，这是因为最高位为符号位，而此次阶乘结果导致位模式的最高位被占。

我们有三种策略来处理更大的数字：

1. 如果我们知道所处理的数值范围受限，则程序内的数字永远不会超出数值范围，我们可以使用之前的代码。
2. 如果我们知道会出现非常庞大的数字，则 long 类型将无济于事。Java 提供了一种数据类型 BigInteger，它可以表示任意大小的整数。这意味着数字大小仅受存储空间大小的限制。
3. Java 不会通知我们溢出。因此，如果超出了值的范围，则 Java 只会继续计算。任务中提到的 Math 类中有一个有用的方法：名为 Math.multiplyExact(long x, long y) 的方法可以帮助我们检测溢出，如果由于数字太大，则超出 long 类型的取值范围而不能再相乘，它会抛出异常。

任务 2.5.7：判断一个数字是否是阶乘

```
System.out.println( "Enter a number:" );
long n = new Scanner( System.in ).nextLong();

if (n< 1 )
```

```java
  System.err.println( "Factorials are always >= 1" );
else {
  long number = n;
  long divisor = 2;

  while ( number% divisor == 0 ) {
    number /= divisor;
    divisor++;
  }

  if ( number == 1 )
    System.out.printf( "%d =%d!%n", n, divisor - 1 );
  else
    System.out.printf( "%d is not a factorial%n", n );
}
```

列表 2.24 com/tutego/exercise/lang/IsFactorial.java

我们从命令行要求一个数字,由于阶乘可以变得非常大,所以我们要求它的数据类型为 long。如果阶乘小于 1,即 0 或负数,则我们在命令行中发出一条信息并终止程序,因为只有在 n 大于或等于 1 的情况下才执行其余的代码。

该算法如表 2.4 中所述。我们首先将阶乘除以 2,然后除以 3,4 等。我们以 6 为例,变量 number 和 divisor 也出现在程序中。

表 2.4 反向计算递归的迭代过程

步骤	数字	除数	商	余数
1	6	2	6 / 2 = 3	6% 2 = 0
2	3	3	3 / 3 = 1	3% 3 = 0
3	1	4	无关数字	1% 4 ≠ 0

在第三步中余数不等于 0,重复结束。

变量 number 被阶乘初始化,即最大值。我们将这个变量 number 反复除以除数。只要被整数相除后没有余数,我们就持续这样做。余数运算符 % 回答一个数是否可以除以一个因子而没有余数。如果 number% divisor 等于 0,则除法没有余数。

最后循环中断，因为总会出现一种情况，即数字不能再被除数除掉。变量 number 和 divisor 越来越接近。number 会随着每次的除法越来越小，而 divisor 则会越来越大。在最后一步会出现余数不等于 0 的情况。当 number 为 1 时，可以一直除下去，直到阶乘链的开头，且当输入的数字是阶乘时，我们将此结果输出到屏幕上。如果输入的数字不是 1，则它不是阶乘。

任务 2.5.8：找出一个数各位中的最小和最大数字

```
final long n = 30;

long largest = 0;
long smallest = n == 0 ? 0 : 9;

for ( long value = Math.abs( n ); value != 0; value /= 10 ) {
  long lastDigit = value% 10;
  largest = Math.max( lastDigit, largest );
  smallest = Math.min(lastDigit, smallest );
}

System.out.println( smallest + ", " + largest );
```

列表 2.25 src/main/java/com/tutego/exercise/lang/SmallestLargest Digit.java

给定一个数 n，它可以是正数或负数。通过重复除法和取余确定的操作，我们逐位提取并更新两个局部变量：largest 显示最大的数字，smallest 显示最小的数字。我们将变量 largest 预设为 0，如果测试的数不等于 0，则它可以随后变大。如果 n 不为 0，则变量 smallest 中的最小数字只能从 9 开始，也许可以找到更小的数字。条件运算符正是用于检查这种情况的，因为如果 n 等于 0，那么最小和最大的数字也是 0，接下来的循环也不会执行。

正数和负数应该同样处理，因此使用 Math 方法 abs (...) 将负数变为正数。

> **注意：**
> Math.abs (Integer.MIN_VALUE) 等于 Integer.MIN_VALUE，因此结果仍然为负。该程序不检查这种特殊情况。

由于不想改变 n 的赋值（即 final），在 for 循环中引入一个带有绝对值的新变量 value。如果这个值不是 0，那么方法的主体就会被执行，在这个过程中，余数运算符会提取最后一个数字，然后在必要时调整变量 largest 和 smallest。循环运行后，value 被除以 10。如果结果不是 0，就回到循环体中。如果结果是 0，那么就没有更多数字需要考虑，循环被终止，最小和最大的数值被输出到屏幕上。

测试 2.5.9：这样从 0 到 100 不可行

```
class Sümme { //'ü' - 违反风格指南，应该写成英语
  private static int getSum() { // 前缀 get 不合适 - 有
                                // 违反风格指南的倾向
    int j == 0; // == 代替 = - 语法错误
    for ( /* int */ i = 0, i <= 100, j++ );
      // 必须声明 int - 语法错误
      // 两个 "," 代替 ";"- 语法错误
      // 100 -> 100 - 语法错误
      // j 代替 i - 语义错误
      // 行末的 ";" - 语义错误
      j += i
    ; //";" 放到上一行 - 风格指南
    // return j 缺失 - 语义错误
  }
  public static void Main( String aarg ) {
    // 不能用该方法启动 - 语义错误
    // 缺失有关数组的信息 - 语义错误
    // 如果程序是可以启动的
    system.out.println( getsum() );
    // S 代替 s - 语法错误
  }
}
```

任务 2.5.10：用嵌套循环画一个风中的旗帜

```
final int MAX = 5;

// Normal output
for ( int i = 1; i <= MAX; i++ ) {
  for ( int j = 1; j <= i; j++ )
    System.out.print( i );
```

```
      System.out.println();
    }
    System.out.println();

    // Centered output
    for ( int i = 1; i <= MAX; i++ ) {
      for ( int indent = 0; indent < (MAX - i); indent++ )
        System.out.print( " " );
      for ( int j = 1; j <= i; j++ )
        System.out.print(i+ " " );
      System.out.println();
    }
```
列表 2.26 com/tutego/exercise/lang/NestedLoopsForTrees.java

  main (...) 方法包含一个输出逻辑，即先左对齐输出，然后居中输出。首先，我们声明一个最终变量 MAX 来决定行数。如果我们想修改要输出的行数，我们只需更改这个变量，而不必在程序代码的各位置进行更改，比如把 5 行变为 9 行。

  外循环运行一个从 1 到 5 的循环计数器 i。它承担执行 5 行程序代码的功能。带有循环计数器 j 的内循环写入一行，循环计数器 j 在该行中输出。循环计数器 j 的结尾又与外循环的循环计数器 i 关联。随着循环计数器 i 的增加，行数也变多。在循环体中，我们必须使用 print (...) 而不是 println (...)。因为我们一个接一个地输出数字，但只想在行尾设置换行符。因此，在行中的所有内容都被连续写完之后，换行符不在内循环中，而在外循环中。

  对于任何类型的居中输出，行首都要留出空白。首先要计算需要多少空白，在下一步中，我们还必须写出这些空白。在程序中，宽度取决于行。每个新行都会导致不同的缩进。然而，这个程序的特殊之处在于依赖关系是相反的：行数越多，缩进越少，在第一行中，缩进是最大的。

  如果想在 Java 中产生或输出一个特定长度的字符串，可以有不同的选择：可以采用一些特殊的方法，但在这里采取一种非常简单的方法，即手动一个接一个地插入几个空格以实现缩进。在编写实际的行之前，我们在自己的 for 循环前面加上空格。这个循环使用它自己的循环计数器 indent。变量 indent 和 i 关联，但为反相关：如果 i 变大，则缩进变小，indent 值最多达到 MAX – i。

  作为练习，读者可以思考如何能够居中展示一颗行数大于 10 的树。

任务 2.5.11：输出简单的棋盘

```
System.out.print( "Checkerboard width: " );
```

```java
int width = new java.util.Scanner( System.in ).nextInt();

System.out.print( "Checkerboard height: " );
int height = new java.util.Scanner( System.in ).nextInt();

for ( int y = 0; y < height; y++ ) {
  for ( int x = 0; x < width; x++ )
    System.out.print( (x + y)% 2 == 1 ? '#' : '_' );
  System.out.println();
}
```

列表 2.27 com/tutego/exercise/lang/Checkerboard.java

首先读入棋盘的宽度和高度。由于任务中的棋盘不一定是正方形的，所以需要两个输入。

每当涉及绘制矩形或任何形式的表格时，通常使用嵌套循环。这里的情况也是如此。我们有一个覆盖所有行的循环，然后有一个覆盖所有列的内循环。将变量称为 x 和 y，称为 row 和 col 也是可以的。

令人兴奋的部分在循环内部，我们必须决定是用 # 还是下划线。这里需要一点逻辑：符号与位置相关。当 x 和 y 改变时，它会对符号产生直接影响。现在的问题是：我们怎样才能让要写的字符依赖 x 和 y？让我们来测试一下将 x 和 y 相加时会发生什么（见表 2.5）。

表 2.5

0	1	2	3
1	2	3	4
2	3	4	5
3	4	5	6

偶数被设置为黑体，由此我们可以看出解决方案：我们将数字相加并使用余数运算符来测试结果是偶数还是奇数。

我们不必特别处理不正确的值。如果输入负数或 0，则不会运行循环。

任务 2.5.12：圣诞来啦：装饰圣诞树

在解决这个问题之前，我们要先认识缩进的空格数和树的宽度之间的关系，见表 2.6。

表 2.6　缩进（用下划线表示）和树的宽度

行	缩进	星星 / 宽度
___*	3	1
__***	2	3
_*****	1	5
*******	0	7

很容易看出缩进以 1 为单位递减，而星号以 2 为单位递增。以同样的方式，我们可以制定我们的程序：在循环中使用两个变量缩进和宽度，然后相应地减少和增加变量。

```java
int width = 8;

for ( int stars = 1, indentation = (width - 1) / 2;
      stars <= width;
      stars += 2, indentation-- ) {

  for ( int i = 0; i < indentation; i++ )
    System.out.print( ' ' );

  for ( int col = 0; col < stars; col++ )
    System.out.print( Math.random() < 0.9 ? '*' : 'o' );

  System.out.println();
}
```
列表 2.28 com/tutego/exercise/lang/XmasTree.java

变量 width 存储树的宽度，我们在示例中预设为 7。循环声明了变量 star 和 indentation，其中 indentation 是宽度的一半。我们从 width 中减去 1，以便在奇数的宽度前不会错误地多加一个空格。在主循环的主体中，有两个创建行的子循环。

第一步，必须写出缩进。第二步，必须输出表示树的星号。90% 的概率输出星号，10% 的概率输出小写的 o。在行尾设置一个换行符，然后继续循环。

任务 2.5.13：绘制鱼形刺绣图案

```java
int repetitions = 1;

final String RIGHT_FISH = "><>";
final String LEFT_FISH  = "<><";
final String DISTANCE   = "   ";

for ( int fish = 0; fish < repetitions; fish++ ) {
  for ( int i = 0; i < repetitions; i++ )
    System.out.print( RIGHT_FISH + DISTANCE );
  for ( int i = 0; i < repetitions; i++ )
    System.out.print( LEFT_FISH + DISTANCE );
  System.out.println();
}
```
列表 2.29 com/tutego/exercise/lang/FishPattern.java

对于向右和向左游动的鱼，声明两个常量和一个附加常量来表示鱼之间的距离。这个距离也会设置在行尾，但是由于空格是看不到的，所以这不是问题。

下一个循环生产了若干行，行数由 repetitions 的赋值决定。在每一行中，我们又使用了两个循环。第一个循环为 repetitions 设置多个向右游动的鱼，第二个循环为 repetitions 设置多个向左游动的鱼。在行的末尾设置一个换行符，然后我们可以继续进行主循环。

任务 2.5.14：以尝试代替思考

```java
for ( int l = 0;l< 10; l++ ) {
  for ( int o = 0;o< 10; o++ ) {
    for ( int x = 0;x< 10; x++ ) {
      for ( int t = 0;t< 10; t++ ) {
        int xol = 100 *x+ 10 * o + l;
        int lxx = 100 *l+ 10 * x + x;
        int tlt = 100 *t+ 10 * l + t;
        if ( (xol + lxx) == tlt ) {
          if ( (l != o) && (l != x) && (l != t) &&
               (o != x) && (o != t) && (x != t) )
            System.out.println( "Alles ungleiche Variablen:" );
```

```
            System.out.printf( "l=%d, o=%d, x=%d, t=%d%n", l, o, x, t );
          }
        } // end for t
      } // end for x
    } // end for o
  } // end for l
```
列表 2.30 com/tutego/exercise/lang/XOLLXXTLT.java

解决方案中的技巧是为 4 个变量生成所有可能的赋值。我们用 4 个嵌套循环来做到这一点。这些循环中的每一个都会产生从 0 到 9 的所有值。4 个循环总共有 $10 \times 10 \times 10 \times 10 = 10\,000$ 个值，这在运行时间上是可控的。如果我们有更多的变量和更大的取值范围，运行时间会迅速延长。我们的解决方案可能不再可行。

一旦我们用循环生成了所有可能的值，就可以通过乘以 10 和 100 将变量移动到正确的位置来计算 xol、lxx 和 tlt。这是数值系统的一个特点。数字 234 无非是 $2 \times 100 + 3 \times 10 + 4$，因此 xol 无非是 x * 100 + o * 10 + l。

接着测试 xol + lxx 是否等于 tlt。这有许多解决方案。然而，如果只想要所有 4 个变量都有不同的赋值的解决方案，则必须进行测试。可以使用内部 if 语句。如果所有的值都不同，我们就在屏幕上进行输出。

类似任务可以在字母拼图（Alphametic Puzzles）上找到 (https://www.gtoal.com/wordgames/alphametic/examples)。

任务 2.5.15：确定一个数的位数

我们想通过不同的路径来完成这个任务。变体 1 和 2 使用循环，因此任务也被定位在这一部分。

解决方案 1 如下：用一个数字不停地除以 10，直到结果为 0。以下面 3 个指令为例：

```
System.out.println( 123 / 10 );  // 12
System.out.println( 12 / 10 );   // 1
System.out.println( 1 / 10 );    // 0
```

通过除以 10，数字会越来越小，直到在某个时刻结果为 0。我们所要做的就是将除法放在一个循环中，增加一个计数器，然后确定位数。循环停止的条件是除法结果为 0。

```
int digits = 1;
```

```
for ( int number = n / 10; number != 0; number /= 10 )
  digits++;
System.out.println( digits );
```
列表 2.31 com/tutego/exercise/lang/NumberOfDigits.java

数字的数量至少是 1，这就是为什么变量 digits 也被预设为 1。

对于计算机来说，除法是相对昂贵的，因此我们也可以用相反的方式来工作，将一个数字乘以 10，直到它大于给定的数字，这就是解决方案 2：

```
int digits = 1;
for ( long powersOfTen = 10; powersOfTen <= n; powersOfTen *= 10 )
  digits++;
System.out.println( digits );
```
列表 2.32 com/tutego/exercise/lang/NumberOfDigits.java

在这里要注意一个细节，即数据类型 long，因为把一个非常大的整数乘以 10 会导致溢出，两个数字的比较就不正确了。

其他建议解决方案不使用循环，而是使用不一样的方法。

解决方案 3 采用二分查找算法的思路，但不是寻找元素，而是寻找数字的数量。

```
if ( n >= 10_000 ) {
  if ( n >= 10_000_000 ) {
    if ( n >= 100_000_000 ) {
      if ( n >= 1_000_000_000 )
        System.out.println( 10 );
      else
        System.out.println( 9 );
    }
    else
      System.out.println( 8 );
  }
  else if ( n >= 10_0000 ) {
    if ( n >= 1_000_000 )
      System.out.println( 7 );
    else
```

第 2 章 命令式语言概念 | 057

```
      System.out.println( 6 );
    }
    else
      System.out.println( 5 );
}
else if ( n >= 100 ) {
  if ( n >= 1000 )
    System.out.println( 4 );
  else
    System.out.println( 3 );
}
else if ( n >= 10 )
  System.out.println( 2 );
else
  System.out.println( 1 );
```

列表 2.33 com/tutego/exercise/lang/NumberOfDigits.java

int 类型的数字最多可以有 10 位，因此我们首先要问这个数字的位数是大于 5 位数还是小于 5 位数，即大于还是小于 10_000。如果数字较小，那么取 5 位数的一半——四舍五入 3 位数——并询问该值是大于还是小于 100。如果该值大于 10_000，那么计算 5 位数和 10 位数之间的算术平均值，四舍五入 8 位数，即 10_000_000。我们为一位数、两位数、三位数，直至十位数的所有可能性进行编码。

这种方法既有优点，也有缺点。优点是最大比较次数一目了然、二分查找具有对数运行时间。缺点可能是该算法没有倾向的数字范围。如果我们知道出现的数字往往更小，那么可以对算法进行一些不同的处理。

解决方案 4 就可以进行这样的处理。该解决方案使用几个嵌套的条件运算符，并且更适用于小数字。数字越大，需要进行的比较就越多。

```
int digits = n < 10 ? 1 :
             n < 100 ? 2 :
             n < 1000 ? 3 :
             n < 10000 ? 4 :
             n < 100_000 ? 5 :
             n < 1_000_000 ? 6 :
             n < 10_000_000 ? 7 :
```

```
          n < 100_000_000 ? 8 :
          n < 1_000_000_000 ? 9 :
          10;
System.out.println( digits );
```
列表2.34 com/tutego/exercise/lang/NumberOfDigits.java

最后一个解决方案不使用任何循环或条件判断,而是使用对数。复习一下:
当 a, b > 0 且 b ≠ 1 时,$b^x = a \Leftrightarrow x = \log_b a$。
若 b = 10,则当 a > 0 时,$10^x = a \Leftrightarrow x = \lg a$。
再用 10^x 替换右边的 a,则 $\lg 10^x = x$。
对于像 10^x 这样的数字,x 是我们要找的位数。我们没有 10 的幂,但可以把浮点数变成一个 int 类型的数字,见表2.7。

表2.7　不同数字的对数与位数的关系

对数	结果(double 类型)	结果(int 类型)
lg1	0	0
lg9	0.954 242 509 439	0
lg10	1	1
lg19	1.278 753 600 95	1
lg99	1.995 635 194 6	1
lg100	2	2

这里需要计算对数,将结果调整为 int 类型并加 1。

```
int digits = n == 0 ? 1 : (int) Math.log10(n)+ 1;
System.out.println( digits );
}
```
列表2.35 com/tutego/exercise/lang/NumberOfDigits.java

对于 0~1 的数字,其函数值为负。如果从右侧接近 0,则函数值接近负无穷大。因此,我们将 0 视为特殊情况并返回 1 位数。

任务 2.6.1：画心

```
public static void line() {
  System.out.print( "♥♥♥♥♥♥♥♥♥" );
}
```

列表 2.36 com/tutego/exercise/lang/LinePrinter.java

该方法实施起来没什么困难。重要的是该方法是静态的，这样可以从另一个类调用它，而不必构建该类的对象。

```
LinePrinter.line();
```
列表 2.37 com/tutego/exercise/lang/LinePrinterDemo.java

由于 line( ) 方法来自 LinePrinter，不是 LinePrinterDemo 中现成的，所以必须在方法名前面加上类名 Line Printer 才能访问该静态方法。

任务 2.6.2：实现重载 line() 方法

```
public static void line( int len, char c){
  while ( len-- > 0 )
    System.out.print( c );
}

public static void line( int len ) {
  line( len, '-' );
}

public static void line( String prefix, int len, char c, String suffix ) {
  System.out.print( prefix );
  line( len, c );
  System.out.print( suffix );
}
```
列表 2.38 com/tutego/exercise/lang/LinePrinter.java

我们必须实现三种方法。要实现的第一种方法是最重要的：方法 line(int len, char c)，它在屏幕上输出 len 数量的字符 c。这是一个循环的典型。该解决方案使用了一个 while 循环，对数字进行倒计时，直到它变成 0。这种解决方案在实践中有一个缺点，即在 while 循环之后，参数被销毁了。这意味着如果由于某种原因，在 while 循环之后不得不再次访问 len 这个变量，则会遇到问题。但由于我们的方法非常紧凑，所以没有问题，不再需要 len。

第二种方法默认输出一个负号，实际上可以退回之前已实现的方法，即把一定数量的任意字符放在一起。我们可以调用这个方法，从而将输出的"责任"从我们身上推开。

最后一种方法也是一种委托，但事先会在屏幕上写一个前缀，在行中的字符后写一个后缀。

调用方法如下：

```java
int len = new java.util.Scanner( System.in ).nextInt();
LinePrinter.line( len );
System.out.println();

LinePrinter.line( 4, '*' );
System.out.println();

LinePrinter.line( "{", 4, '*', "}" );
System.out.println();
```

列表 2.39 com/tutego/exercise/lang/LinePrinterDemo.java

任务 2.6.3：必须垂直

```java
public static boolean isRightTriangle( double a, double b, double c){
  // Step 1: propagate the largest value into c
  // If a > c then swap
  if (a>c){
    double swap = a;
    a = c;
    c = swap;
  }

  // If b > c then swap
  if (b>c){
    double tmp = b;
    b = c;
    c = tmp;
  }
```

```
  // Step 2: The test
  return a * a + b * b == c * c;
}
```

列表 2.40 com/tutego/exercise/lang/RightTriangle.java

当三角形是直角时，它满足方程 $c^2 = a^2 + b^2$。这仅在 a 和 b 小于 c 时才有效。但是，由于不清楚变量以什么顺序进入方法，所以首先要对变量 a，b 和 c 进行升序排序，使 c 为最大数。

为了让 c 包含最大的数字，首先测试 a 是否比 c 大，如果是，就交换 a 和 c 的内容。对 b 和 c 也这样做。如果 b 大于 c，则将 a 和 c 对调。a 和 b 的顺序并不重要，重要的是最后 c 包含最大的数字。通过一个中间变量实现了实际的交换操作。

实际测试 a * a + b * b == c * c 很简单，但是仍然存在计算不准确的问题，因为对浮点数进行精确的 == 测试是很困难的。可以选择有一定误差的测试，为此使用一个额外的参数 double tolerance 作为一个公差，在这个范围内的值被认为是相等的。

任务 2.6.4：计算科拉茨序列

```
static void collatz( long n){
  while (n> 1 ) {
    System.out.print(n+ " -> " );
    if (n% 2 == 0 )
      n /= 2;
    else
      n = 3 *n+ 1;
  }
  System.out.println( 1 );
}

static long collatzMax( long n){
  long max = n;
  while (n> 1 ) {
    if (n% 2 == 0 )
      n /= 2;
    else {
      n = 3 *n+ 1;
      if ( n > max )
```

```java
      max = n;
    }
  }
  return max;
}

static long collatz( long n, long max ) {
  if (n> 1 ) {
    if (n% 2 == 0 )
      return collatz(n/ 2, Math.max( n, max ) );
    return collatz( 3 *n+ 1, Math.max( n, max ) );
  }
  return max;
}

public static void main( String[] args ) {
  collatz( 27 );
  System.out.println( collatzMax( 27 ) );
  System.out.println( collatz( 27, 0 ) );
  collatz( 20 );
  System.out.println( collatzMax( 20 ) );
  System.out.println( collatz( 20, 0 ) );
}
```

列表 2.41 com/tutego/exercise/lang/Collatz.java

编写方法 collatz (long) 并假设一个整数 n。如果 n 大于 1，则重复运算；如果 n=1，则中止。我们可以使用余数运算符来判断数字是偶数还是奇数。如果数字是偶数，则将数字除以 2，否则将数字乘以 3 再加上 1。n/=2 是 n=n/2 的缩写。不能把 n=3*n+1 缩写为 n*=3+1，因为这样不仅可读性更差，而且 n*=3+1 还会变成 n=n*(3+1)。

如果想找到最大值，则算法几乎与上述算法相同。唯一的区别在于变量 max 的声明。在开始时 max 使用来自传输的参数进行初始化，并尽可能地在循环期间更新。由于除以 2 会产生较小的值，所以不需要调整 max。但是，如果在运行过程中，这个数字通过乘以 3 而变大，就需在必要时更新变量 max。

在递归实现中，我们必须改变参数列表，因为必须将最大值从一个递归步骤转移到下一个。如果看一下实施情况，就会发现它们有相似之处。如果 n 大于 1，则我们仍然有事情要做，即进入递归。如果 n 等于 1，则程序结束，返回最后的最大值。如果 n 大于 1，则必须再次测试这个数字是偶数还是奇数。如果这个数字是偶数，就把它除以 2，然后再次进入递归程序。当然，必须注意最大值。此时还不清楚变量 max 更大还是 n 更大，因为 n 被上一步骤更改了。数学函数 Math.max (...) 可以帮助我们计算最大值，然后再次进入递归。如果 n 是奇数，则进行同样的操作。

任务 2.6.5：创建乘法表

```java
private static void startTable() { System.out.println( "<table>" ); }

private static void endTable() { System.out.println( "</table>" ); }

private static void startRow() { System.out.print( "<tr>" ); }

private static void endRow() { System.out.println( "</tr>" ); }

private static void headerCell( String value ) {
    System.out.print( "<th>" + value + "</th>" );
}

private static void dataCell( String value ) {
    System.out.print( "<td>" + value + "</td>" );
}

private static void dataCell( int value ) {
    dataCell( Integer.toString( value ) );
}

public static void main( String[] args ) {
    final int BASE_PRICE_FLAMETHROWER = 500;
    final int BASE_PRICE_FIRE_EXTINGUISHER = 100;

    startTable();

    startRow();
    headerCell( "Quantity" );
    headerCell( "Flamethrower" );
```

```
    headerCell( "Fire extinguisher" );
    endRow();

    for ( int i = 1; i <= 10; i++ ) {
      startRow();
      dataCell( i );
      dataCell( BASE_PRICE_FLAMETHROWER * i );
      dataCell( BASE_PRICE_FIRE_EXTINGUISHER * i );
      endRow();
    }

    endTable();
  }
```

列表 2.42 com/tutego/exercise/lang/MultiplicationTable.java

  HTML 是一种标记语言，被视作技术，但所有与技术相关的都应该从"业务逻辑"中外包出去。在我们的例子中，我们编写了几个方法，每个方法都在命令行中输出 HTML 标记。这样，实际的主程序就看不到后台的运作了。有两个方法负责处理表格的开始和结束，另外两个方法负责处理表行的开始和结束。两个 dataCell (...) 方法不一样，因为它们在 HTML 标记中框定数据。dataCell(...) 重载了两个参数，这样我们就可以灵活地用整数或字符串调用该方法。当然，这两种方法都不必完全实现，一个方法将整数转换为字符串，然后将其委托给另一个方法就足够了。对于表头，我们使用一个单独的方法 headerCell(String)。

  main (...) 启动表格并开始第一行，接着为列的标题写入 3 个单元格并结束该行。接下来是一个循环，生成从 1 到 10 的行。我们必须在 HTML 中开始每个表格行，然后循环计数器可以直接写入第一列。第二列由 500（火焰喷射器的价格）乘以循环计数器得出，最后一列由 100（灭火器的价格）乘以该行的循环计数器得出。最后结束行，在循环结束时结束表格。由于价格可能发生变化，所以该程序引入了常数。

第 3 章
类、对象、包

在前面的练习中，我们使用类作为静态方法的容器。我们没有有意识地用 new 来构建新的对象。本章中的任务涉及创建新对象、对象引用和特殊的 null 引用（空引用）。

本章使用的数据类型如下：

- java.awt.Polygon (https://docs.oracle.com/en/java/javase/11/docs/api/java.desktop/java/awt/Polygon.html)
- java.awt.Point (https://docs.oracle.com/en/java/javase/11/docs/api/java.desktop/java/awt/Point.html)

3.1 创建对象

在以下的例子中，我们将使用 java.awt 包中的 Point 和 Polygon 类。java.awt 包包含不同的类，多数用于图形界面。但是，点和多边形不是图形，我们也不会编写任何图形界面。点和多边形的 Java 类型是简单数据类型，具有可公开访问的对象变量以及易于理解的对象方法，因此它们很适合我们的第一次练习。我们不会在练习册中使用 java.awt 包中的其他任何数据类型。

3.1.1 绘制多边形 ★★★

一个多边形是一条封闭的线。Java 库为多边形提供了一个 java.awt.Polygon 类，可以用点来"投喂"它。

CiaoCiao 船长乘船前往百慕大三角附近，寻找水中精灵温蒂妮。百慕大三角很危险，到处都是鱿鱼杀手。水手们必须不惜一切代价避开这个区域。最好有一个地图……

任务：
- 使用 main(...) 方法创建新类 BermudaTriangle。
- 创建一个对象 java.awt.Polygon。
- 一个多边形由点组成，这些点都用一种方法添加。这个方法叫作什么？
- 为神秘的百慕大三角创建一个三角形，坐标保持在 0~50 的数值范围内。
- 如果船的位置是一个点，怎样才能确定一个选定的点是否在三角形内？
- 为 0 ≤ x < 50 和 0 ≤ y < 50 创建两个循环，以创建一个矩形网格。当且仅当 x-y 坐标与位于多边形中的点相交时输出章鱼，否则输出彩虹。运用条件运算符 "print(ist_im_Polygon ? "\uD83D\uDC19" : "\uD83C\uDF08");"，其中 Ist_im_Polygon 表示测试点是否在多边形中。
- 可选：线上的点是否属于内部？点本身呢？它们属于多边形的内部还是外部？

知识点：

自 Java 9 版本起，Java 自带模块系统。在默认情况下，仅包含 java.base 模块中的类型，并不包含任何 GUI 类型。AWT 类型是桌面模块 java.desktop 的一部分。如果使用模块（在应用程序的主目录中存在一个名为 module-info.java 的文件），则必须包含 java.desktop 模块：

```
module com.tutego.bermuda {
    requires java.desktop;
}
```

3.2 导入和包

包按主题划分类型。任何类型都不应该出现在标准包中。我们可以完全限定包中的类型，或者通过编译单元中的 import 声明来公布它们。

3.2.1 测试：按顺序才好★

一个文件是一个编译单元，在大多数情况下，编译单元中至少会有一个类型的声明，类似类的声明。package 声明及 import 声明是可选的。只有当类型没有在默认包（default package）中声明，而是在一个单独的包中声明时，package 声明才是必需的。另外，import 声明纯粹是可选的，它很方便，因为当我们使用来自其他包的类型时，通常希望使用完全限定类型来节省文书工作，并且需要编写的内容很少，只需类型名称出现在源代码中即可。

声明的正确顺序是什么？
1. import 声明、package 声明、类型声明
2. import 声明、类型声明、package 声明
3. package 声明、import 声明、类型声明
4. 类型声明、import 声明、package 声明
5. 类型声明、package 声明、import 声明

3.3 使用引用

在使用 new 创建一个对象后，我们会得到一个指向该实例的引用。这个引用可以传递给其他方法，方法也可以返回引用。

3.3.1 测试：点的短暂一生★

给出以下程序代码，其中 Point 来自 java.awt：

```
Point p, q, r;
p = new Point();
q = p;
Point s = new Point();
p = new Point();
s = new Point();
// 还剩多少个对象？
```

提问：
- 声明了多少个引用变量？
- 构建了多少个对象？
- 注释中行末引用了多少个对象？垃圾收集器可以清除什么？

3.3.2 创建三角形★

CiaoCiao 船长确信，百慕大三角的危险地点可能是随机的——他必须做好一切准备。

任务：

- 在现有的 BermudaTriangle 类中创建一个新的静态方法：

```
static Polygon resetWithRandomTriangle( Polygon polygon ) {
    // return 设置的三角形
}
```

这个方法应该首先清空已存的 java.awt.Polygon，它可能仍包含点，然后用一个随机三角形填充它并在最后返回。

- 然后，编写一个静态方法，返回一个新的随机三角形。

```
static Polygon createRandomTriangle() {
    // return 随机三角形
}
```

3.3.3 测试: == vs. equals(...) ★

编译器或运行时环境将如何反应？

```
public class EqualsOperatorOrMethod {

  public static void main( String[] args ) {

    int number1 = 1234;
    int number2 = 1234;

    if ( number1 == number2 )
      System.out.print( "==" );

    if ( number1.equals( number2 ) )
      System.out.print( "equals" );
```

```
        }
    }
```

屏幕是否会输出 == 或 equals，还是程序不会捕捉到这两种条件判断的任意一种，导致没有输出，或者甚至产生编译器错误？

3.3.4　测试：避免空指针异常（NullPointerException）★

如果一个引用变量可以被赋值为 null，则需要对 null 进行安全查询，这样程序就不会导致空指针异常（NullPointerException）。

寻找一个条件判断，检查一个字符串 string 是否既不为 null，也不是空的。

换句话说，测试一个 String 实例是否存在，即该 String 实例是否至少有一个字符。下面哪种条件判断能正确检查出这一点？

- ▶ if (! string.isEmpty( ) && string != null)
- ▶ if (string != null & ! string.isEmpty( ))
- ▶ if (string != null && ! string.isEmpty( ))
- ▶ if (! (string == null || string.isEmpty( )))
- ▶ if (! (string == null | string.isEmpty( )))
- ▶ if (Objects.requireNonNull(string) && ! string.isEmpty( ))
- ▶ if (Objects.requireNonNull(string) != null)

小提示：
1. 评估从左到右进行。
2. 逻辑运算符 && 和 || 是短路运算符：如果最终结果是固定的，则无须继续解析其他表达式[①]。

要解决这个问题，必须考虑到 Java 的两个特性。

3.4　建议解决方案

任务 3.1.1：绘制多边形

```
java.awt.Polygon bermuda = new java.awt.Polygon();
```

---

① https://docs.oracle.com/javase/specs/jls/se16/html#jls-15.html#jls-15.23 和 https://docs.oracle.com/javase/specs/jls/se16/html/jls-15.html#jls-15.24

```java
// Dimensions of the Bermuda triangle
bermuda.addPoint( 10, 40 );
bermuda.addPoint( 20, 5 );
bermuda.addPoint( 40, 20 );

// Inside the Bermuda triangle?
System.out.println( bermuda.contains( 25, 25 ) ); // true

final int DIMENSION = 50;
final String OCTOPUS = "\uD83D\uDC19";
final String RAINBOW = "\uD83C\uDF08";

// For every coordinate pair test if inside triangle
for ( int y = 0; y < DIMENSION; y++ ) {
  for ( int x = 0; x < DIMENSION; x++ )
    System.out.print( bermuda.contains( x, y ) ? OCTOPUS : RAINBOW );
  System.out.println();
}
```

列表 3.1 com/tutego/exercise/oop/BermudaTriangle.java

按照构建 java.awt.Point 的相同模式，我们构建一个 java.awt.Polygon( )。将新建对象的引用保存在变量 bermuda 中。下面给多边形增加 3 个点。该方法被称为 addPoint(...)，你可以在 Java 文档中读取。如果你感兴趣，也可以看看在 bermuda 后面的点（.）之后自动出现一个选择窗口时，开发环境会打开什么。该方法现在被传递了 x 和 y 坐标，任务中没有规定这些值必须是随机的，因此我们输入 3 对静态坐标值。

用于测试的方法叫作 contains(...)，你可以在 Java 文档中读到它，也可以从对话和自动补全中猜到它。将对象中你想要的内容翻译成英文，然后在方法列表或 Java 文档中查找这些动词不失为一个好主意。方法都是动词，contains 就是一个很好的例子。也可以用 Point 进行读取，它也有诸如 move 或 translate 之类的方法，即移动或移位。

最后是两个嵌套的循环。这个我们已经学过了。在所有行上进行外循环，然后在行本身（x 轴）进行内循环。条件运算符使查询变得相当简单。通过 contains(...)，我们可以测试所有点是否在多边形中。如果点在多边形中，就画章鱼，否则就画彩虹。

我们无法对线上的点或角上的点进行陈述：它们既不属于多边形，也不在多边形之外，而是位于多边形的边缘上。

测试 3.2.1：按顺序才好

package 声明总是放在开头。当然，在 package 声明之前可以有注释，但最多只能有一个。我们前面说过，import 声明是可选的，位于 package 声明之后。所有 import 声明总是适用于整个编译单元。一个或任意数量的类型声明可以跟在最后。因此，正确答案是 3。

测试 3.3.1：点的短暂一生

总共声明了 4 个引用变量（p，q，r，s）并构建了 4 个对象。如果我们想知道生成了多少对象，只需要计算 new 出现的次数。

不是每个引用变量都被初始化，变量 r 仍然是未被初始化的。我们无法访问它进行读取，因为 r 没有事先被初始化为 null 引用。

在所构建的 4 个对象中，最后还剩下 3 个，因为点 s 的第一次初始化被最后一行覆盖了。这表示建立在 "Point s = new Point( );" 的点不再被引用，可以被垃圾收集器清除。变量 p 也被重新初始化，然而第一个生成的 Point 仍然在内存中，因为变量 q 也指向该对象，并由此保住了它。

任务 3.3.2：创建三角形

```java
private static final int DIMENSION = 50;

static Polygon resetWithRandomTriangle( Polygon poly ) {
  poly.reset();

  Random random = ThreadLocalRandom.current();
  poly.addPoint( random.nextInt( DIMENSION ), random.nextInt( DIMENSION ) );
  poly.addPoint( random.nextInt( DIMENSION ), random.nextInt( DIMENSION ) );
  poly.addPoint( random.nextInt( DIMENSION ), random.nextInt( DIMENSION ) );

  return poly;
}

static Polygon createRandomTriangle() {
  return resetWithRandomTriangle( new Polygon() );
}
```

列表 3.2 com/tutego/exercise/oop/BermudaTriangle2.java

我们从 resetWithRandomTriangle(Polygon poly) 方法开始，它接受一个多边形

（Polygon），并准确地返回对这个多边形的引用。由于传递的多边形可能已经包含元素，所以要删除所有元素。这里需要看一下文档，它会引导我们使用 reset( ) 方法。然后，像往常一样创建 3 个随机点，并将它们添加到多边形中。最后，返回多边形。

我们可以提出这样一个问题：为什么等待多边形的方法会返回这个多边形？resetWithRandomTriangle (...) 可以返回 void，因为内部没有创建新的 Polygon 对象。具有返回值的方法通常比不返回任何值的方法要好。因为返回的是一个表达式，而表达式往往是很实用的。

我们可以看到第二种方法 createRandomTriangle( ) 的使用是适合的，因为它可以退回之前的方法 resetWithRandomTriangle(...) 并在那里传输一个新的多边形。由于 resetWithRandomTriangle (...) 也直接返回这个传递的多边形，所以可以用单行结束该方法。如果 resetWithRandomTriangle (...) 没有任何返回，则我们将不得不引入一个中间变量，首先将其赋值为新的多边形，然后通过 return 返回。如果 resetWithRandomTriangle (...) 也同时返回参数，则可以免去这个中间变量。

测试 3.3.3：== vs. equals(...)

原始数据类型不是引用类型，因此，不能在原始数据类型上调用任何方法。在 Java 中，不允许在原始元素后设置一个点，然后调用一个对象属性。如果原始数据类型被编译器自动转换为所谓的包装对象，则情况就不同了，但这是另一回事。因此，这里出现了一个编译器错误。

测试 3.3.4：避免空指针异常（NullPointerException）

针对以下各条件进行操作。

- if (! string.isEmpty( ) && string != null)
  该查询首先检查 string 是否为空，然后检查 string 是否为 null。由于解析是从左到右进行的，所以首先检查长度。这种写法在 string == null 时会导致空指针异常（NullPointerException）。
- if (string != null & ! string.isEmpty( ))
  && 和 || 是短路运算符，它们有一个对应的 & 和 |，不按照短路原则工作，即执行所有的边。因此，这也可能返回空指针异常（NullPointerException），因为尝试了方法调用。
- if (string != null && ! string.isEmpty( ))
  这个检查是正确的。顺序正确，首先测试 string 是否不等于 null。如果结果为 false，则甚至不会解析右边的部分。这就避免了空指针异常（NullPointerException）。
- if (! (string == null || string.isEmpty( )))

逻辑表达式可以被否定两次，这会导致相同的结果。在这种情况下，各逻辑表达式是相反的，And 变成 Or，Or 变成 And。此外，整个表达式被否定了——关键词是布尔代数。因此，这个条件判断也是正确的。是否简化了可读性取决于上下文，在这个特定的案例中可能不会。

▶ if (! (string == null | string.isEmpty( )))
运算符 | 会导致对双边的解析：如果 string 等于 null，则会产生空指针异常（NullPointerException）。

▶ if (Objects.requireNonNull(string) && ! string.isEmpty( ))
这种写法存在编译器错误，因为 Objects.re quireNonNull (...) 返回一个引用，但逻辑链接只允许使用布尔值（boolean）。

▶ if (Objects.requireNonNull(string) != null)
这里没有测试字符串是否也包含字符。requireNonNull (...) 不具备此功能。此外，使用这个方法会适得其反。因为如果字符串为 null，则会得到一个异常，而这正是我们想要避免的。只有在故意抛出异常以报告错误的参数时才会使用 requireNonNull(...)。

第 4 章
数　组

数组是重要的数据结构，也间接出现在 Java 中，例如在扩展的 for 循环或变量参数列表中。本章包含有关数组创建、数组运行和算法问题的任务，例如在数组中搜索元素。

本章使用的数据类型如下：

- java.util.Arrays (https://docs.oracle.com/en/java/javase/11/docs/api/java.base/java/util/Arrays.html)
- java.lang.System (https://docs.oracle.com/en/java/javase/11/docs/api/java.base/java/lang/System.html)

4.1　万物皆有类型

在研究和访问这些元素之前，仔细看一看其类型。了解对象类型和引用类型之间的区别十分重要。

4.1.1　测试：数组类型★

数组在 Java 中是协变的。例如，String [ ] 是 Object [ ] 的子类型。这听起来有点学术，而且很可能就是这样，因此下面这个任务的目的就是帮助你理解数组的协方差。

思考，是否所有语句都进行编译或在运行时工作：

```
/* 1 */ String[] strings1 = new String[ 100 ];
/* 2 */ Object[] a1 = (String[]) strings1;
/* 3 */ Object[] a2 = strings1;
```

```
/* 4 */ Object[] strings2 = new String[]{ "1", "2", "3" };
/* 5 */ String[] a3 = (String[]) strings2;
/* 6 */ String[] strings3 = { "1", "2", "3" };
/* 7 */ Object[] a4 = strings3;
/* 8 */ Object[] strings4 = { "1", "2", "3" };
/* 9 */ String[] a5 = (String[]) strings4;

/* A */ int[] ints1 = new int[ 100 ];
/* B */ Object[] a6 = (int[]) ints1;
/* C */ Object[] ints2 = new int[ 100 ];
/* D */ int[] a7 = (int[]) ints2;
```

4.2 一维数组

数组是一个同类元素的集合。一维数组直接包含元素，不进一步被划分为子数组。

4.2.1 运行数组并输出风速和风向 ★

CiaoCiao 船长横渡大海，风从四面八方吹来。他必须时刻留意风速和风向。

任务：

- 声明两个数组 int[] windSpeed 和 int[] windDirection。
- 分别用 3 个随机的整数初始化两个数组（原则上数字可以是任意的），其中风的强度为 0~（小于）200 公里/小时，风向为 0~（小于）360 度。
- 在数组上运行一个循环，输出所有以逗号分隔的配对。

举例：

- 例如，如果数组 windSpeed 包含值 {82, 70, 12}，数组 windDirection 包含值 {12, 266, 92}，则屏幕输出应为
  Wind speed 82 km/h and wind direction 12°, Wind speed 70 km/h and wind direction 266°, Wind speed 12 km/h and wind direction 92°

提示：注意各段之间用逗号隔开，末尾没有逗号。

4.2.2 确定营业额的持续增长 ★

在每个月底 CiaoCiao 船长都会得知他和他的船员——姑且这么称呼——所挣得的销售额。在每月的清单中都会注明每天的利润是多少。格式如下：

```
//                   Tag 1, 2, 3, 4, 5, ... bis maximal 31
int[] dailyGains = { 1000, 2000, 500, 9000, 9010 };
```

CiaoCiao 船长对这些数字很满意，他想在利润上升 5% 以上时支付奖励。从 1 000 到 2 000 是一个惊人的增长，跨度高达 100%，从 500 到 9 000 也是如此，但不能是从 2 000 到 500，也不能是从 9 000 到 9 010。

任务：

- 编写方法 int count5PercentJumps(int [])，返回销售额猛增的次数。当销售额比前一天高出 5% 时，即判定为销售额猛增。
- 传递的数组不能为 null，否则会出现异常。

4.2.3　搜索连续的字符串，看看咸鱼斯诺克来了没有★

Bonny Brain 正在观察过往船只的旗帜，因为她在等待咸鱼斯诺克。她观察每面旗帜，她知道咸鱼斯诺克从不单独行动，而是以 4 艘船组成的护航队行动。她不知道这些旗帜本身的样子，只知道它们都有相同的标语。

任务：

- 编写新方法 isProbablyApproaching(String[] signs)，如果数组中有 4 个连续的相同字符串，则返回 true。注意，将字符串与 equals(...) 进行比较。
- 传输的数组不能为 null，数组中的元素也不能为 null。

举例：
```
String[] signs1 = { "F", "DO", "MOS", "MOS", "MOS", "MOS", "WES" };
isProbablyApproaching( signs1 ); // true

String[] signs2 = { "F", "DO", "MOS", "MOS", "WES", "MOS", "MOS" };
isProbablyApproaching( signs2 ); // false
```

4.2.4　反转数组★

查理·克里维为 CiaoCiao 船长负责财务工作，但是他没有按升序对进账进行排序，而是按降序排序。因此，我们要把列表翻转过来。

反转数组意味着第一个元素与最后一个元素互换，第二个元素与倒数第二个元素互换，依此类推。

任务：
- 编写一个静态方法 reverse(...) 来反转一个给定数组：
  ```
  public static void reverse( double[] numbers ) {
      // TODO
  }
  ```
- 操作要到位，即更改传输的数组。我们不想创建一个新数组。
- 传输 null 会导致异常。

举例：
- { } → { }
- { 1 } → { 1 }
- { 1, 2 } → { 2, 1 }
- { 1, 2, 3 } → { 3, 2, 1 }

大括号中的内容只是例子。

4.2.5　找到最近的电影院★★

java.awt.Point 类表示带有 x/y 坐标的点，可以很好地用于表示位置。

翻拍电影《海盗旗下》正在电影院上映，CiaoCiao 船长很想去看这个电影，那么最近的电影院在哪里？

任务：
- 给出一些位于数组 points 中的 Point 对象来标记电影院的位置：
  ```
  Point[] points = { new Point(10, 20), new Point(12, 2), new Point(44, 4) };
  ```

- 编写方法 double minDistance (Point [] points, int size)，返回距离最近的点，包含到零点的距离。通过 size，我们可以确定要考虑多少个数组元素，这样数组原则上也可以更大。
- 不能传输 null，点也不可以为 null，否则会抛出异常。
- 如果返回类型是 Point，则我们需要更改什么以返回具有最小距离的点本身？

> **小提示：**
> 研究 Java 文档中的 java.awt.Point，找出点本身是否可以计算到其他坐标的距离。

4.2.6　突袭糖果店，公平分配战利品★★

CiaoCiao 船长带着他的孩子尤尼奥尔和杰基突袭了一家糖果店。糖果放在一个长架子上，每个产品都标有重量。数据以数组形式显示：

```
int[] values = { 10, 20, 30, 40, 40, 50 };
```

尤尼奥尔和杰基分别站在架子的左、右两端。因为 CiaoCiao 船长对两个孩子的爱是一样的，所以两个孩子应该带着同等数量的糖果回家。CiaoCiao 船长指着货架上的一颗糖果，糖果左边的所有货物都归尤尼奥尔，糖果右边的所有货物（包括这颗糖果）都归杰基。

船长知道架子上有什么，但不知道在哪个位置划分左、右可以平分货物。孩子们可以接受 10% 的偏差。我们可以使用以下公式来计算相对差异：

```
private static int relativeDifference( int a, int b){
  int absoluteDifference = Math.abs( a - b );
  return (int) (100. * absoluteDifference / Math.max( a, b ));
}
```

任务：

- 编写方法 int findSplitPoint(int[])，找到数组中可以公平分割左、右的索引。任意解决方案都可以，不用找出所有解决方案。
- 如果无法公平划分，则方法应该返回 -1。

举例：

- 10+20+30+40≈40+50，因为 100≈90，所以返回指数为 4。

- {10, 20, 30, 40, 100} 返回 -1，因为无法有效划分。

4.3 拓展 for 循环

如果要从第一个元素开始运行数组，则可以使用带有不可见循环计数器的扩展 for 循环。这样可以节省代码。

4.3.1 绘制大山★★

为了下次寻宝，Bonny Brain 和她的队员必须翻山越岭。她事先得知了山的高度，现在想要对山的样子有个初步印象。

任务：
- 使用 printMountain (int [] altitudes) 方法编写一个程序，将含有高度的数组转换为 ASCII 码。
- 高度应使用乘法符号 * 表示，从基线算起。高度可以是任何值，但不能为负值。

举例：
应将数组 { 0, 1, 1, 2, 2, 3, 3, 3, 4, 5, 4, 3, 2, 2, 1, 0 } 绘制为

```
5         *
4        **
3     *** *
2   **    **
1 **        *
0 *          *
```

第一列用于澄清，不需要执行。

可选拓展：
用符号 /、\、– 和 ^ 代替 *，以表示我们是登山还是下山，在高原还是在山顶。

```
5         ^
4        / \
3     --/   \
2   -/       -\
1 -/           \
0 /             \
```

4.4 二维和多维数组

Java 中的数组可以包含对其他数组的引用，这就是在 Java 中定义多维数组的方式。在 Java 中不存在真正的二维数组；二维数组只不过是引用了子数组的数组，而子数组的长度可以不同。

4.4.1 检查迷你数独的有效解决方案 ★★★

由于突袭太费劲，所以 Bonny Brain 要休息一会，于是玩起了数独游戏。数独游戏由 9×9 网格的 81 个格子组成。网格可以被分成 9 个块，每个块是一个大小为 3×3 的二维数组。在每个块中，数字 1~9 必须恰好出现一次——一个都不能少。

任务：

编写一个程序，测试一个由 9 个元素组成的二维数组，看看是否所有 1~9 的数字都出现过。

举例：

▶ 以下数组是一个有效的数独：

```
int[][] array = {
    { 1, 2, 3 },
    { 4, 5, 6 },
    { 7, 8, 9 }
};
```

▶ 以下数组不是一个有效的数独：

```
int[][] array = { { 1, 2, 3 }, { 4, 5, 6 }, { 7, 8, 8 } };
```

错误报告可能显示为 "missing: 9"。

4.4.2 放大图像 ★★

图像通常以红—绿—蓝数值的三元组形式存储在内存中，其中单个数值的范围为 0~255。由于灰度图像中没有颜色，所以只需要 1 个值，而不是 3 个值。

任务：

▶ 给定一个二维整数数组，其值为 0~255，该数组表示一个灰度图像。
▶ 编写一个方法 int[][] magnify(int[][] array, int factor)，返回一个新的数组，并将图像按给定的系数缩放。因此，一个大小为 2×3、系数为 2 的图像变成了大小为 4×6 的图像，像素被简单地加倍，不需要插值。

举例：

假设有以下数组：

{ {1, 2, 3},
 　{4, 5, 6} }

增加 2 倍后变为

{ {1, 1, 2, 2, 3, 3},
 　{1, 1, 2, 2, 3, 3},
 　{4, 4, 5, 5, 6, 6},
 　{4, 4, 5, 5, 6, 6} }

4.5　可变参数列表

Java 允许传递任意数量参数的方法，被称为可变参数方法（Vararg 方法）。一个可变参数只能在参数列表的末尾，并且是一个数组。当用可变参数调用时，编译器会自动创建一个新的匿名数组并将其传递给方法。

4.5.1　用可变数量的参数创建 SVG 多边形★

Bonny Brain 想为她的下一个工作地点绘制一张地图，用任何分辨率打印该地图都需要清晰可见，因为每个细节都很重要。最好的技术就是 SVG。

SVG 中有各种各样的基础元素，如线、圆或矩形，还有用于线条的 XML 元素。例如：

```
<polygon points="200,10 250,190 160,210" />
```

任务：

▶ 声明一个 Java 方法 printSvgPolygon (...)。我们可以将任意数量的参数对传输到该方法。传输过程中会出现哪些错误？
▶ 该方法应在屏幕上为所传输的参数对输出一个匹配的 SVG 输出。

举例：

在 printSvgPolygon(200, 10, 250, 190, 160, 210) 中 200，10 是一对坐标，250，190 和 160，210 也是。屏幕输出应为 `<polygon points="200,10 250,190 160,210" />`。

可选：在网站 https://www.w3schools.com/graphics/tryit.asp?filename=trysvg_polygon 上研究该例子。将自行生成的 SVG 复制到网络界面。

4.5.2 检查赞成票★

CiaoCiao 船长从他的船员那里得到关于订单的反馈。所有成员都可以投赞成票或反对票。

任务：
- 我们正在寻找一个可变参数方法 allTrue(...)，它可以传输任意数量的布尔值（boolean 值），但必须传递至少一个参数。
- 如果所有参数都为 true，则返回值也为 true；如果其中一个布尔值为 false，则该方法应返回 false。
- 由于可变参数内部表示一个数组，所以可以传输 null——这会导致异常。

举例：
- allTrue(true, true, true) 返回 true。
- allTrue(true) 返回 true。
- allTrue(true, false) 返回 false。
- allTrue(true, null) 抛出异常。
- allTrue( ) 导致编译器错误。

4.5.3 救命，4 的恐惧症！把所有的 4 往后放★★

Bonny Brain 在中国香港遇到了海盗朋友，他发现许多人患有 4 的恐惧症，他们对 4 有一种迷信的恐惧。会计师现在必须把所有带 4 的数字放到后面。

任务：
- 编写方法 fourLast (int ... numbers)，将所有带 4 的数字放在不带 4 的数字后面。不带 4 的数字顺序不能改变，带 4 的数字可以在末尾的任意位置。
- fourLast (...) 应该将传输的数组返回。
- 传输中的 null 会导致异常。

举例：
- "int[] numbers = {1, 44, 2, 4, 43}; fourLast(numbers);" 更改数组 numbers，其中 1 和 2 位于 44，4 和 43 的前面，输出时 2 不能位于 1 的前面。
- fourLast(4, 4, 44, 1234) 返回由编译器自动生成的数组，其条目顺序可能为 4, 4, 44, 1234。

4.6 常用类数组

数组在 Java 中的"作用"不大,有趣的方法都存储在类中,例如 java.util.Arrays。复制数组的一种方法在类 System 中。

4.6.1 测试:复制数组 ★

这些无意义的变量名称代表什么?下面几行代码的效果如何?

```
int[] hooey = { 1, 2, 3, 4 };
int[] shuck = new int[ hooey.length - 1 ];
int bushwa = 2;
int kelter = 0;
int piddle = 0;
System.arraycopy( hooey, kelter, shuck, piddle, bushwa );
System.arraycopy( hooey, bushwa + 1, shuck, bushwa,
  hooey.length - bushwa - 1 );
System.out.println( Arrays.toString( shuck ) );
```

4.6.2 测试:比较数组 ★

下面代码的输出是什么?

```
Object[] array1 = { "Anne Bonny", "Fortune", "Sir Francis Drake",
  new int[]{ 1, 2, 3 } };
Object[] array2 = { "Anne Bonny", "Fortune", "Sir Francis Drake",
  new int[]{ 1, 2, 3 } };
System.out.println( array1 == array2 );
System.out.println( array1.equals( array2 ) );
System.out.println( Arrays.equals( array1, array2 ) );
System.out.println( Arrays.deepEquals( array1, array2 ) );
```

4.7 建议解决方案

测试 4.1.1:数组类型

从 strings1 到 strings4 以及 ints1 和 ints2 的变量声明和赋值不太有趣。我们知道语法:一个数组被预先初始化为固定大小或元素。

有趣的是下面的显式或隐式类型转换。我们必须区分适用于编译器的类型转换和那些在运行时会出现问题的类型转换。这个区分很重要，在术语对象类型和引用类型中更为清晰。编译器有引用变量和一个引用类型，但编译器不知道运行时发生了什么。另外，运行时环境基本上不知道变量是在哪个变量类型下声明的，但它确实知道它当前面对的对象是什么，因此我们讨论对象类型。

第一条语句是最诚实的。对于编译器而言，它是一个字符串数组，对于运行时环境也是如此。

第二条语句的类型转换是不相关的，因为 String[ ] 是 Object[ ] 的一个子类型。这一点非常重要，因为这正是协变的：一个字符串数组是一个对象数组的子类型，同样一个 Point[ ] 是一个特殊的 Object[ ]。这一点在第三条语句中也很明显，这里缺少显式类型转换，因为它是隐式的。

在第四条语句中，运行时环境和编译器知道的东西不同。对于运行时环境，内存中仍然有一个 String 数组，但编译器只知道 String 数组是一个 Object 数组。这个写法原则上是有效的，并且这里又发生了隐式类型转换。

在第五条语句中，我们将 Object 数组升级为 String 数组。这在编译时和运行时都有效。

在第六条语句中，再次直接建立一个 String 数组，标记为 String 数组。这是通常的写法。在第七条语句中，我们发现了从 String 数组到 Object 数组的隐式类型适配。这条语句没有问题。

第八条和第九条语句有些狡诈：编译器在赋值过程中不创建一个 String 数组，而是创建一个 Object 数组，并将 String 引用放在这个 Object 数组中。因此，没有 String 数组，只有一个引用字符串的 Object 数组。在第九条语句中，编译器相信我们的决定，将 Object 数组调整为 String 数组。编译器接纳了这一点，没有显示编译器错误。然而，在运行时发生了一个问题。因为运行时环境显然知道在变量 strings4 中只有一个 Object 数组，而不是一个更合适的 String 数组，所以异常为"java.lang.ClassCastException: class [Ljava.lang.Object; cannot be cast to class [Ljava.lang.String;"。

最后 4 个例子更容易被编译器识别为错误。虽然 ints1 的声明仍然正确，但 B，C 和 D 会导致编译器错误。int 数组不能转换为 Object 数组，它既不能像 B 行那样显式转换，也不能像 C 行那样隐式转换。这里没有类型适配，就像 Object o = 1 也是错误的一样。由于我们无法编译 C 行，所以 D 行也会导致编译器错误：没有从 Object 数组到 int 数组的类型适配。

任务 4.2.1：运行数组并输出风速和风向

```
final int MAX_WIND_SPEED = 200;
final int MAX_DEGREE     = 360;
```

```java
final int LENGTH = 5;
int[] windSpeed     = new int[ LENGTH ];
int[] windDirection = new int[ LENGTH ];

for ( int i = 0; i < LENGTH; i++ ) {
  windSpeed[ i ]     = (int) (Math.random() * MAX_WIND_SPEED);
  windDirection[ i ] = (int) (Math.random() * MAX_DEGREE);
}

for ( int i = 0; i < LENGTH; i++ ) {
  System.out.printf( "Wind speed%d km/h and wind direction%d° ",
                     windSpeed[ i ], windDirection[ i ] );
  if ( i != LENGTH - 1 )
    System.out.print( ", " );
}
```

列表 4.1 com/tutego/exercise/array/Windy.java

解决方案包括 4 个步骤。首先，要定义 3 个常量：最大风速、风的强度以及元素数量。我们把 LENGTH 初始化为 5，这样在创建数组 windSpeed 和 windDirection 时就不必在代码中再次将数字 5 写成魔法数字；如果我们想要更大的数组，可以稍后更改变量。

第二步，运行从 0 到数组最后一个元素的循环变量。数组有 5 个元素，因此我们可以从 0 运行到 4。在循环体中，生成两个随机数并初始化数组元素。0~200 的整数随机数的计算是这样的：使用 Math.random( )，得到的随机数是一个 [0，1) 范围内的浮点数。乘以 200 会产生一个 [0，200) 范围内的随机数。如果 (int) 将表达式转换为整数，则所有小数位都被截断，因此结果是 0~199 的整数。通常在指定范围时，范围包括开头的数字，不包括结尾的数字。

现在两个数组已经被初始化，可以输出数据对。我们用一个循环来运行这个数组；在同一个位置 i 访问数组 windSpeed 和 windDirection。printf (...) 和十进制数的格式说明符 %d 帮助输出。但是，不在格式字符串中放置逗号，因为在链尾不能有逗号。如果只在结尾处有一个逗号，则也可以通过不同的方式解决。这里的做法是询问循环计数器是否代表最后一个元素。如果 i 不等于最后一个元素，则设置分隔符，否则不设置分隔符。

任务 4.2.2：确定营业额的持续增长

```java
private static int count5PercentJumps( int[] dailyGains ) {
```

```java
    if ( dailyGains.length < 2 )
      return 0;

    final double MIN_PERCENT = 5;

    int result = 0;

    // Index variable i starting at 1, second element
    for ( int i = 1; i < dailyGains.length; i++ ) {
      double yesterday = dailyGains[ i - 1 ];
      double today     = dailyGains[ i ];
      double percent   = today / yesterday * 100 - 100;

      if ( percent >= MIN_PERCENT )
        result++;
    }

    return result;
  }
```

列表 4.2 com/tutego/exercise/array/BigProfits.java

一个数组被传递给 count5PercentJumps (...) 方法。最好的情况是该数组包含一系列整数。可能传递 null，但这对该程序来说不是有效输入。如果返回至 length，则在 null 的情况下会出现 NullPointerException——这就是我们想要的。

如果数组对象存在，但不包含或只包含一个元素，则视其为一个错误并返回 0。

如果我们继续，就会知道数组中至少包含两个元素。在数组上运行一个 for 循环，从索引 i 为 1 时开始，总是同时请求两个元素：位置 i 的当前元素和前一个位置（即位置 i-1）的元素。这些元素代表 today 和 yesterday。原则上，我们也可以从 0 开始，运行到 < dailyGains.length – 1。

一旦读出了今天和昨天的金额，就需要计算相对百分比的增长。用一个简单的公式来做这件事。然而，我们要确保除法不是在整数上进行的，而是在浮点数上进行的。如果两个整数相除，则结果又是一个整数。如果我们事先从数组中取出数字并将它们转换为 double 型，则之后可以通过把两个浮点数相除得到更精确的比率。这避免了四舍五入的问题，因为如果在某些时候想改变常量，例如更改为一个小得多的值，则小的增长可能无法被正确识别。特殊情况是没有产生销售额的日子也被纳入计算，因为第二天的增加是 Double.Infinity 并且"无穷"大于 MIN_PERCENT。

在计算相对斜率后，检查是否超过了常量的 5% 并增加变量 result，我们标记其中的所有增长。在循环结束时，我们返回 result 并使用它来报告总共发现了多少次增长。

任务 4.2.3：搜索连续的字符串，看看咸鱼斯诺克来了没有

```java
public static boolean isProbablyApproaching( String[] signs ) {

  final int MIN_OCCURRENCES = 4;

  if ( signs.length < MIN_OCCURRENCES )
    return false;

  for ( int i = 0, count = 1; i < signs.length - 1; i++ ) {
    String currentSign = Objects.requireNonNull( signs[ i ] );
    String nextSign    = Objects.requireNonNull( signs[ i + 1 ] );
    if ( currentSign.equals( nextSign ) ) {
      count++;
      if ( count == MIN_OCCURRENCES )
        return true;
    }
    else // ! currentSign.equals( nextSign )
      count = 1;
  }
  return false;
}
```

列表 4.3 com/tutego/exercise/array/SaltySnook.java

用常量 MIN_OCCURRENCES 标记想要的飞船数量，以方便之后更改数字。

首先，检查该数组是否至少有 MIN_OCCURRENCES 个元素。如果没有，则该方法就会向调用者返回 false。如果传递的是 null，则通过访问 length 属性就会出现 NullPointerException，明确报告有问题的参数。

如果我们不退出方法，则至少有 4 个元素。比较数组中的后续元素，通常有两种方法：

- 生成从 0 到倒数第二个元素的索引，然后通过 Index 和 Index + 1 访问两个元素。
- 生成从 1 到最后一个元素的索引，然后通过 Index - 1 和 Index 访问两个元素。

当前的解决方案使用第一个方法。

for 循环声明了两个局部变量：i 表示索引，用变量 count 标记连续出现的等价字符串的数量；由于一个字符串至少出现一次，所以该变量被初始化为 1。

我们从索引 0 开始循环并将元素存储在中间变量 currentSign 中。在位置 1，我们在开始的时候有了第二个元素，这个赋值也保存在变量 nextSign 中。如果任一数组元素为 null，则 Objects.requireNonNull(...) 将在此时抛出异常。

字符串有一个用于确定相等性的 equals(...) 方法。比较结果如下：

1. 如果发现两个相等的连续字符串，则调高计数器 counter 并测试它是否等于 MIN_OCCURRENCES。在这种情况下，连续有 4 个相等值的字符串，可以通过 return true 退出该方法。
2. 如果 currentSign 和 nextSign 不相等，则需要将计数器重置为 1。

如果在循环结束时没有识别出连续出现 4 次的字符串，则以 return false 退出该方法。

任务 4.2.4：反转数组

```java
public static void reverse( double[] numbers ) {
  final int middle = numbers.length / 2;

  for ( int left = 0; left < middle; left++ ) {
    int right = numbers.length - left - 1;
    swap( numbers, left, right );
  }
}

private static void swap( double[] numbers, int i, int j){
  double swap = numbers[ i ];
  numbers[ i ] = numbers[ j ];
  numbers[ j ] = swap;
}
```

列表 4.4 com/tutego/exercise/array/ArrayReverser.java

reverse(...) 方法获得一个数组作为参数，从而可以从另一个地方得到一个被传输的对象引用。因此，我们不是改变一个副本，而是在调用者传输的数组上进行操作。由于数组是通过引用寻址对象，所以调用者有可能传输了 null。在这种情况下，接下来的 numbers.length 会导致 NullPointerException，而这是没有问题的。

该算法本身并不难。我们将第一个元素与最后一个元素交换，然后将第二个元素与倒数第二个元素交换，依此类推。将元素的交换存储在单独的 swap(...) 方法中。

为了不在 reverse(...) 中覆盖元素，我们只能运行一半。变量 middle 代表一半。尽管该变量在循环中只使用一次，但这种变量有助于更精确地记录该表达式的含义。我们的循环从循环计数器 left 为 0 开始，运行到中间。变量 right 的运行方向正好相反。

任务 4.2.5：找到最近的电影院

```java
static double minDistance( Point[] points, int size ) {

  if ( points.length == 0 || size > points.length )
    throw new IllegalArgumentException(
       "Array is either empty or size out of bounds" );

  double minDistance = points[ 0 ].distance( 0, 0 );

  // Index variable i starting at 1, second element
  for ( int i = 1; i < size; i++ ) {
    double distance = points[ i ].distance( 0, 0 );
    if ( distance < minDistance )
      minDistance = distance;
  }

  return minDistance;
}
```

列表 4.5 com/tutego/exercise/array/MinDistance.java

首先，在方法中检查参数 points 和 size 是否正确。我们期待至少有一个元素，并且要考虑元素数量不能大于数组中的元素数量。如果传输为 null，则在访问 length 时会自动出现 NullPointerException。

在询问一个列表中最大或最小的元素时，算法看起来总是一样的。我们从一个候选项开始，然后看这个候选项是否需要被纠正。候选项是 minDistance。我们用从第一个点到零点的距离来初始化它。不必自己计算到零点的距离；Point 方法 distance(x,y) 可以帮助我们计算。传输坐标 (0,0)，并计算点到该坐标的相对距离。

为了确保所有点都被考虑在内，我们在数组中运行，并使用 size 作为长度限制。我们计算新的点到零点的距离，如果找到了一个更接近零点的点，就要纠正我们的选择。

结束方法时，我们返回到零点的最小距离。如果该方法现在不返回距离本身，而返回一个 Point，则重写该方法，以便除了 double minDistance 之外，我们还能标记 Point nearest；如果我们不使用 minDistance，则每次都必须重新计算距离，这会花费更多时间。

```java
static Point minDistance2( Point[] points, int size ) {
  Point nearest = points[ 0 ];
  double minDistance = nearest.distance( 0, 0 );

  for ( int i = 1; i < size; i++ ) {
    double distance = points[ i ].distance( 0, 0 );
    if ( distance < minDistance ) {
      minDistance = distance;
      nearest = points[ i ];
    }
  }
  return nearest;
}
```
列表 4.6 com/tutego/exercise/array/MinDistance.java

任务 4.2.6：突袭糖果店，公平分配战利品

```java
public static int findSplitPoint( int[] values ) {

  if ( values.length < 2 )
    return -1;

  int sumLeft = values[ 0 ];

  int sumRight = 0;
  for ( int i = 1; i < values.length; i++ )
    sumRight += values[ i ];
```

```java
    for ( int splitIndex = 1; splitIndex < values.length; splitIndex++ ) {
      int relativeDifference = relativeDifference( sumLeft, sumRight );

      Logger.getLogger( "MuggingFairly" )
          .info( "splitIndex=" + splitIndex
              + ", sum left/right=" + sumLeft + "/" + sumRight
              + ", difference=" + relativeDifference );

      if ( relativeDifference <= 10 )
        return splitIndex;

      int element = values[ splitIndex ];
      sumLeft += element;
      sumRight -= element;
    }
    return -1;
  }

  // https://en.wikipedia.org/wiki/Relative_change_and_difference
  private static int relativeDifference( int a, int b ){
    if ( a == b ) return 0;
    int absoluteDifference = Math.abs( a - b );
    return (int) (100. * absoluteDifference / Math.max( a, b ));
  }
```

列表 4.7 com/tutego/exercise/array/FairSharing.java

我们可以通过迭代或递归的方式实现求解的算法。这里倾向于迭代式算法，因为它便于理解。

让我们先简单思考如何解决这个问题。我们可以：

- ▶ 取一个指数，将数组分成两半；
- ▶ 计算出左、右两部分的总和；
- ▶ 比较两部分的总和，如果两部分的总和大致相等，则以结果结束程序。

指数从前面移到后面，重新计算总和。这个算法很简单，但我们必须多次运行数组，因此最后的运行时间是二次幂的。这样做更好。

如果我们把数组分成两部分，光标向右移动一个位置，那么总和就会按照一个非常简单的模式发生变化：总和左边加上的会从右边减去。这是解决方案的核心思想。

在方法的开始，我们检查是否有一个元素被传输，或者没有元素被传输。如果没有公平的分配方式，则返回 –1。如果 null 引用被传输，则程序会抛出 NullPointerException，这是一个很好的反馈。

下一步我们声明两个变量来存储左边一半的总和和右边一半的总和。左边一半的总和最初只包含数组的第一个元素，右边一半的总和包括从第一个元素到最后一个元素。

接下来调整两个变量 sumLeft 和 sumRight。循环从第一个元素运行到最后一个元素。由于我们在运行循环之前已经完全形成了左、右部分的总和，所以现在可以计算相对差，如果它 ≤ 10，那么我们实际上已经有了结果。如果数值之间的差距比 10 大，则在左侧添加元素，并从右侧中减去该元素。最后，进一步进入循环，如果相对差在某一时刻变得小于或等于 10，就用 splitIndex 跳出，否则用 –1 结束该方法。

任务 4.3.1：绘制大山

```java
private static String mountainChar() { return "*"; }

public static void printMountain( int[] altitudes ) {

  int maxAltitude = altitudes[ 0 ];

  for ( int currentAltitude : altitudes )
    if ( currentAltitude > maxAltitude )
      maxAltitude = currentAltitude;

  // include height 0, so it's >= 0
  for ( int height = maxAltitude; height >= 0; height-- ) {
    System.out.print( height + " " );
    for ( int altitude : altitudes )
      System.out.print( altitude == height ? mountainChar() : ' ');
    System.out.println();
  }
}
```

列表 4.8 com/tutego/exercise/array/MountainVisualizer.java

printMountain(int[ ] altitudes) 方法需要一个包含高度信息的完整数组，为了绘制图形，第一步需要找到最大值。这是第一个循环的任务。maxAltitude 存储最大值。

下一步是画线。每条线代表一个高度。所有行的写入是由一个带有循环计数器 height 的 for 循环完成的。因为它从最高海拔开始，所以循环从 maxAltitude 开始并下降到 0。任务中提到它不会低于零点，因此我们不必添加第二次搜索来查找最小数字。

在 height 循环的主体中，我们首先输出高度，然后是一个空格 (我们写的是 height + " "，而不是 height + ' '，为什么？)。一个内部 for 循环处理了这一行。它在传递给该方法的高度信息 altitudes 上反复运行。对于 altitudes 中的每个元素，我们查询它是否对应高度 height，如果是，则用 mountainChar( ) 绘制山符号，否则画一个空格。在该行的末尾写上一个空行。

mountainChar( ) 方法用于绘制山符号。它返回一个 *，我们可以直接绘制字符或通过常量引用它，但该方法是为下一个任务做准备的……

可选拓展：

在第一个建议解决方案中，mountainChar( ) 方法总是返回 *；如果该方法要返回其他符号，则需要更多上下文，因为它需要能够向后和向前看。因此，我们扩展签名为 mountainChar(int[ ] heights, int index)。该方法可以访问数组和当前位置。调用如下所示：

```java
for ( int height = maxAltitude; height >= 0; height-- ) {
  System.out.print( height + " " );
  for ( int x = 0; x < altitudes.length; x++ )
    System.out.print( altitudes[ x ] == height ?
      mountainChar( altitudes, x ) : ' ' );
  System.out.println();
}
```

列表 4.9 com/tutego/exercise/array/MoreMountainVisualizer.java

这样 mountainChar( ) 可以自行选择正确的符号。

```java
private static char mountainChar( int[] altitudes, int index ) {
  int previous = index == 0 ? 0 : altitudes[ index - 1 ];
  int current = altitudes[ index ];
  int next = index < altitudes.length - 1 ? altitudes[ index + 1 ]:-1;
```

```
    if ( previous < current && current > next )
      return '^';
    if ( current < next )
      return '/';
    if ( current > next )
      return '\\';
    // current == next )
    return '-';
}
```

列表 4.10 com/tutego/exercise/array/MoreMountainVisualizer.java

第一步，变量 previous，current 和 next 被初始化为数组中的高度；通过这种方式，可以查看当前元素的高度，也可以查看前一个和后一个元素的高度。在数组的第一个元素之前，高度应该是 0，就像最后一个元素之后一样。

根据不同的关系来选择高度 current 的字符：

- 如果 previous 和 next 小于 current，则表示山峰，绘制一个 ^。
- 如果小于右边的邻值，则表示需要爬山，绘制 /。
- 如果大于右边的邻值，则表示需要下坡，符号为 \。
- 如果右边的邻值和我们自己的高度一样，则输出 -。

任务 4.4.1：检查迷你数独的有效解决方案

```
final int DIMENSION = 3;
for ( int i = 1; i <= DIMENSION * DIMENSION; i++ ) {
  boolean found = false;
  matrixLoop:
  for ( int row = 0; row < DIMENSION; row++ ) {
    for ( int column = 0; column < DIMENSION; column++ ) {
      int element = array[ row ][ column ];
      if ( element == i ) {
        found = true;
        break matrixLoop;
      }
    }
  }
  if ( found == false )
```

```
        System.out.printf( "Missing%d%n", i );
    }
```

列表 4.11 com/tutego/exercise/array/Sudoku3x3Checker.java

我们预先为任务声明了包含元素的数组,并且还为数组的维度创建了一个变量 DIMENSION。假设 3×3 的数组正好有 9 个元素。

让我们看一下两种不同的解决方案。如果我们想测试数字 1~9 是否出现在二维数组中,可以用一个循环产生 1~9 的值,然后检查这些数字中的每一个是否都出现在二维数组中。为此创建一个 boolean 变量 found,在开始时将其初始化为 false,每当该元素出现在数组中时就将其设置为 true;在这种情况下,我们也可以中断循环。原则上,当然可以继续搜索,但没有必要。要中断循环,必须使用 Java 中的一种特殊结构,即跳转标签。如果我们只是在条件判断时使用 break,则它会结束最内层循环,但不会结束外层循环。使用跳转标签,我们也可以使用 break 离开外循环。在循环结束时,我们查询标志 found,如果这个标志仍然为 false,则这是因为它在条件判断时没有被设置为 true,那么这个数字就缺失,我们就输出该数字。

该解决方案的缺点是运行时间相对较长,此外,带标签的 break 使代码无法阅读,难以理解。我们必须将 3×3 大小的数组运行 9 次。这样做更好,但我们必须记住之前是否见过某个数字。

```
boolean[] numberExisted = new boolean[ DIMENSION * DIMENSION ];

for ( int row = 0; row < DIMENSION; row++ ) {
  for ( int column = 0; column < DIMENSION; column++ ) {
    int element = array[ row ][ column ];
    if ( element >= 1 && element <= 9 )
      numberExisted[ element - 1 ] = true;
  }
}

for ( int i = 0; i < numberExisted.length; i++ ) {
  boolean found = numberExisted[ i ];
  if ( ! found )
    System.out.printf( "Missing%d%n",i+ 1 );
}
```

列表 4.12 com/tutego/exercise/array/Sudoku3x3Checker.java

第二个解决方案声明一个 boolean 数组 numberExisted 作为内存。数字的优点在于它们在 1 到 9 之间，我们可以轻松地将其映射到索引 0~8。如果从数组中获取一个数字并使用它来计算数组的索引，则必须避免出现 ArrayIndexOutOfBoundsException。因此，我们预先检查数字 element 是否在正确的范围内。如果是，那么在位置 element-1 处设置 true。

运行一次之后我们检查数组，如果找到一个从未被写入的位置，那么就说明有数字缺失。数组中的一个位置是否多次被赋值在这里并不重要。

任务 4.4.2：放大图像

```java
public static int[][] magnify( int[][] array, int factor ) {
    int width = array[ 0 ].length;
    int height = array.length;
    int[][] result = new int[ height * factor ][ width * factor ];

    for ( int row = 0; row < result.length; row++ ) {
        int[] rows = result[ row ];
        for ( int col = 0; col < rows.length; col++ )
            result[ row ][ col ] = array[ row / factor ][ col / factor ];
    }
    return result;
}

private static void printValues( int[][] array ) {
    for ( int[] rows : array ) {
        for ( int col = 0; col < rows.length; col++ )
            System.out.printf( "%03d%s", rows[ col ],
                col == rows.length - 1 ? "" : ", " );
        System.out.println();
    }
}

private static void fillWithRandomValues( int[][] array ) {
    for ( int row = 0; row < array.length; row++ ) {
        int[] cols = array[ row ];
        for ( int col = 0; col < cols.length; col++ ) {
            array[ row ][ col ] = ThreadLocalRandom.current().nextInt( 256 );
```

```java
      }
    }
  }

  public static void main( String[] args ) {
    int[][] testArray = new int[ 2 ][ 5 ];
    fillWithRandomValues( testArray );
    printValues( testArray );
    int[][] result = magnify( testArray, 2 );
    printValues( result );
  }
}
```
列表 4.13 com/tutego/exercise/array/ArrayMagnifier.java

除了中心的 magnify(...) 方法，我们还准备了一些方法来创建随机数数组并以矩阵形式输出信息。

为了增大图片，我们在方法的开头声明了两个新变量，分别是二维数组的宽度和高度。下一个任务是创建一个新的二维数组，该数组的高度和宽度比旧数组大 factor 倍。

主要任务由两个嵌套循环执行。在第一个外循环中，我们使用 row 运行所有新行。由于二维数组只不过是数组中的数组，所以外部数组包含对内部数组，即行的许多引用。中间变量 row 正好代表这样的一行。然后，我们将内循环计数器 col 从 0 运行到该行的宽度。

有趣的部分在内循环中。变量 row 和 col 的值在新扩大的二维数组的取值范围内。初始化位置 result[row][col]。为此，我们从旧的小数组中获取数值。用 row/factor 计算行的位置，用 col/factor 计算列的位置。记住：row 为从 0 到 height*factor，col 为从 0 到 width*factor。将 row/factor 和 col/factor 相除，整数被除的结果又是一个整数，这导致同一个数字被多次从小的原始数组中抽取出来。

任务 4.5.1：用可变数量的参数创建 SVG 多边形

```
/**
 * Prints an SVG polygon. Example output:
 * <pre>
 * <polygon points="200,10 250,190 160,210 " />
 * </pre>
 * @param points of the SVG polygon.
 */
```

```java
public static void printSvgPolygon( int... points ) {

  if ( points.length% 2 == 1 )
    throw new IllegalArgumentException(
      "Array has an odd number of arguments: " + points.length );

  System.out.print( "<polygon points=\"" );

  for ( int i = 0; i < points.length; i += 2 )
    System.out.printf( "%d,%d ", points[ i ], points[ i + 1 ] );

  System.out.println( "\" />" );
}
```
列表 4.14 com/tutego/exercise/array/SvgVarargPolygon.java

可能会出现以下两个错误。
1. 使用可变参数时，编译器本身会根据传递的参数创建一个数组，但我们也可以传递对数组的引用。由于引用可以为 null，所以可能调用 printSvgPolygon(null)。传递 null.length 将自动导致 NullPointerException。
2. 当调用 printSvgPolygon( ) 时，编译器会建立一个空数组。它不包含任何元素，这对我们的方法来说原则上是没有问题的，但是还有一个对长度的要求：方法本身总是期待 x 和 y 的坐标对。如果只传递一个坐标而不是两个，那就是一个错误。可惜编译器无法直接测试出来。我们不能对可变参数的数量提出要求，如"最多 102 个元素""元素的数量必须能被 10 整除"等。我们只能在运行时进行测试。我们可以通过检查数组中元素的数量是偶数还是奇数来轻松发现错误。如果数字是偶数，则总是为 x 和 y 传递对值。如果数字是奇数，则缺少一个坐标。用 IllegalArgumentException 来惩罚错误的调用。我们仍需考虑在两次检查中进行两次条件判断，以便在传输奇数的情况下当抛出异常时包含元素的数量。

产生的输出包含 3 个部分。
1. 第一部分，序言，为多边形设置了开始标签。
2. 第二部分，一个循环遍历数组的所有元素，并始终挑选出两个以逗号分隔的元素到控制台——这对元素后面有一个空格。由于我们总是同时从数组中取出两个元素，所以在 for 循环的步进表达式中数值增加了 2。由于数组的元素个数是偶数，所以不会出现 ArrayIndexOutOfBoundsException。

3. 该方法以关闭标签结束。

任务 4.5.2：检查赞成票

```
private static boolean allTrue( boolean first, boolean... remaining ) {

  for ( boolean b : remaining )
    if ( b == false )
      return false;

  return first;
}
```
列表 4.15 com/tutego/exercise/array/AllTrue.java

对于可变参数而言，无法期待最小数量的参数。该问题的解决方案是引入最小数量的固定参数，然后最后为其余的部分插入一个可变参数。

该方法有两个路径可以返回 true 或 false。
1. 首先，我们遍历数组。如果数组中的布尔值之一为 false，则可以直接结束方法，返回 false。如果数组为空，则没有任何反应。

    有的开发者不用 ==false 来测试布尔值，而是用否定表达式，但我认为 if(b == false) 比 if(! b) 的可读性高；这也取决于变量名称。如果 null 被作为参数传递，那么扩展的 for 循环会产生 NullPointerException，这是故意的。
2. 如果循环没有中止，则数组中的所有元素都必须为 true，第一个参数 first 确定结果。

任务 4.5.3：救命，4 的恐惧症！把所有的 4 往后放

```
private static boolean containsFour( int number ) {
  return String.valueOf( number ).contains( "4" );
}

public static int[] fourLast( int... numbers ) {

  if ( numbers.length < 2 )
    return numbers;

  for ( int startIndex = 0; startIndex < numbers.length; startIndex++ ) {
    if ( ! containsFour( numbers[ startIndex ] ) )
```

```
      continue;

    // from right to left search the first number without a 4
    for ( int endIndex = numbers.length - 1;
      endIndex > startIndex; endIndex-- ) {
      if ( containsFour( numbers[ endIndex ] ) )
        continue;
      // swap number[i] (with 4) and number[j] no 4
      int swap = numbers[ startIndex ];
      numbers[ startIndex ] = numbers[ endIndex ];
      numbers[ endIndex ] = swap;
    }
  }
  return numbers;
}
```

列表 4.16 com/tutego/exercise/array/Tetraphobia.java

对于我们的解决方案，除了所需的 fourLast(...) 方法之外，我们还编写了一个额外的私人方法 boolean containsFour(int) 来回答传递的数字是否包含 4 的问题。在实现时，我们将其简化并将数字转换为字符串，用 contains(String) 检查字符串 "4" 是否在字符串中出现。当然，我们可以用数字方式进行测试，但这会复杂得多。我们需把该数字不停地除以 10，然后查看余数并检查它是否为 4。这需要更多代码，而不仅是单行代码。

fourLast(...) 方法被传递一个数组。该数组可以再次为 null，而且在这种情况下 numbers.length 会导致出现 NullPointerException。此外，该数组只能包含一个元素：在这种情况下，我们直接将给定的数组返回给调用者。

该算法的实现很简单。我们从左到右运行一个循环，当找到带 4 的数字时，从右到左运行第二个循环，寻找第一个不带 4 的空位，然后交换数组的内容。

建议解决方案不是很理想，读者应该进行改进。

1. 首先，应该改进的是带有 startIndex 的循环，它总是运行到 numbers.length。这是不必要的，因为如果内循环找到一个带有 4 的数字，那么该数字将向后移动，可以从长度中减去 1，因为我们不必再查看最后一个元素。
2. 其次，内循环不是最优解，因为它总是从右到左开始，寻找第一个没有 4 的数字。然而，带有 4 的块只向左增长，因此我们可以使用第二个变量来标记把最后一个 4 放在哪里。如果内循环再次运行，则可以在这个位置继续，而不必再先从右边找到回到这个位置的路。

3. 最后，我们可以将这两种改进结合起来。如果内循环中不发生交换，则结束。

测试 4.6.1：复制数组

arraycopy(...) 方法可用于移动数组中的区域或将数组的一部分复制到另一个数组。我们来看一下 Java 文档中的 arraycopy(...) 参数变量，显而易见：

```
static void arraycopy(Object src, int srcPos, Object dest,
    int destPos, int length)
```

在我们的例子中，没有在数组中移动任何部分，而是将数组的一部分复制到一个新数组两次。hooey 是源，shuck 是目的地。替换常量并重命名 hooey 和 shuck，我们得到：

```
int[] src = { 1, 2, 3, 4 };
int[] dest = new int[ 3 ];
System.arraycopy( src, 0, dest, 0, 2 );
System.arraycopy( src, 3, dest, 2, 1 );
```

结果是 [1, 2, 4]，即一个新的数组，其中数值 2（bushwa）的元素 3 丢失。第一个复制操作是从源数组的第一个位置 0 转移到新数组的位置 0，总共有 2 个元素。第二个复制操作是将从位置 3（跳过位置 2）到末尾的所有内容复制到目标数组的位置 2。复制的元素数量为 1。

从无意义的变量名可以看出，干净的代码——这里指变量标识符——可以节省人工的处理时间和减少错误。

测试 4.6.2：比较数组

== 运算符检查两个引用变量所引用的对象是否是同一个。两个变量 array1 和 array2 不一样，因为它们是内存中两个完全独立的对象。因此，输出也将是 false。

数组是对象，作为对象，它们具有 java.lang.Object 基础类型所具有的所有方法。然而，当我们在一个数组对象上调用 toString() 方法时很快就会发现，不能用这两种方法开始任何操作。数组的 equals(...) 方法来自 Object 类，该方法执行的是身份比较，这会导致结果为 false，正如在第一个点中解释的那样。

为了比较数组，使用 java.util.Arrays 类和 equals(...) 方法是对的。原则上，我们可以使用这种方法来比较数组，但是我们的两个数组有一点特别之处：它们包含字符串和一个带有整数的内部数组。事实上，如果这个引用不足的数组不存在，则这个输出就会显示为 true。但是，Array.equals(...) 可以正常工作，这意味着引用的内部数组必须是同一个，但是由于每个整数数组都是一个新数组，所以对整数数组的两个引用不相等，于是 Array.equals(...) 在我们的数组上返回 false。

只有 Array.deepEquals(...) 方法会在屏幕上显示为 true。deepEquals(...) 还会跟踪引用的子数组，检查值是否相等。子数组是否相同对于 deepEquals(...) 并不重要。这两个整数数组是等价的，因此 deepEquals(...) 返回 true。

第 5 章
字符串处理

Java 提供了 char，Character，String 和 StringBuilder 类型，用于存储字符和字符串。数据类型的使用必须多练习，因为每种数据类型都有其合理性。本章向读者介绍各数据类型的优、缺点。

本章使用的数据类型如下：

- java.lang.Character (https://docs.oracle.com/en/java/javase/11/docs/api/java.base/java/lang/Character.html)
- java.lang.String (https://docs.oracle.com/en/java/javase/11/docs/api/java.base/java/lang/String.html)
- java.lang.StringBuilder (https://docs.oracle.com/en/java/javase/11/docs/api/java.base/java/lang/StringBuilder.html)

5.1 String 类及其特点

String 不仅是一种不可变字符串的数据类型，它还提供了大量的方法。了解这些方法并且能够使用它们都可以节省大量工作。

5.1.1 测试：字符串是内置关键字吗？★

Java 有内置的数据类型，包括 int，double，boolean。字符串也是一种原始的内置数据类型吗？String 是 Java 中的关键字吗？

5.1.2 用简单的连接构建 HTML 元素★

提醒：在 HTML 中，标签用于标记，如 \\Emphasized and Italics\\。

任务：
- 编写一个新的方法 htmlElement(String tag, String body)，将一个带有开始和结束标签的字符串框起来。包含以下特殊处理：
  - 如果 tag 为 null 或空，则只考虑 body，不写开始 - 结束 - 标签。
  - 如果 body 为 null，则视其为传输的空字符。
- 编写两个新方法 strong(String) 和 emphasized(String)，在后台与 htmlElement(...) 一起工作，并分别创建一个 <strong> 和 <em>。

举例：
- htmlElement("b", "strong is bold.") → " <strong>strong is bold</strong>"
- bold(emphasized("strong + emphasized")) → "<strong><em>strong + emphasized</em></strong>"
- htmlElement("span", null) → "<span></span>"
- htmlElement("", "no") → "no"
- htmlElement(null, "not bold") → "not bold"
- htmlElement(null, null) → ""

提示：一个正确的程序应该可以检查对标签名称的要求。标签只能包含数字 0~9 和大小写字母。这些情况可以忽略。

5.1.3 填充字符串 ★

CiaoCiao 船长热爱自由，他觉得距离很重要。他认为，即使在文本中，字母之间的距离也可以再大些。

任务：
- 编写方法 mix(String, String)，展开一个字符串并在所有字符之间放入填充字符。
- 参数可以为 null。

举例：
- mix("We're out of rum!", "-") → "W-e-'-r-e- -o-u-t- -o-f- -r-u-m-!"
- mix("Blimey", " 👻 ") → "B 👻 l 👻 i 👻 m 👻 e 👻 y"
- mix(" 👻 ", " 👻 ") → " 👻 "
- mix("", " 👻 ") → ""

5.1.4 双倍字符，检查传输安全 ★

Bamboo Blobfish 用打字电报机给 Bonny Brain 传递重要信息。由于每个字符都很重要，所以为了安全起见，Bamboo Blobfish 将所有字符连续发送了两次。

任务：

编写方法 int isEveryCharcterTwice(String)，检查每个字符是否都在字符串中连续出现两次。

- 如果符号的数量是奇数，则信息为假，方法返回 0。
- 如果每个字符出现两次，则答案为任意一个正数。
- 如果一个字符没有连续出现两次，则该方法会返回第一个错误的位置，但为相反数。

举例：

- isEveryCharacterTwice("eehhrrwwüürrddiiggeerr$$ccaapptttaaiinn") → 1
- isEveryCharacterTwice("ccapptttaaiinn") → -3
- isEveryCharacterTwice("222") → 0
- isEveryCharacterTwice(null) → NullPointerException

提示：负数索引标记的某些用法也可以在 Java 库中找到。Arrays 类提供了 binarySearch(...)，它可以在一个排序的数组中进行搜索，如果该方法找到了该元素，则返回该位置；如果 binarySearch(...) 没有找到该元素，则返回其可能插入的负位置。

5.1.5 交换 Y 和 Z ★

CiaoCiao 船长正在他的键盘上输入一篇较长的文本，之后他意识到激活的是英文键盘而不是德文键盘。现在 »y« 和 »z« 以及 »Y« 和 »Z« 的位置被调换了。文本需要进行更正。

任务：

- 创建新类 YZswapper。
- 在该类中放入一个新的类方法 void printSwappedYZ(String string)，它将一个传输的 String 输出到屏幕上，但将 »y« 输出为 »z«，将 »z« 输出为 »y«，将 »Y« 输出为 »Z«，将 »Z« 输出为 »Y«。这里不是要从方法中返回一个字符串！
- 不要只编写一个变体，而是尝试编写至少两个变体。例如，可以使用 if-else 或 switch-case 检查字符。

举例：

- printSwappedYZ("yootaxz") 会在屏幕上输出 zootaxy。
- printSwappedYZ("Yanthoxzl") 会在屏幕上输出 Zanthoxyl。

5.1.6 给出挑衅的答案★

反叛者托尼负责 CiaoCiao 船长的黑市活动，却被警察抓获审讯。为了激怒警察，他重复警察所说的一切，然后加上 »No idea!«（"不知道！"）。当警察问：»Where is the illegal whiskey distillery?«（"非法威士忌酒厂在哪里？"）托尼回答：»Where is the illegal whiskey distillery? No idea!«（"非法威士忌酒厂在哪里？不知道！"）

任务：

▶ 创建一个新类并从命令行请求输入。

▶ 根据输入，区分三种情况。

1. 如果输入以？结束，则在屏幕上输出输入的内容，并在后面加上"No idea!"。
2. 如果警察没有问任何问题——输入不以？结束，反叛者托尼就会闭嘴。
3. 如果输入中出现特别的内容"No idea？"（不区分大小写），则反叛者托尼轻蔑地回答："Aye!"

5.1.7　测试：用 == 和 equals(...) 比较字符串★

字符串是对象，因此原则上有两种比较字符串的可能性：

- 通过 == 进行引用比较。
- 通过适用于对象的典型方法 equals(Object) 进行比较。

以上两种操作有什么不同？

5.1.8　测试：equals(...) 是对称的吗？★

假设 s 是一个 String，那么 s.equals("tutego") 和 "tutego".equals(s)？有区别吗？

5.1.9　测试字符串的回文属性★

回文是指正读和反读都一样的词，如"Otto"或"121"。

CiaoCiao 船长一直很喜欢这样的词或句子，他也可以用这些词在社交时助兴。但是他总是得到一些非回文的字符串，因此我们首先要检查所有单词。

任务：

编写一个 Java 程序，检查一个字符串是否是回文的。

- 创建一个新类 PalindromeTester。
- 实现一个静态方法 boolean isPalindrome(String s)。
- 用一个类方法 isPalindromeIgnoringCase(String s) 拓展该程序，使检测不区分大小写。
- 所有不是字母或数字的字符串也该被忽略。我们可以使用 Character.isLetterOrDigit(char) 进行判断。还可以用此检查诸如 »A man a plan a canal Panama oder Pepe in Tahiti hat nie Pep«（或者 »Sei fies–stets sei fies!« 的句子。我们把该方法命名为 isPalindromeIgnoringNonLettersAndDigits(String)。

5.1.10　检查 CiaoCiao 船长是否站在中间★

CiaoCiao 船长站在世界的中心，因此他也希望他能站在所有文本的中央。

任务：

编写方法 boolean isCiaoCiaoInMiddle(String)，在字符串"CiaoCiao"位于中间时，返回 true。

举例：
- isCiaoCiaoInMiddle("CiaoCiao") → true
- isCiaoCiaoInMiddle("!CiaoCiao!") → true
- isCiaoCiaoInMiddle("SupaCiaoCiaoCute") → true
- isCiaoCiaoInMiddle("x!_CiaoCiaoabc") → true
- isCiaoCiaoInMiddle("\tCiaoCiao ") → true
- isCiaoCiaoInMiddle("BambooCiaoCiaoBlop") → false
- isCiaoCiaoInMiddle("BabyTigerChristine") → false

5.1.11 找到数组中最短的名字 ★

Bonny Brain 只用一个人的最短的名字。

任务：
- 编写方法 String shortestName(String... names)，返回所有全名中最短的子字符串。如果名字是组合，则字符串也可以包含一个空格。换句话说，存在一个名字的字符串或两个名字的字符串。
- 如果没有名字，答案为一个空的字符串。
- 可变参数数组不能为 null，数组中的字符串不能为 null。

举例：
shortestName("Albert Tross", "Blowfish", "Nick Olaus", "Jo Ker") → "Jo"

5.1.12 计算字符串出现的次数 ★

CiaoCiao 船长在一次考虑不周的行动中，停用了开发者德夫·大卫。他正在写一个方法，Java 文档已经准备好了，但还没实现。

```
/**
 * Counts how many times the substring appears in the larger string.
 *
 * A {@code null} or empty ("") String input returns {@code 0}.
 *
 * <pre>
 * StringUtils.countMatches(null, *) = 0
 * StringUtils.countMatches("", *) = 0
 * StringUtils.countMatches("abba", null) = 0
 * StringUtils.countMatches("abba", "") = 0
```

```
 * StringUtils.countMatches("abba", "a") = 2
 * StringUtils.countMatches("aaaa", "aa") = 2
 * StringUtils.countMatches("abba", "ab") = 1
 * StringUtils.countMatches("abba", "xxx") = 0
 * </pre>
 *
 * @param string the String to check, may be null
 * @param other the substring to count, may be null
 * @return the number of occurrences, 0 if either String is {@code null}
 */
public static int countMatches( String string, String other ) { return null; }
```

提示：Java 中的 * 表示一次任意的传输。

任务：
实现该方法。

5.1.13 找出更大的团队 ★

Bonny Brain 研究了记录她的队员和被俘船只实力的旧日志：

```
|-|||
|-||
|||-|||
|||||-||
```

每个船员都用一条线表示，减号分隔团队大小。左边是自己船上的人数，右边是被攻击的船上的人数。

任务：
Bonny Brain 阅读这些线条比较困难。请编写一个使编码清晰的程序：

```
|-||| => Raided ship had a larger crew, difference 2
|-|| => Raided ship had a larger crew, difference 1
|||-||| => Ships had the same crew size
|||||-|| => Pirate ship had a larger crew, difference 3
```

5.1.14 建造钻石 ★★

CiaoCiao 船长喜欢钻石，并且越大越好。

任务：
编写程序，生成以下输出：
```
   A
  ABA
 ABCBA
ABCDCBA
 ABCBA
  ABA
   A
```

程序应该可以通过控制台中的查询设置钻石的最大宽度。在我们的示例中，最大宽度是 7——字符串 ABCDCBA 的长度。程序只应接受由大写字母升序和降序所达到的宽度规格，即 ABCDEFGHIJKLMNOPQRSTUVWXYZYXWVU…BA 的最大长度。

5.1.15 给单词添加下划线 ★★

Bonny Brain 不得不三番五次地提醒船员注意规则。她写了一条信息并强调了重要的词。Bonny Brain 在下文中给"treasure"（宝藏）这个词添加了下划线：

```
There is more treasure in books than in all the pirates' loot on Treasure Island
             --------                                              --------
```

任务：

- 创建新类 PrintUnderline。
- 编写一个新的静态方法 printUnderline(String string, String search)，像上面的例子一样给 string 中的每个 search 字符串添加下划线。注意，search 可能在字符串中多次出现或根本不出现。
- 搜索的字符串不区分大小写，正如例子中那样。

5.1.16 删除元音字母 ★

CiaoCiao 船长口述他的回忆录，滔滔不绝。Kiko Kokopu 记不了那么快！我们把所有的元音字母都省略还能理解文本的内容吗？一位语言学家曾经说过，去掉元音字母后，文本仍然可被理解。德语中的元音字母是 A，Ä，E，I，O，Ö，U，Ü，Y。语言学家说得对吗？

任务：
- 创建新类 RemoveVowel。
- 编写一个类方法 String removeVowels(String string)，将元音字母从传输的 String 中删除。即使没有变元音（Ä，Ö，Ü）也没关系。
- 至少用两种不同的方法解决该任务。

举例：
- "Hallo Javanesen" → "Hll Jvnsn"
- "NETT SAGEN" → "NTT SGN"

5.1.17 检查密码好不好★

所有"肮脏"的秘密都会被 CiaoCiao 船长加密，但他的密码太简单，很容易被人猜到。他了解到安全密码对他的业务来说很重要，但他没法真正记住规则：好的密码应该有一定的长度，包含特殊字符等。

任务：
- 创建新类 PasswordTester。
- 编写方法 isGoodPassword(String) 用于测试一些标准。如果密码不好，则该方法应该返回 false，如果密码结构良好，则返回 true。如果测试失败，则应通过 System.err 显示一条消息，不再进行进一步检查。

5.1.18 计算校验和★

由于 Bonny Brain 经常授权付款并担心有人会更改金额，因此她使用了一个技巧：除了金额之外，她还在单独的通道中传输校验和。

数字的校验和是通过数字各位的和相加形成的。如果数字为 10,938，则校验和为 1 + 0 + 9 + 3 + 8 = 21。

任务：
- 创建新类 SumOfTheDigits。
- 编写类方法 int digitSum(long value)，计算一个数字的校验和。
- 添加一个重载的类方法 int digitSum(String value)，取用字符串中的数字。

哪个方法更容易实现？哪个方法应该调用另一个方法作为子程序？

5.1.19 拆分文本★★

CiaoCiao 船长扫描了旧的航海日志，但它们最初是以分栏的格式书写的。在 OCR 文本被识别之后，这些分栏仍然存在。

因为这不好读，所以要识别这两栏，并将其转换成无分栏的常规连续文本。

任务：

编写方法 decolumnize(String)，搜索分栏并从分栏的文本中返回只有一栏的文本。

举例：

```
I'm dishonest, and a    to watch out for,
dishonest man you       because you can
can always trust to     never predict when
be dishonest.           they're going to do
Honestly, it's the      something incredibly
honest ones you want    stupid.
```

→

```
I'm dishonest, and a
dishonest man you
can always trust to
be dishonest.
Honestly, it's the
honest ones you want
to watch out for,
because you can
never predict when
they're going to do
something incredibly
stupid.
```

每栏至少由一个空格分隔。注意左、右两栏可能有"一半"的空行！

5.1.20 用最喜欢的花画一片草地★★

CiaoCiao 船长想美化他的船，并用鲜花装饰它。他找到了琼·G. 斯塔克的一个图形作为模板，并思考如何告诉油漆工和画匠他想在船舱里画什么图案。

```
                                       _                              wWWWw       _
                                    _(_)_                              @@@@      _(_)_
                       @@@@        (_)@(_)        vVVVv      _         @@@@      (___)      _(_)_
                       @@()@@  wWWWw  (_)\       (___)    _(_)_        @@()@@     Y         (_)@(_)
                       @@@@    (___)     `|/       Y     (_)@(_)       @@@@       \|/         (_)\
                        /      Y          \|       \|/    /(_)          \|         |           |
                        \|     \|          |/       \|    \|             |/        \|         \|/
                        \\|//   \\|//      \\|//\\|///    \\|//          \\|//      \\|//      \\|//
                         ^^^^    ^^^^       ^^^^^^^^^^     ^^^^           ^^^^       ^^^^       ^^^^
```

任务:

▶ 将花朵复制到一个字符串中。提示：放置一个字符串，如 String flower = " "；将花朵放在剪贴板中，并粘贴在 IDE 中的引号之间；IntelliJ 和 Eclipse 将自动对特殊字符（如 \ 和 \n）进行编码。

▶ 有 8 种花，可以用 1~8 对它们进行编号。我们将顺序编码为一个字符串，如 "12345678"。现在我们应该可以更改顺序并让花朵多次出现，例如通过编码 "8383765432"。如果标记错误，则应该会一直自动出现第一朵花。

举例:

▶ "836" 输出：

```
                           _       _(_)_            _
                         _(_)_    (_)@(_)         _(_)_
                        (_)@(_)     (_)\         (_)@(_)
                          (_)\       `|/           (_)\
                           |         \|             |
                           \|/        |/            \|/
                           \\|//      \\|//         \\|//
                            ^^^^       ^^^^          ^^^^
```

▶ "ABC9" 输出：

```
                         @@@@      @@@@     @@@@     @@@@
                        @@()@@    @@()@@   @@()@@   @@()@@
                         @@@@      @@@@     @@@@     @@@@
                          /         /        /        /
                          \|        \|       \|       \|
                          \\|//     \\|//    \\|//    \\|//
                           ^^^^      ^^^^     ^^^^     ^^^^
```

小提示：
在一个数组中记录花与花之间过渡的位置。

5.1.21 识别重复★★

CiaoCiao 船长翻阅了一本书，发现了🌸🌸🌸🌸🌸🌸🌸🌸🌸🌸🌸🌸类型的图案。他很开心，想制作一枚印章，以便能够自己印制这样的图案序列。当然，成本应该降低，印章本身不应该包含任何重复的符号。对于给定的模式序列，我们应该开发一个程序来确定必须印在印章上的最小符号序列。

任务：

编写方法 String repeatingStrings(String)，在出现重复的字符串时返回重复的字符串，如没有重复的部分，则返回 null。

举例：

- repeatingStrings("🌸🌸🌸") 返回 "🌸"。
- repeatingStrings("🌸🌸"+"🌸🌸"+"🌸🌸") 返回 "🌸🌸"。
- repeatingStrings("Ciao "+"Ciao") 返回 "Ciao"。
- repeatingStrings("Captain CiaoCiaoCaptain CiaoCiao") 返回 "Captain CiaoCiao"。
- repeatingStrings("🍪🍪🍪🍪") 返回 null。
- repeatingStrings("CaptainCiaoCiaoCaptain") 返回 null。
- repeatingStrings("🌸") 返回 null。
- repeatingStrings("") 返回 null。
- repeatingStrings(null) 返回 null。

提示：

repeatingStrings(...) 应该返回最短的重复字符串。

5.1.22 限制行的边界并重新排版行★★

Bonny Brain 正在改用信鸽进行交流，因此纸张不能很大。现在必须缩小所有文本的宽度。

任务：

使用静态方法 String wrap(String string, int width) 编写类 WordWrap，将一个没有换行的字符串分割成最大宽度为 width 的子字符串，并返回用 \n 分隔的子字符串。在单词内——标点符号属于单词——不应该有强制的换行！

一个例子:

调用
```
String s =  "Live now; make now always the most precious time. "
         + "Now will never come again.";
System.out.println( wrap( s, 30 ) );
```

在最大行宽为 30 时生成以下输出:

```
Live now; make now always the
most precious time. Now will
never come again.
```

5.1.23 测试：有多少个字符串对象？★

以下程序代码包含多少个 String 对象？

```
String str1 = "tutego";
String str2 = new String( "tutego" );
String str3 = "tutego";
String str4 = new String( "tutego" );
```

5.1.24 检查水果是否裹上了巧克力★★

CiaoCiao 船长喜欢用巧克力包裹的水果串。萨拉的任务是为水果涂上巧克力，形成不同层次的深色和浅色巧克力。

斑比检查层次是否正确。当她看到 dhFhd 时，她就知道水果先是一层淡巧克力，然后是一层黑巧克力。dhhd 表示没有水果，这不是 CiaoCiao 船长所期望的。ddhFh 表示涂层被破坏，这也不对。而 F 表示只有水果，完全没有巧克力，真是令人失望！

任务:

编写递归方法 checkChocolate(String)，检查字符串是否对称，即左、右是同一种巧克力，中间是水果 F。

5.1.25 从上到下，从左到右★★

Bonny Brain 在山洞里找到一段文字，但文字不是从左到右，而是从上到下写的。
```
s u
ey!
```

ao

这个竖着的字符串写的是 sea you!——这样好读多了！

任务：

编写方法 printVerticalToHorizontalWriting(String)，将字符串转换为水平方向并输出。参数是一个用换行符分隔行的字符串，例如：

```
String s =   "s u\n"
           + "ey!\n"
           + "ao ";
```

3 个重要的规则：
1. 仅用 \n 分割行。
2. 每行长度相等。如最后一行有一个空格，因此本例中 3 行都是 3 个字符长度（不包括换行符）。
3. 字符串的末尾没有 \n。

举例：

继续使用上面的字符串：

```
String s = "s u\ney!\nao ";
printVerticalToHorizontalWriting( s );
```

屏幕输出为：sea you!

5.2 使用 StringBuilder 的动态字符串

String 对象是不可变的，但 java.lang.StringBuilder 类型的对象可以修改。StringBuffer 也是如此，但这种类型是 API 通用的，对练习来说不重要。

5.2.1 和鹦鹉练习字母表 ★

CiaoCiao 船长在教他的鹦鹉认字母表。为了省去麻烦，他使用了一个可以生成字母表的软件。

给出以下方法：

```
static String abcz() {
  String result;
```

```
result = "ABCDEFGHIJKLMNOPQRSTUVWXYZ";
return result;
}
```

该方法返回一个字符串，其中包含字母表中从 A 到 Z 的所有字符。CiaoCiao 船长可以将字符串复制到 https://ttsreader.com/de/ 上，网站会朗读该字符串，但是字母之间必须有空格，以便音频输出时听起来更好。

尽管该方法在这个任务中表现良好，但它不是特别灵活，例如当它涉及只生成特定范围时（如只从 0 到 9）。因为鹦鹉已经学会 ABC 了，但从 G 到 Z 还是有些困难。

任务：

- 更改 abcz( ) 以通过循环动态生成 String。
- 添加方法 String abcz(char start, char end)，生成一个字符串，其中包含位于起始字母 start 和末尾字母 end 之间的所有符号；末尾字母被包含在内，属于该字符串。
- 编写方法 String abcz(char start, int length)，返回从 start 起的 length 个字符。其中一种方法可以映射到另一种方法吗？
- 思考，如何处理不正确的参数，例如当结束索引位于开始索引之前时。

小提示：
原始数据类型 char 不过是可以转换为 int 类型的正数值数据类型。所以我们可以用一个 char 来进行算术操作，如果把字母 A 加 1，我们就得到 B。

5.2.2 测试：轻松添加★★

要动态构建字符串，Java 中基本上有两种选择：

1. 通过 String 类和 String 与 + 的组合构建。
2. 通过 StringBuilder（我们不想在这里明确提及 StringBuffer——这两个类的 API 一致）构建。

在代码中：

```
String s = "";
s += "Ay ";
```

```
s += "Captain";

StringBuilder sb = new StringBuilder();
sb.append( "Ay " ).append( "Captain" );
String t = sb.toString();
```

这两种解决方案有何不同？生成了多少个对象？

5.2.3 将数字转换为一元编码 ★

一元编码将一个自然数 n 表示为表 5.1 所示的形式。

表 5.1

n	一元编码
0	0
1	10
2	110
3	1110
4	11110

一个自然数，即正整数 n 由 n 个 1 和末尾的一个 0 表示。这种类型的代码被称为无前缀，因为没有一个词是另一个词的前缀。编码时，我们可以轻松地交换 0 和 1，这不会改变前缀属性。

一元编码可以生成不同长度的代码。

任务：

- 编写方法 String encode(int... values)，从一个带有整数的可变参数数组中创建一个字符串，其中数组中所有一元编码的值都被串联起来。
- 添加方法 int[] decode(String value)，将一元编码的字符串转换回 int 数组。

举例：

- encode(0, 1, 2, 3, 0, 1) → "0101101110010"
- encode(0, 0, 0, 0) → "0000"
- encode( ) → ""
- Arrays.toString(decode("0101101110010")) → [0, 1, 2, 3, 0, 1]

5.2.4 通过交换来减小重量★

Bonny Brain 发现运费是可以做手脚的好地方。办公室的负责人经常会忘记确切的重量，但他们能够牢牢记住出现的数字。如果最多两个数字混淆，则不会引起注意。Bonny Brain 利用这一优势，将数字各位中的最小数字向前移动以达到更小的重量，但是必须忽略 0，否则数字的长度会发生变化，这是显而易见的。

任务：

编写方法 int cheatedWeight(int weight)，完成转换。

举例：

- cheatedWeight(0) → 0
- cheatedWeight(1234) → 1234
- cheatedWeight(4321) → 1324
- cheatedWeight(100) → 100
- cheatedWeight(987654321) → 187654329

5.2.5 不要射杀信使★

Bonny Brain 正在传递一个秘密信息，担心信使会被伏击并泄露信息。因此，她派了几个信使，每个信使都传递部分信息。计划如下：

- 文本被分解成字母。
- 第一个信使拿到第一个字母。
- 第二个信使拿到第二个字母。
- 第一个信使拿到第三个字母。
- 第二个信使拿到第四个字母。
- 依此类推。

收信人现在必须等待两个信使的到来，了解原本的顺序并把消息重新组合起来。

任务：

- 编写方法 String joinSplitMessages(String...)，该方法接收任意数量的拆分信息，并返回组装后的字符串。
- 如果部分消息缺失，则不会导致错误。

举例：
- joinSplitMessages("Hoy", "ok") → "Hooky"
- joinSplitMessages("Hooky") → "Hooky"
- joinSplitMessages("Hk", "oy", "o") → "Hooky"
- joinSplitMessages("H", "", "ooky") → "Hooky"

5.2.6 压缩重复的空格★★

泡泡为 CiaoCiao 船长听了一段对话并进行了转录，但由于泡泡总是剥那么多花生，所以空格键被卡住了，不容易松开；这样一来，很快就会生成很多空格。她绝不可能把这样的文本交给 CiaoCiao 船长。

任务：
- 编写静态方法 StringBuilder compressSpace(StringBuilderstring)，将传输的 string 中多于两个的空格合并成一个空格。
- 传输 string 应使用 return string; 返回，更改应直接在 StringBuilder 上进行。

举例：
- "Will you shut up, man!   This is the way!" → "Will you shut up, man! This is the way!"

5.2.7 插入和移除噼啪声和爆裂声★

无线电中的信息经常有噼里啪啦的声音，这会干扰 CiaoCiao 船长。

任务：
编写两个方法：
- String crackle(String) 应在随机间隔内插入"♫KNACK♪"，并返回噼啪声字符串。
- String decrackle(String) 应再次删除噼啪声字符串。

5.2.8 拆分骆驼拼写法字符串★

为了节省电文传输的体积，电报员蛙鱼使用了一个技巧：他将空格后面的下一个字符大写，然后删除空格，例如 ciao ciao 变成了 ciaoCiao。如果下一个字符已经是大写字母，则只需删除空格，例如 Ciao Ciao 变成了 CiaoCiao。因为大写字母看起来像一系列小写字母中的凸起，所以该写法被命名为骆驼拼写法（CamelCase）。
CiaoCiao 船长收到了字符串，但这样的文本不易阅读。

任务：
编写新方法 String camelCaseSplitter(String)，再次拆分所有骆驼拼写法的部分。

举例：
- camelCaseSplitter("List") → "List"
- camelCaseSplitter("CiaoCiao") → "Ciao Ciao"
- camelCaseSplitter("numberOfElements") → "number Of Elements"
- camelCaseSplitter("CiaoCiaoCAPTAIN") → "Ciao Ciao CAPTAIN"

如果一个单词全部是大写字母，就像最后一个例子一样，则只有小写字母和大写字母之间的切换才被视为一个单词的不同形式

5.2.9 实现恺撒加密 ★★★

CiaoCiao 船长发现了据说是盖乌斯·尤利乌斯·恺撒使用的加密技术。由于他钦佩这位罗马将军，所以也想以这种方式加密他的文本。

在所谓的恺撒加密中，我们将每个字符在字母表中移动 3 个位置，即 A 变成 D，B 变成 E，依此类推。在字母表的末尾，我们重新开始，因此 X → A，Y → B，Z → C。

任务：
- 创建新类 Caesar。
- 实现方法 String caesar(String s, int rotation)，执行加密。rotation 是移位，应该是任意的，而不是像最初的例子中那样只移动 3 位。
- 编写方法 String decaesar(String s, int rotation)，取回加密。
- 恺撒加密属于移位加密方法，值得把它推荐给 Bonny Brain 吗？

举例：
- caesar("abxyz. ABXYZ!", 13) → "noklm. NOKLM!"
- decaesar(caesar("abxyz. ABXYZ!", 13), 13)) → "abxyz. ABXYZ!"

5.3 建议解决方案

测试 5.1.1：字符串是内置关键字吗?

String 不是内置数据类型。Java 中的所有关键字都是小写的，所有引用类型都根据命名惯例大写。java.lang.String 是一个类，String 对象在运行时被实例化。与所有其他类一样，String 类继承自 java.lang.Object。

任务 5.1.2：用简单的连接构建 HTML 元素

```java
public static String htmlElement( String tag, String body ) {
  if ( tag == null )
    tag = "";
  if ( body == null )
    body = "";
  if ( tag.isEmpty() )
    return body;
  else
    return "<" + tag + ">" + body + "</" + tag + ">";
}

public static String strong( String body ) {
  return htmlElement( "strong", body );
}

public static String emphasized( String body ) {
  return htmlElement( "em", body );
}
```

列表 5.1 com/tutego/exercise/string/HtmlBuilder.java

其他方法可以访问通用方法 String htmlElement(String tag, String body)。

根据任务要求，标签和正文可以为 null，在这种情况下，它们被视为一个空字符串。接着是主要查询：如果标签为空，则只返回正文；如果标签不为空，则我们的方法会创建一个开始标签，连接 body，并附加一个结束标签。

对于 strong(...) 和 emphasised(...) 方法，回到我们之前定义的方法，在标签名称中填入"strong"或"em"，然后传递 body。

任务 5.1.3：填充字符串

```java
private static String mix( String string, String fill ) {

  if ( string == null || string.length() == 0 )
    return "";

  if ( fill == null || fill.length() == 0 )
    return string;
```

第 5 章　字符串处理　｜　123

```java
        String result = "";

        for ( int i = 0;i< string.length() - 1; i++ ) {
          char c = string.charAt( i );
          result += c + fill;
        }

        result += string.charAt( string.length() - 1 );

        return result;
    }
```

列表 5.2 com/tutego/exercise/string/StringFiller.java

在方法中我们从检查参数开始。如果字符串为 null 或空，则返回一个空字符串。如果 string 不为 null 且至少有一个字符，但填充字符串为 null 或为空，则无须执行任何操作，通过直接返回 string 取得缩写。原则上，如果 string 或 fill 为 null，则出现 NullPointerException，因为如果没有传入有效对象，方法最好抛出异常。

我们从要填充循环的空字符串开始。提取一个字符后，将该字符和字符串 fill 附加到先前的结果中。但是，我们不会将索引运行到最后一个字符，而只会运行到倒数第二个字符，这样就可以始终放置填充字符串，只是不放在最后一个元素之后。因此，终止条件为 < string.length( ) – 1。在循环结束时，将最后一个字符附加到 result 中，然后将 result 返回给调用者。

使用第一种条件判断，我们测试了字符串至少有一个字符长，因此也可以选择从 0 运行到索引 < string.length( ) – 1，因为如果字符串长度为 1，则为 1 – 1 等于 0，不运行循环，只有"最后一个"字符被附加到 result 中。

在字符之间放置填充字符串也可以通过另一种方式解决：我们可以查询索引，看它是否代表最后一个字符，然后才附加填充字符。如果索引位于最后一个字符上，则填充字符不会出现在它之后。

任务 5.1.4：双倍字符，检查传输安全

```java
private static int isEveryCharacterTwice( String string ) {

    int FAILURE_CODE = 0;
    int SUCCESS_CODE = 1;

    if ( string.length()% 2 != 0 )
```

```
    return FAILURE_CODE;

for ( int i = 0;i< string.length(); i += 2 ) {
  char first = string.charAt( i );
  char second = string.charAt(i+ 1 );
  if ( first != second )
    return -(i + 1);
}

return SUCCESS_CODE;
}
```

列表 5.3 com/tutego/exercise/string/RepeatingCharacters.java

该方法获取一个字符串并首先测试输入是否正确。字符数必须是偶数，因为如果字符数是奇数，则不可能每个字符都出现两次。可以预料，如果传输了 null，则在尝试询问长度时会抛出 NullPointerException。

接下来我们分两步运行数组。提取位置 i 处的字符和位置 i + 1 处的下一个字符。如果这两个字符不匹配，则 i + 1 是该字符与之前的字符不同的位置。我们否定表达式并报告该位置。这总是会生成负的返回值，因为我们不反转 i（索引从 0 开始），而是反转 i + 1，这会导致结果中的 −1。负的返回值总为奇数。

如果循环没有被打破，则该方法返回 1。

任务 5.1.5：交换 Y 和 Z

前 3 个变体显示了 Java 为比较提供的可能性：if-else、switch-case 和条件操作符。

```
static void printSwappedYZ1( String string ) {
  for ( int i = 0;i< string.length(); i++ ) {
    char c = string.charAt( i );
    if ( c == 'y' )c= 'z';
    else if ( c == 'z' )c= 'y';
    else if ( c == 'Y' )c= 'Z';
    else if ( c == 'Z' )c= 'Y';
    System.out.print( c );
  }
}
```

```java
static void printSwappedYZ2( String string ) {
  for ( int i = 0;i< string.length(); i++ ) {
    switch ( string.charAt(i)){
    case 'y': System.out.print( 'z' ); break;
    case 'z': System.out.print( 'y' ); break;
    case 'Y': System.out.print( 'Z' ); break;
    case 'Z': System.out.print( 'Y' ); break;
    default: System.out.print( string.charAt( i ) );
    }
  }
}

static void printSwappedYZ3( String string ) {
  for ( int i = 0;i< string.length(); i++ ) {
    char c = string.charAt( i );
    System.out.print( c == 'y' ? 'z' :
                      c == 'Y' ? 'Z' :
                      c == 'z' ? 'y' :
                      c == 'Z' ? 'Y' :
                      c );
  }
}

static void printSwappedYZ4( String string ) {
  char[] c = string.toCharArray();
  for ( int i = 0; i < c.length; i++ ) {
    if ( c[ i ] == 'y' ) c[ i ] = 'z';
    else if ( c[ i ] == 'z' ) c[ i ] = 'y';
    else if ( c[ i ] == 'Y' ) c[ i ] = 'Z';
    else if ( c[ i ] == 'Z' ) c[ i ] = 'Y';
  }
  String result = new String( c );
  System.out.print( result );
}
```

列表 5.4 com/tutego/exercise/string/YZswapper.java

在第一个建议的解决方案中，我们从前到后遍历字符串。可以用 length( ) 查询字符数，用 chatAt(...) 查询某个位置的每个字符。一旦拥有了一个位置上的字符，我们就可以检查它并用我们最终输出的另一个字符替换它。此变体包含屏幕输出，我们暂时不创建新字符串。

第二种变体也手动运行字符串。但是，该解决方案不是通过 == 比较单个字符，而是使用 switch-case 结构。System.out.print(char) 多次出现可不太好看。charAt(i) 的两次调用对性能的影响很小。

第三种变体使用嵌套条件运算符来比较字母是 Y 还是 Z。

从 Java 14 开始有了带有 -> 的新的 switch 写法，它允许进一步的变体。

可能性 1：

```
switch ( string.charAt(i)){
  case 'y' -> System.out.print( 'z' );
  case 'z' -> System.out.print( 'y' );
  case 'Y' -> System.out.print( 'Z' );
  case 'Z' -> System.out.print( 'Y' );
  default   -> System.out.print( string.charAt( i ) );
}
```

可能性 2：

```
System.out.print(
    switch ( string.charAt(i)){
      case 'y' -> 'z'; case 'Y' -> 'Z';
      case 'z' -> 'y'; case 'Z' -> 'Y';
      default  -> string.charAt( i );
    }
);
```

回到建议的解决方案中。变体 4 的区别不在检查字符上，而是在处理上：该方法生成一个被输出的中间字符串。由于字符串不能更改，所以使用 char 数组进行中间存储。原则上，此解决方案不需要在末尾生成字符串，因为存在 println(char[ ])，但是如果想要将结果作为字符串返回，则此写法可以轻松扩展方法。

一些读者可能希望有一种交换方法，但不存在一种用于字符串的交换方法。字符串是不可变的，它们是永恒的。这意味着没有方法可以在当前字符串中进行替换。有一个 replace(...) 方法，但它对我们来说没用，因为假如我们将 »y« 替换为

»z«，则原本的 »z« 字符将不再可识别，然后必须转化为 »y«。原则上，我们可以分三步操作，并使用特殊字符作为占位符：

1. 将所有的 »y« 替换为 »$«。
2. 将所有的 »z« 替换为 »y«。
3. 将所有的 »$« 替换为 »z«。

这个办法并不聪明，尤其是我们必须确保像 »$« 这样的占位符是自由的。

我们已经看到，有几种方法可以解决这个任务。当我们需要用编译时已知的几个常量来检查一个变量时，switch 是一个不错的选择。如果你能使用当前的 Java 版本，则应该使用带有 switch 和箭头的写法。它不仅更短，还能防止意料之外的失败。

任务 5.1.6：给出挑衅的答案

```
String input = new Scanner( System.in ).nextLine().trim();
if ( input.equalsIgnoreCase( "no idea?" ) )
  System.out.println( "Aye!" );
else if ( input.endsWith( "?" )){
  System.out.println( input + " No idea!" );
}
```

列表 5.5 com/tutego/exercise/string/TonyTheDefiant.java

我们通过 Scanner 从命令行请求一行，然后裁剪前、后的空白区域。如果输入是 "No idea?"，则输出是 "Aye!"。对于不区分大小写的测试，我们使用 equalsIgnoreCase(…)，它比 input.toLowerCase( ).equals("no idea?") 更快，因为 equalsIgnoreCase(…) 可以直接比较，而 toLowerCase( ) 要先创建一个新的 String 对象，然后将其与 equals(…) 进行比较。但是，在 equals(…) 之后，String 对象再次成为内存垃圾。创建不需要的新对象会消耗内存和运行时间，应该避免。

如果输入不是 "No idea?"，则我们测试输入是否以问号结尾。如果是，则重复输入并在后面附加 "No idea!"。如果这两种情况都不适用，则不会发生任何事情。重要的是我们不要首先测试输入是否以问号结尾，因为如果颠倒条件判断的顺序，则程序会在输入是 "No idea?" 时识别后面的问号，并输出 "No idea? No idea!"，这是错误的。

测试 5.1.7：用 == 和 equals(…) 比较字符串

原则上，字符串可以用 == 进行比较，但这通常不起作用，因为这要求仅在虚拟机内部构建 String 对象。然而，通常我们自己构建对象，如逐行读取文件或从命令行读取。然后，每行和每个输入都是一个新的 String 对象。Java 开发人员应该养成使用 equals(...) 方法比较字符串的习惯。这里也有方法，如 equalsIgnoreCase(...)。

学习过其他编程语言的新人一开始会觉得很困难。大多数编程语言都允许用 == 来比较字符串。

测试 5.1.8: equals(...) 是对称的吗?

用 equals(Object) 方法进行的比较应该是对称的，也就是说，无论是 a.equals(b) 还是 b.equals(b)，应该没有区别。然而，这种对称性会被 null 所打破。因此，String s = null; s.equals ("tutego") 会导致 NullPointerException，但 "tutego".equals(s) 会导致 false。因此，在实践中，在字符串文字上调用 equals(...) 并传输另一个字符串，是比较稳健的做法。

如果在比较中可能出现 null，并且要避免 NullPointerException，那么最好使用 Objects.equals(...):

```java
public static boolean equals(Object a, Object b) {
    return (a == b) || (a != null && a.equals(b));
}
```

列表 5.6 OpenJDK-Implementierung von Objects.equals(...)

任务 5.1.9: 测试字符串的回文属性

```java
public static boolean isPalindrome( String string ) {

  for ( int index = 0; index < string.length() / 2; index++ ) {
    char frontChar = string.charAt( index );
    char backChar = string.charAt( string.length() - index - 1 );
    if ( frontChar != backChar )
      return false;
  }
  return true;
}

public static boolean isPalindromeIgnoringCase( String string ) {
  return isPalindrome( string.toLowerCase() );
}

public static boolean isPalindromeIgnoringNonLettersAndDigits( String
```

```java
string )
    {
    for ( int startIndex = 0, endIndex = string.length() - 1;
            startIndex < endIndex;
            startIndex++, endIndex-- ) {
      while ( ! Character.isLetterOrDigit( string.charAt( startIndex ) ) )
        startIndex++;
      while ( ! Character.isLetterOrDigit( string.charAt( endIndex ) ) )
        endIndex--;
      char frontChar = Character.toLowerCase( string.charAt( startIndex ) );
      char backChar = Character.toLowerCase( string.charAt( endIndex ) );
      if ( frontChar != backChar )
        return false;
    }
    return true;
  }

  public static boolean isPalindromeRecursive( String string ) {

    if ( string.length() < 2 )
      return true;

    if ( string.charAt( 0 ) != string.charAt( string.length() - 1 ) )
      return false;

    return isPalindromeRecursive( string.substring( 1, string.length() - 1 ) );
  }
```

列表 5.7 com/tutego/exercise/string/PalindromeTester.java

回文属性测试任务是信息科学中的经典任务。这项任务有不同的完成方法：可以用 Java 库中的一个方法一行搞定，也可以通过循环迭代的方式解决，或者用递归的方式解决。

此处显示的解决方案简单且高效。如果我们想测试一个字符串是否是回文的，则所要做的就是将第一个字符与最后一个字符进行比较，然后将第二个字符与倒数第二个字符进行比较，依此类推。我们从 0 循环到字符串的中间并这样做：使用 string.charAt(index) 从左到中间循环，使用 string.charAt(string.length() – index – 1)

从右到中间循环。一旦提取了字符，就比较它们；如果字符不相同，则将用 return false 终止该方法。如果程序在循环中幸存，则字符串是回文的。该解决方案适用于具有偶数和奇数字符数量的字符串。

我们的 isPalindromeIgnoringCase(String) 方法测试字符串是否是不区分大小写的回文字符串。在这种情况下，首先将字符串转换为小写的，并将其传输给我们现有的 isPalindrome(String) 方法进行测试。

对于 isPalindromeIgnoringNonLettersAndDigits(String) 方法，我们可以像 isPalindromeIgnoringCase(String) 方法那样操作，即通过一个 Java 方法删除所有不是字母或数字的东西，或者我们不需要额外的运行来清理字符串，直接进行查询。这就是之前所示的实施方案所采取的方法。我们运行左、右的字符串，并定义两个循环计数器 startIndex 和 endIndex。开始索引会变大，结束索引会变小。我们从第一个字符的开始索引和最后一个字符的结束索引开始。现在可能发生的情况是，两个字符中的一个既不是字母，也不是数字。因此，我们必须从左边开始搜索，直到找到一个有效的符号，也必须从右边开始做同样的事情。这就是两个 while 循环的作用。由于测试现在不区分大小写，所以我们将两个字符转换为小写，然后比较它们。如果字符不相等，则用 return false 终止该方法。如果每个比较都为真，则 return true 作为方法的回答。

最后，我们来看一下递归的实现。原则上，这里有两种可能性。这里我们展示了其中一种可能性。首先，测试检查字符串中是否有字符。在这种情况下，我们已经到达递归的终点，可以返回 true。接下来，提取第一个和最后一个字符并进行比较。如果字符不相等，则以 false 退出该方法。如果字符匹配——这里不忽略大小写，则提取一个子字符串并向下一层递归。由于这里的递归在末尾，所以我们也说最终递归，原则上可以通过运行时环境进行优化，虽然标准的 JVM 还没有做这个优化。

使用递归的另一种解决方案是使用开始和结束索引对方法进行参数化，然后每个索引在方法内移动而不生成临时字符串。这意味着只调整开始和结束索引，而不是形成部分字符串。然而，这种解决方案与迭代式解决方案差别不是那么大。

最后，我们来看看 Java 的单行方法：

```
String s = "otto";
boolean isPalindrome =
 new StringBuilder( s ).reverse().toString().equals( s );
```

任务 5.1.10：检查 CiaoCiao 船长是否站在中间

```
public static boolean isStringInMiddle( String string, String middle ) {
  if ( middle.length() > string.length() )
```

```
    return false;

  int start = string.length() / 2 - middle.length() / 2;
  return string.regionMatches( start, middle, 0 /* middle offset */,
    middle.length() );
}

public static boolean isCiaoCiaoInMiddle( String string ) {
  return isStringInMiddle( string, "CiaoCiao" );
}
```

列表 5.8 com/tutego/exercise/string/InMiddle.java

该算法的核心思想是找到主字符串的中点，然后在中间减去你想要的字符串长度的一半，并比较中间字符串是否从那个位置开始。

归根结底，"CiaoCiao" 这个字符串是否出现的问题是相当特别的。因此，我们对这个问题进行概括，写一个通用的方法 isStringInMiddle(String string, String middle)，它对任何应该在中间的字符串都有效。

我们检查参数。如果其中一个参数被传输为 null，那么在访问长度时就会弹出 NullPointerException。这个反应很好。如果两者都是有效的 String 对象，就会确定并比较其长度。如果中间的字符串比主字符串本身长，这就是一个错误，我们直接返回 false。

以下几行遵循上述所描述的算法。regionMatches(...) 在这种情况下很有用。该方法的签名如下：

```
boolean regionMatches(int toffset, String other, int ooffset, int len)
```

这比先用 substring(...) 切出字符串，然后用 equals(...) 进行比较的方法更好。

任务 5.1.11：找到数组中最短的名字

```
private static final int INDEX_NOT_FOUND = -1;

private static String shortest( String s1, String s2 ) {
  return s1.length() <= s2.length() ? s1 : s2;
}

private static String shortestName( String... names ) {

  if ( names.length == 0 )
```

```
      return "";

    String result = names[ 0 ];

    for ( String name : names ) {
      int spacePos = name.indexOf( ' ' );
      if ( spacePos == INDEX_NOT_FOUND )
        result = shortest( result, name );
      else {
        String part1 = name.substring( 0, spacePos );
        String part2 = name.substring( spacePos + 1 );
        result = shortest( result, shortest( part1, part2 ) );
      }
    }
    return result;
  }
```

列表5.9 com/tutego/exercise/string/ShortName.java

在算法的后期，我们必须多次确定两个字符串中最短的一个，因此将这个任务转移到自己的一个小方法中。shortest(String, String) 方法返回两个传输的字符串中较短的一个；如果两个字符串的长度相同，则该方法返回第一个字符串——但该选择是任意的。

本来的方法 shortestName(...) 获取一个可变参数字符串，并且像往常一样，参数可以为 null。访问 length，在其为 null 时抛出 NullPointerException。如果没有元素传输给该方法，则该方法什么也不做并返回空字符串。

由于数组中至少有一个字符串，则我们用它来初始化变量 result，也会在最后返回它。扩展的 for 循环遍历数组中的所有字符串，result 可能在主体中更新。让我们看看字符串中是否有空格。现在有两种选择：

1. 如果字符串中没有空格，shortest(result, name) 返回较短的字符串并用结果覆盖 result。
2. 如果名字中有空格，则 substring(...) 将名字分成两部分 part1 和 part2。这里我们嵌套 shortest(...) 以便首先从 part1 和 part2 中确定较短的字符串，然后根据该结果和 result 确定较短的字符串并将其作为结果存储在 result 中。

在循环结束时，我们已经确定了要返回的最短字符串。

任务 5.1.12：计算字符串出现的次数

```
private static final int INDEX_NOT_FOUND = -1;

public static int countMatches( String string, String other ) {

  if ( string == null || other == null || string.length() == 0 ||
      other.length() == 0 )
    return 0;

  int result = 0;

  for ( int index = 0;
      (index = string.indexOf( other, index )) != INDEX_NOT_FOUND;
      index += other.length() )
    result++;

  return result;
}
```

列表 5.10 com/tutego/exercise/string/StringUtils.java

countMatches(...) 方法遇到有问题的值时必须返回 0。如果一个字符串为 null 或不包含任何字符，那么它就是有问题的。我们要在开始时进行检查。

变量 result 之后将显示发现的数量并生成返回。在 for 循环中，我们使用 String 方法 indexOf(...) 反复搜索子字符串 other。为此，循环初始化了一个变量 index，它总是包含最后的发现，如果没有更多的发现，则这就是 for 循环的终止标准。然后，这个索引会一直增加 other 的长度，以便 indexOf(...) 方法可以在下一次迭代中继续搜索子字符串 other。

如果在实际的 Java 程序中需要这种方法，则开发人员可以从 Apache Commons 获得。实现本身位于 https://commons.apache.org/proper/commons-lang/apidocs/src-html/org/apache/commons/lang3/StringUtils.html。

任务 5.1.13：找出更大的团队

首先，总结一下我们需要做的事情：在一个字符串中，我们需要找到分隔符（减号）以及减号左、右有多少条线。我们必须比较这些值。比较的结果有三种：右边的值可以大于或小于左边的值，或者两个值相等。

有两种简单的解决方案：

- 用 split("-") 将输入分成两个字符串，然后用 length( ) 查询字符串长度。
- 用 indexOf(…) 找到减号在字符串中的位置，然后计算分隔符左、右的长度。

这里还有一个特别的解决方案，供喜欢"如果能复杂，为什么要简单"这种想法的朋友使用。这在实践中用处不大，只有在分析器表明某个代码点是需要优化的瓶颈时才是合理的。否则，清晰永远是第一位的！

假设我们在位置 i 找到了分隔符并将其删除，因为我们不想把一个分隔符计算在内。总长度因此减少了 1。

假设 P（海盗）和 $Ü$（被袭击者）是集合，$|P|$ 是海盗的数量，$|Ü|$ 是被袭击者的数量（图 5.1）。这三个信息（0，i 和 length-1）给了我们答案：

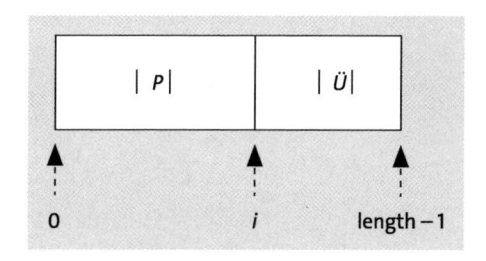

图 5.1 减号位置与团队规模之间的关系

- 有多少个海盗？数量为 i-0，即 i 个。
- 有多少个被袭击者？数量为 length-1-i 个。

我们可以确定并比较这些数值，问题就会得到解决。

然而，我们还可以利用这些信息做更多工作。该任务问的是团队实力的差异。难道我们不可以计算出差异，并用正、负号找出哪个队更强吗？这当然可以！

- $|P|<|Ü|$，故 $|P|-|Ü|<0$。
- $|P|>|Ü|$，故 $|P|-|Ü|>0$。
- $|P|=|Ü|$，故 $|P|-|Ü|=0$。

我们可以通过计算差值并观察正、负号来比较两个数的大小。

表达式 $|P|-|Ü|$ 重复，我们可以这样计算：

- $|P| - |Ü| = i - (length - 1 - i) = i - (-i + length - 1) = i + i - (length - 1) = 2 \times i - (length - 1)$

这就是团队规模的差异，正、负号告诉我们哪个团队更大。

是时候编写 Java 程序了：

```java
public static void printDecodedCrewSizes( String string ) {
  int index = string.indexOf( '-' );
  if ( index < 0 )
    throw new IllegalArgumentException( "Separator - is missing in " +
      string );
  System.out.print( string + " => " );
  int diff = 2 * index - (string.length() - 1);
  switch ( Integer.signum( diff ) ) {
    case -1:
      System.out.printf( "Raided ship had a larger crew, difference%d%n",
        -diff );
      break;
    case 0:
      System.out.println( "Ships had the same crew size" );
      break;
    case +1:
      System.out.printf( "Pirate ship had a larger crew, difference%d%n",
        diff );
      break;
  }
}
```

列表 5.11 com/tutego/exercise/string/CrewSize.java

首先，确定发现 i；如果没有减号，则出现异常。然后，计算差异。现在可以用 if-else 进行条件判断，但程序做了一些不同的事情：它将所有负数映射到 -1，将所有正数映射到 1，0 仍然是 0。这样 switch-case 可以处理这三种可能性。最后，在输出为负差的情况下，输出的正、负符号必须取反。

任务 5.1.14：建造钻石

```java
private static void printDiamondIndentation( int indentation ) {
```

```java
    for ( int i = 0; i < indentation; i++ )
      System.out.print( " " );
  }

  private static void printDiamondCore( char character, char stopCharacter ) {
    if ( character == stopCharacter ) {
      System.out.print( character );
      return;
    }
    System.out.print( character );
    printDiamondCore( (char) (character + 1), stopCharacter );
    System.out.print( character );
  }

  public static void printDiamond( int diameter ) {
    if ( diameter < 1 )
      return;

    diameter = Math.min( diameter, 2 * 26 - 1 );

    int radius = diameter / 2;
    for ( int indentation = radius; indentation >= -radius; indentation-- ) {
      int absIndentation = Math.abs( indentation );
      printDiamondIndentation( absIndentation );
      printDiamondCore( 'A', (char) ('A' + radius - absIndentation) );
      System.out.println();
    }
  }
}
```

列表 5.12 com/tutego/exercise/string/DiamondPrinter.java

任务的实际解决方案在 printDiamond(int) 方法中，但我们要借助两个辅助方法，首先是用空格写出缩进，其次是得到钻石的行数。

空格的写入是通过 printDiamondIndentation(int) 完成的；该方法被传输了缩进的数量，并且还设置了末尾无换行，因为缩进后面是钻石的核心。

printDiamondCore(char, char) 在屏幕上画一条钻石线，该方法得到一个起始字符和一个终止字符。例如，如果起始字符是 A，终止字符是 C，则该方法在屏幕上打印 ABCBA 序列。该实现方法采用了递归的方式。有两种情况：如果起始字符与终止字符相同，则该字符不会被放置两次，而是一次。否则，放置字符，然后使用下一个字符递归调用该方法，使结束字符保持不变。在递归下降之后，再次放置字符。原则上，我们也可以颠倒条件判断，首先询问字符是否与停止字符不匹配，并更早地开始递归，但递归的终止条件放置在方法开始时更常见。

实际的 printDiamond(int) 方法首先检查钻石的周长是否有效，否则退出该方法。虽然我们给出了直径，但我们对半径更感兴趣，因此将直径除以 2。现在可以开始实际的程序步骤。但在此之前，让我们看一个特殊的属性：缩进和钻石尺寸之间的关系。我们用直径为 7 的钻石举例说明，把半径视为钻石的尺寸（见表 5.2）。带空格的缩进用下划线 _ 表示：

表 5.2　钻石行、缩进和钻石半径的关系

行	缩进	半径
A	3	1
ABA	2	2
ABCBA	1	3
ABCDCBA	0	4
ABCBA	1	3
ABA	2	2
A	3	1

可以看到半径和缩进的总和始终相同，在我们的示例中为 4。我们现在可以使用循环从 3 倒数到 0 再倒数到 3 并得出半径。或者可以循环从 1 到 4 再回到 1 的钻石半径，并从中推导出缩进。

建议的解决方案使用缩进 indentation 作为循环计数器，并且使用了一个技巧，这样就不需要两个循环了：循环使 indentation 以半径开始，以负半径结束。运行经过零点一次。在循环内部，我们不需要负数，而选择绝对值，因此有一个降序和升序的 indentation。正如刚刚看到的，我们可以使用这些 indentation 值来计算半径，从而输出行。最开始 indentation 等于 radius，即 radius−indentation 一开始是 0，因此 printDiamondCore('A', 'A') 方法只写了 A，下一次运行 indentation 减少了 1，也就是未改变的半径和 indentation 的差是 'A' + 1 = 'B'，因此我们画出核心 ABA。

任务 5.1.15：给单词添加下划线

```java
public static void printUnderline( String string, String search ) {
  System.out.println( string );

  string = string.toLowerCase();
  search = search.toLowerCase();

  String secondLine = " ";
  for ( int index = 0;
        (index = string.indexOf( search, index )) >= 0;
        index += search.length() ) {

    // for ( int i = 0, len = index - secondLine.length(); i < len; i++ )
    for ( int i = secondLine.length(); i < index; i++ )
      secondLine += " ";

    for ( int i = 0; i < search.length(); i++ )
      secondLine += "-";
  }
  System.out.println( secondLine );
}
```

列表 5.13 com/tutego/exercise/string/PrintUnderline.java

该任务的逻辑很有趣，乍一看很难理解。我们需要做的是找到所有子字符串，然后在被搜索的字符串没有出现的地方放置空格，在所有子字符串下放置减号。

printUnderline(...) 方法首先输出文本，然后是换行符。为了使搜索不区分大小写，我们将 string 和 search 转换为小写，然后 indexOf(…) 在小写字符串中搜索小写子字符串。

使用 secondLine，我们有一个随时间增长的变量，以便它可以在最后输出。它的优点是如果 printUnderline(...) 方法应返回 String，则我们不必更改太多代码。第二个优点在于可以查询长度——这样就可以确定已经写入了多少字符。

循环找到被搜索的需要添加下划线的字符串 search 的所有发现。for 循环很复杂，因为终止循环的条件表达式也包含一个赋值。思路如下：我们用发现更新变量 index，如果发现大于或等于 0，就有一个发现并执行循环体。当 indexOf(...) 不再报告发现时，则中断循环。因此，运行的次数与 search 的发现数量完全相同。

循环体做了两件事：

- 生成足以让我们从最后一个位置（secondLine.length( )）到当前所在位置（index）的空格。换句话说：我们为 index -secondLine.length( ) 设置了很多空格。
- 将 String search 长度的减号添加到 secondLine。

最后，在 for 循环的级数表达式中，我们用要搜索的字符串的长度更新变量 index，因为根据最后一次发现，我们必须直接在搜索字符串之后继续。换句话说：indexOf(...) 在最后一个字符串的末尾开始下一次搜索，从 index 开始。

使用 Java 11 中添加的 String 方法 repeat(...)，空格和减号的附加可以写得更紧凑，正文中是这样的：

```
secondLine += " ".repeat( index - secondLine.length() ) +
              "-".repeat( search.length() );
```

任务 5.1.16：删除元音字母

列出不同的解决方案：

```java
public static String removeVowels1( String string ) {
  string = string.replace( "a", "" ).replace( "A", "" );
  string = string.replace( "ä", "" ).replace( "Ä", "" );
  string = string.replace( "e", "" ).replace( "E", "" );
  string = string.replace( "o", "" ).replace( "O", "" );
  string = string.replace( "ö", "" ).replace( "Ö", "" );
  string = string.replace( "u", "" ).replace( "U", "" );
  string = string.replace( "ü", "" ).replace( "Ü", "" );
  string = string.replace( "i", "" ).replace( "I", "" );
  string = string.replace( "y", "" ).replace( "Y", "" );
  return string;
}
```

列表 5.14 com/tutego/exercise/string/RemoveVowel.java

第一种解决方案相当简单，但也涉及很高比例的代码重复。重载 replace(...) 方法：使用一种方法，我们可以用其他字符替换字符；使用另一种方法，我们可以用字符串替换字符串。replace(char, char) 方法不能删除字符，但是通过第二种方法，我们可以用一个空字符串替换一个字符串，不管它有多长，从而删除该字符串。

变体 2：

```java
public static String removeVowels2( String string ) {
  char[] chars = new char[string.length()];
  int len = 0;

  for ( int i = 0;i< string.length(); i++ ) {
    char c = string.charAt( i );

    if ( "aeiouöäüyAEIOUÄÖÜY".indexOf(c)< 0 )
      chars[ len++ ] = c;
  }

  return new String( chars, 0, len );
}
```

列表 5.15 com/tutego/exercise/string/RemoveVowel.java

第二种方法通过首先收集所有非元音字母来构建一个临时 char 缓冲区。这个字符缓冲区可以小于字符串，但不能大于它。因此，我们首先构造一个 char[ ]，其中包含预期的最大字符数，即输入的字符串长度。在新变量 len 中，我们标记新创建的数组大小。现在循环遍历字符串中的所有字符。下一步，我们需要测试字符是否为元音字母。此解决方案和下面的解决方案使用完全不同的方法。使用 indexOf(char) 进行测试是个好方法。我们首先收集要在一个字符串中找到的所有字符。然后，indexOf(char) 测试我们正在查看的字符是否在该子字符串中。如果 indexOf(...) 以肯定结果回复，则我们知道该字符出现在字符串中，即它是一个元音字母。由于要删除所有元音字母，所以我们只需反转条件；如果字符不在字符串中，则 indexOf(char) 返回 –1。如果字符不在字符串中，我们将字符放入数组并提高位置。在循环结束时，我们遍历了输入的字符串一次并将选定的字符放入数组。现在我们需要将数组转换回字符串。String 类为此提供了合适的构造函数。

第三种方法与上一种方法在两个细节上有所不同：

```java
public static String removeVowels3( String string ) {
  final char[] VOWELS = { 'a', 'e', 'i', 'o', 'u', 'y', 'ä', 'ö', 'ü' };
  String result = "";
  for ( int i = 0;i< string.length(); i++ ) {
    char c = string.charAt( i );
```

```java
    int pos = Arrays.binarySearch( VOWELS, Character.toLowerCase( c ) );
    if ( pos < 0 )
      result = result + c;
  }
  return result;
}
```

列表 5.16 com/tutego/exercise/string/RemoveVowel.java

第一个区别是没有使用数组作为中间存储，而是使用加号运算符附加非元音字母的字符串。第二个区别是字母是否为元音字母的问题。在这里，我们使用 Arrays.binarySearch(...) 方法，它在已排序的数组中搜索字符，并且像 indexOf(...) 一样，只有在找到时才会返回正数。如果该方法的结果是否定的，即没有元音字母，则将字符附加到结果字符串中。

第四种解决方案与之前的解决方案的不同之处在于它使用了 StringBuilder。

```java
private static boolean isVowel( char c){
  return "aeiouyäöüAEIOUYÄÖÜ".indexOf( c ) >= 0;
}

public static String removeVowels4( String string ) {
  StringBuilder result = new StringBuilder( string.length() );
  for ( int i = 0;i< string.length(); i++ ) {
    char c = string.charAt( i );
    if ( !isVowel(c))
      result.append( c );
  }
  return result.toString();
}
```

列表 5.17 com/tutego/exercise/string/RemoveVowel.java

StringBuilders 允许动态构建字符串。第二个区别是我们使用自己的新方法 isVowel(char) 来测试一个字符是否是元音字母，因此要考虑的是删除元音字母的方法是否也应该决定元音字母是什么。如果想编程编得好，则单个方法不应该有很多功能。因此，用一种方法测试字符是否为元音字母，用另一种方法可以从字符串中删除元音字母，这样做是有意义的。两者都有不同的任务。

下面的两个解决方案已经在一定程度上预见到了这个问题，并巧妙地使用了正则表达式。

```java
public static String removeVowels5( String string ) {
  return string.replaceAll( "[aeiouyäöüAEIOUYÄÖÜ]", "" );
}
```

列表 5.18 com/tutego/exercise/string/RemoveVowel.java

使用相应的 replaceAll(...) 方法，可以一行解决任务。replaceAll(String, String) 获取一个正则表达式作为第一个参数，它代表一组字符。如果正则表达式匹配一个字符，则该字符被一个空字符串替换，即删除。

最后一个解决方案采用了一条不同的、非常有创意的路径。

```java
public static String removeVowels6( String string ) {
  String result = "";
  String[] tokens = string.split( "[aeiouyäöüAEIOUYÄÖÜ]" );
  for ( String value : tokens )
    result += value;
  return result;
}
```

列表 5.19 com/tutego/exercise/string/RemoveVowel.java

元音字母在这里是分隔符，而不是用空替换字符。因此 split(...) 方法为我们提供了元音字母之前或之后的所有子字符串。我们可以重新组合这些子字符串以形成结果字符串。

任务 5.1.17：检查密码好不好

```java
public static final int MIN_PASSWORD_LEN = 8;

public static boolean isGoodPassword( String password ) {

  if ( password.length() < MIN_PASSWORD_LEN ) {
    System.err.println( "Password is too short" );
    return false;
  }
```

```java
    if ( !containsUppercaseLetter( password ) ) {
      System.err.println( "Must contain uppercase letters" );
      return false;
    }

    if ( !containsLowercaseLetter( password ) ) {
      System.err.println( "Must contain lowercase letters" );
      return false;
    }

    if ( !containsDigit( password ) ) {
      System.err.println( "Must contain a number" );
      return false;
    }

    if ( !containsSpecialCharacter( password ) ) {
      System.err.println( "Must contain special characters like .," );
      return false;
    }

    return true;
  }

  private static boolean containsUppercaseLetter( String string ) {
    for ( int i = 0;i< string.length(); i++ ) {
      char c = string.charAt( i );
      if ( Character.isUpperCase(c))
        return true;
    }
    return false;
  }
  private static boolean containsLowercaseLetter( String string ) {
    for ( int i = 0;i< string.length(); i++ ) {
      char c = string.charAt( i );
      if ( Character.isLowerCase(c))
        return true;
```

```java
      }
      return false;
    }

    private static boolean containsDigit( String string ) {
      for ( int i = 0;i< string.length(); i++ ) {
        char c = string.charAt( i );
        if ( Character.isDigit(c))
          return true;
      }
      return false;
    }

    private static boolean containsSpecialCharacter( String string ) {
      for ( int i = 0;i< string.length(); i++ ) {
        char c = string.charAt( i );
        switch (c){
          case '.':
          case ',':
            return true;
        }
      }
      return false;
    }

    public static void main( String[] args ) {
      System.out.println( isGoodPassword( "zukurz" ) );
      System.out.println( isGoodPassword( "nurkleinbuchstaben" ) );
      System.out.println( isGoodPassword( "keineziffern" ) );
      System.out.println( isGoodPassword( "Mit0Sonderzeichen" ) );
      System.out.println( isGoodPassword( "Mit 3 Sonderzeichen .$#&" ) );
    }
```

列表 5.20 com/tutego/exercise/string/PasswordTester.java

我们的方法是一个接一个地进行各种测试。如果测试失败，则用 return false 结束该方法。如果所有测试通过，则该方法以 return true 结束。

除了第一个测试，各标准都存储在方法中。这提高了清晰度。每个方法都接收一个字符串，从前到后运行它并测试某些属性。这里的方法也是，如果我们可以做出决定，则可以直接退出方法并进行相应的 return true。我们以 containsUppercaseLetter(String) 为例：该方法从前到后遍历字符串，并使用 Character.isUpperCase(char) 检查是否有大写字母。如果有，则我们不需要再测试任何字符，并可以立即退出该方法。

任务 5.1.18：计算校验和

```
static int digitSum( long value ) {
  return digitSum( String.valueOf( value ) );
}

static int digitSum( String value ) {
  int sum = 0;

  for ( int i = 0; i < value.length(); i++ )
    // sum += value.charAt( i ) - '0';
    sum += Character.getNumericValue( value.charAt( i ) );

  return sum;
}
```

列表 5.21 com/tutego/exercise/string/SumOfTheDigits.java

首先要注意的是，两个方法中只有一个需要实现，因为我们可以分别调用另一个。如果调用 digitSum(long)，则可以将整数变成一个字符串，然后调用 digitSum(String)。相反，如果调用 digitSum(String)，则可以使用 Long.parseLong(String) 将字符串转换为整数并调用 digitSum(long)。

实现两种方法中的哪种是个人的选择。两种方法有所不同。如果我们用参数类型 long 来实现这个方法，就要除以 10 来逐步分解这个数字。在这里，我们需要一些数学知识，而且这种解决方案还有第二个缺点，即我们得到的结果是从右到左的。这对校验和来说无关紧要，而对于某些转换来说这相当不实用。因此，我们实现 digitSum(String)。

像往常一样，我们用 for 循环从左到右运行这个字符串。我们现在必须将每个字符视为一个数字。使用 Character.getNumericValue(char) 方法可以将一个带有数字的 Unicode 字符转变成一个数字值。像 '1' 这样的字符变为 1，而像 '7' 这样的字符变为 7。原则上，我们可以通过从 Unicode 字符中减去 '0' 来完成这个计算，但

getNumericValue(...) 通常对所有 Unicode 字符都有效。例如，getNumericValue('۲') 返回结果 2。

任务 5.1.19：拆分文本

该算法必须执行以下操作：第一步，它必须确定在所有行中的哪一个位置有一个空格，这是分栏的标志；下一步，它必须在此处划分文本，首先将左栏中的所有行放在一起，然后将右栏中的所有行放在一起。

原本的方法 decolumnize(...) 访问内部方法 findColumnIndex(String[ ])，它为字符串数组找到带有空格的栏。findColumnIndex(...) 也使用了另一个内部方法 isSpaceAt(...)，我们从这个方法开始。

```java
private static boolean isSpaceAt( String string, int index ) {
  if ( index >= string.length() )
    return true;
  return string.charAt( index ) == ' ';
}
```

列表 5.22 com/tutego/exercise/string/Decolumnizer.java

isSpaceAt(String, int) 检查传输的字符串 string 在位置 index 上是否有空格。此外，此方法将字符串"后面"的所有内容看作空白。很明显，这表示在原本的字符串后面有无数个空格。

此方法用于原本的 findColumnIndex(String[ ]) 方法：

```java
private final static int COLUMN_NOT_FOUND = -1;

private static int findColumnIndex( String[] lines ) {
  int length = lines[ 0 ].length();
  for ( String line : lines )
    length = Math.max( length, line.length() );
  mainLoop:
  for ( int column = 1; column < length - 1; column++ ) {
    for ( String line : lines )
      if ( ! isSpaceAt( line, column ) )
        continue mainLoop;
    return column;
  }
```

```
    return COLUMN_NOT_FOUND;
}
```

列表 5.23 com/tutego/exercise/string/Decolumnizer.java

在遍历所有行并询问每行是否在某处有空格之前,我们必须弄清楚可以运行多远。因此,第一步是找到最长的行。它必须是最长的行,因为有些行可能完全是空白的,有些行也可能很短,那么这些短行后面可能又有空白。

一旦我们确定了最长的行,就循环遍历所有可能的栏。它不会是索引为 0 的栏,也不会是最后一栏,因为这些位置的左侧或右侧都不可能有真正的栏。不管怎么说,栏的宽度只有一个符号是没有意义的,以至于你当然可以从不同的索引开始,也可以从中间区域开始。

两个嵌套循环的功能如下:外循环遍历所有可能的栏,而内循环负责检查每栏所有可能的行。如果栏 column 中的一行没有空格,那么我们甚至不必考虑其他行,而是继续检查下一栏。这种可能性是通过关键字 continue 实现的——我们必须在这里使用跳转标签,因为没有它 continue 只会在内循环中继续,但我们希望在外循环中继续。

如果程序在内循环中存活下来,我们就为每行都找到了一个空格的地方。变量 column 包含返回的位置。我们没有注意这个位置是否在中间,也许只是在最开始的时候有一栏有空格,将其错误地识别成一栏。如果我们遍历所有栏和行都没有空格,则返回 COLUMN_NOT_FOUND,即 –1。

现在我们可以来看看原本的方法 decolumnize(String):

```
public static void decolumnize( String string ) {
  String[] lines = string.split( "\n" );
  if ( lines.length < 2 ) {
    System.out.println( string );
    return;
  }

  int column = findColumnIndex( lines );

  if ( column == COLUMN_NOT_FOUND ) {
    System.out.println( string );
    return;
  }
```

```
    // Left column
    for ( String line : lines )
      System.out.println( line.substring( 0, Math.min( line.length(),
        column ) ).trim() );

    // Right column
    for ( String line : lines )
      if ( column < line.length() )
        System.out.println( line.substring( column + 1 ).trim() );
      else
        System.out.println();
}
```

列表 5.24 com/tutego/exercise/string/Decolumnizer.java

首先使用 split(...) 方法将大字符串拆分为多行。只有在至少有两行的情况下，分解栏才有意义。因此，如果有一行，就如实输出，而不用开始搜索栏。

否则，原本寻找栏的工作就开始了。如果方法 findColumnIndex(...) 没有找到栏，那么我们就输出字符串并结束该方法。

如果我们已经找到了一个栏的索引，则第一个循环就会输出左栏，而第二个循环则输出右栏。这两个循环遍历所有行两次，但第一次只考虑栏的索引左侧的所有内容，第二次只考虑栏的索引右侧的所有内容。

对于左侧列我们需要注意，行的长度可能比列索引小，因为整行的长度也可能较小。我们记得：isSpaceAt(...) 方法的编写方式是，将实际字符串后面的所有内容都视为空白。如果我们输出左侧列的行，那么 substring(...) 方法不能涵盖从 0 到列索引的范围，而是从行长度和列索引中较小的值开始。输出时，还需要将前、后可能存在的空格去掉。

我们对右栏进行类似的处理。现在需要检查右边的行是否存在。如果存在，则 substring(...) 返回从栏的索引开始到行尾的子字符串，否则输出空行。

该程序不会在最后剪切掉不必要的空行。如果栏不平衡，而且左、右两边的行数相同，那么右栏出现的空白行数将与左栏的行数相同。

任务 5.1.20：用最喜欢的花画一片草地

```
private final static String FLOWERS =
    "                _\n"
  + "              _(_)_                          wWWWw _\n"
  + "  @@@@       (_)@(_)   vVVVv     _     @@@@ (___)  _(_)_\n"
```

```
            + "   @@()@@  wWWWw  (_)\\       (___)       _(_)_      @@()@@   Y    (_)@(_)\n"
            + "    @@@@   (___)   `|/     Y       (_)@(_)    @@@@    \\|/    (_)\\\\\n"
            + "     /      Y      \\|     \\|/      /(_)        \\|     |/      |\n"
            + "\\\ |      \\\ |/      | / \\\ | /     \\|/        |/     \\|        \\|/\n"
            + "\\\\\|//  \\\\\|//  \\\\\\|//\\\\\\|///  \\\|///  \\\\\\|//  \\\\\|//  \\\\\\\|//\n"
            + "^^^^^^^^^^^^^^^^^^^^^^^^^^^^^^^^^^^^^^^^^^^^^^^^^^^^^^^^^^^^^^^\n";

    private static final int[] FLOWER_START_POS = { 0, 7, 13, 22, 29, 37, 44, 50, 57 };

    private static final String[] FLOWER_LINES = FLOWERS.split( "\n" );
    private static final int FLOWER_HEIGHT = FLOWER_LINES.length;
    private static final int LONGEST_LINE_LEN =
        FLOWER_LINES[ FLOWER_HEIGHT - 1 ].length();

    private static String flowerLine( int flower, int line ) {
        String s = FLOWER_LINES[ line ] + " ".repeat( LONGEST_LINE_LEN );
        return s.substring( FLOWER_START_POS[ flower ],
            FLOWER_START_POS[ flower + 1 ] );
    }

    private static int flowerFromId( char id ) {
        switch ( id ) {
            case '8': return 7;
            case '7': return 6;
            case '6': return 5;
            case '5': return 4;
            case '4': return 3;
            case '3': return 2;
            case '2': return 1;
            case '1':
            default: return 0;
        }
    }
}
```

```java
public static void printFlowers( String order ) {
  for ( int line = 0; line < FLOWER_HEIGHT; line++ ) {
    for ( char id : order.toCharArray() )
      System.out.print( flowerLine( flowerFromId( id ), line ) );
    System.out.println();
  }
}
```

列表 5.25 com/tutego/exercise/string/Flowers.java (Java 11)

花的一系列字符串都位于一个字符串中。自 Java 15 起才能在代码中简单地设置多行字符串，这在之前的旧版本中很混乱，但是 IDE 在这里可以进行辅助，如任务中所述：我们首先在双引号中创建一个新字符串，将字符串从任务复制到剪贴板，然后将其粘贴到编辑器中。结果如列表 5.25 所示。该字符串在建议的解决方案中位于静态变量中；原则上，局部变量也是可以的，但不是很清晰。

我们要声明一些额外的静态变量。为了稍后可以访问各花朵，我们在单独的数组 FLOWER_START_POS 中记录花朵开始的位置。例如，第一朵花从索引 0 开始，第二朵花从索引 7 开始，依此类推。另一个常量 FLOWER_LINES 来自花字符串，并将所有花的行存储在一个数组中——因此之后我们可以轻松地查询一行。行数也是花的高度。最后一行也是最长的一行，我们用常量 LONGEST_LINE_LEN 标记这一点。如果花朵要发生变化，就得调整或重新计算其中一些常量。

让我们来看看各方法。String flowerLine(int flower, int line) 在内部访问数组 FLOWER_LINES，并从包含所有花的行中准确提取此所需 flower 的子字符串。为此，该方法考虑到一个特殊性，即某些行可能比最长的行短（即并非所有行都一样长），那么产生子字符串会很快导致异常。诀窍是首先在每行添加空格。我们知道空格的数量，因为最多有 LONGEST_LINE_LEN 个。这个建议的解决方案不是通过循环或 Java-Hacks 手动生成有这么多空格的字符串，而是使用 String 类的 Java 11 方法 repeat(...)。任何使用旧 Java 版本的人都必须使用替代解决方案。

因此，flowerLine(...) 方法为每朵花返回单独的行。现在我们必须做一个从字符到花的解码。花 "1" 必须映射到 0。这是由一个新方法 int flowerFromId(char id) 完成的。我们将带有花标识的字符转换为整数，以便以后可以在内部访问该数组。switch-case 语句在这里可以帮助我们。当然，我们也可以通过其他方式来实现这种映射，但是这种方案简单易懂。default 部分导致所有其他方法都指向 0，即第一朵花。

最后一个方法是 printFlowers(String)。它借鉴了其他两种方法，因此实际算法只需要几行。基本思路很简单：我们遍历所有行，然后把每朵花和每行的子字符串一个接一个地放在一起。这意味着我们必须嵌套两个循环。外循环遍历所有行。然后，对于每行，我们将带顺序的字符串分解为单独的字符，在 id 中存储花的标识。toCharArray( ) 返回一个数组，其中包含扩展的 for 循环可以运行的所有字符。现在我们通过内循环遍历所有花标识，并通过外循环遍历所有行。在内循环中，我们首先将花标识转换为内部位置，然后获取该行的花的子字符串，我们使用 System.out.print(...) 输出该子字符串。在内循环后，我们以换行符结束这一行。

任务 5.1.21：识别重复

在我们看代码中的解决方案之前，解决问题的算法必须清楚。我们以简单的字符串 aaa 为例。作为人类，我们可以立即识别出 a 重复了 3 次。而一个程序可能执行以下操作：它可以取 aaa 的第一个字符（即 a）并重复它，直到字符串长度为 3，然后比较它是否等于输出字符串 aaa。算法就是这么做的！那么 ababab 呢？如果程序也从重复第一个字符 a 开始，就会产生 aaaaaa。与原来的 ababab 比较，结果是否定的。下一步，程序可以把前两个字符 ab 拿出来重复，结果是 ababab，与原文相符。我们成功了。

通过简单的算法，我们可以测试任何长度的字符串：形成长度为 1，2，3，4…的子字符串的重复（见表 5.3）。当然如果我们能考虑有效的解决方案将具有什么格式，这会有帮助。

表 5.3　长度为 1，2，3，4，5，6 的有效重复

部分序列	长度					
	1	2	3	4	5	6
a	a	aa	aaa	aaaa	aaaaa	aaaaaa
ab	—	ab	—	abab	—	ababab
abc	—	—	abc	—	—	abcabc
abcd	—	—	—	abcd	—	—
abcde	—	—	—	—	abcde	—
abcdef	—	—	—	—	—	abcdef

从表 5.3 中可以看出，长度为 3 的字符串不能用 ab 构成，长度为 2 的字符串不能用 abcd 构成。

如果我们有一个包含两个字符的子字符串，那么由它生成的序列可以是 2 的倍数，即 2 个字符长、4 个字符长、6 个字符长等。给定一个 3 个字符的字符串，我们可以组成 3 个字符、6 个字符、9 个字符等的重复。

把这个游戏反转一下。我们不知道子字符串是什么样子或有多长，但我们知道输出的字符串。例如，如果输出字符串长度为 12，那么可能出现哪些重复字符串？

aaaaaaaaaaaa
abababababab
abcabcabcabc
abcdabcdabcd
abcdefabcdef

这些是 a，ab，abc，abcd，abcdef 的重复；这些字符串的长度是 12 的除数，即 1，2，3，4 和 6。其他组合是不可能的。特别是，子字符串不能长于字符串长度的一半，否则翻倍后的字符串会比原来的字符串长。因此，简单的办法就是可以从 1 上升到 n/2，总字符串长度为 n；如果我们还想优化，可以只上升除数。

该解决方案由两个方法组成：repeatingStrings(String) 和一个内部方法 int[ ] lengths(int)，它返回要连接的字符串的长度。我们从 repeatingStrings(...) 开始。

```
public static String repeatingStrings( String string ) {

  if ( string == null || string.length() < 2 )
    return null;

  // Step 1: generate substrings, of length 1, length x, ...

  for ( int length : lengths( string.length() ) ) {
    String substring = string.substring( 0, length );

    // Step 2: check if repetitions of substring are equal to this text

    String repeatedSubstring = substring;
    while ( repeatedSubstring.length() < string.length() )
      repeatedSubstring += substring;

    if ( repeatedSubstring.equals( string ) )
      return substring;
  }
```

```
    return null;
}
```
列表 5.26 com/tutego/exercise/string/RepeatingStrings.java

如果该方法包含 null 引用或只由一个字符组成的字符串，则该方法直接返回 null。

下面我们可以假设字符串的长度超过 2。原本的方法 lengths(int) 返回一个所有长度的数组，我们使用扩展的 for 循环运行该数组。for 循环为这些长度生成子字符串 substring。使用 repeatSubstring 重复这些子字符串，直到达到原始字符串的长度。由于 lengths(int) 为我们提供了除数，所以乘法的结果总是等于输入字符串的长度，不会更大。最后一步，我们把由重复构成的 repeaterSubstring 字符串与原始字符串进行比较，如果它们匹配，就可以用 substring 退出方法。如果这两个字符串不匹配，则我们必须回到循环中去。如果 for 循环被完全运行，并且所有的变体都被尝试过而没有结果，则该方法将返回 null。

该程序使用 lengths(...) 方法确定字符串长度的除数。由于每个数 n 至少有除数 1 和 n，但我们对 n 本身不感兴趣，所以该方法不返回数本身，而仅返回 1 和实际的除数。

```
static int[] lengths( int length ) {

  int[] dividers = new int[ length / 2 ];
  int dividersIndex = 0;

  for ( int i = 1; i <= length / 2; i++ )
    if ( length% i == 0 )
      dividers[ dividersIndex++ ] = i;

  return Arrays.copyOf( dividers, dividersIndex );
}
```
列表 5.27 com/tutego/exercise/string/RepeatingStrings.java

我们的方法没有必要进行参数检查；输入的字符串不为 null，而且长度至少为 1。
所有除数都被收集在数组 dividers 中。由于事先并不清楚 dividers 将包含多少个元素，所以我们悲观地估计最多可以有 length/ 2 个除数。数组 dividers 只是一个缓冲区，我们稍后将其转移到正确长度的新数组中。

为了找到所有的除数，可以使用数学技巧，但在这里使用的是我们能想到的最愚蠢的算法。这对我们的程序来说是没问题的；在程序运行时，连接字符串是可贵的部分。循环产生所有可能的除数，然后用余数运算符检查这个数是否为除数。如果是，我们就把除数放进数组 dividers 中。在循环结束时，Arrays.copyOf(...) 创建一个数组，其大小与我们在 dividersIndex 中标记的所找到的除数数量相同。

任务 5.1.22：限制行的边界并重新排版行

```java
public static final char SEPARATOR = ' ';

public static String wrap( String string, int width ) {

  if ( string.length() <= width )
    return string;

  int breakIndex = string.lastIndexOf( SEPARATOR, width );
  if ( breakIndex == -1 )
    breakIndex = width;

  String firstLine = string.substring( 0, breakIndex );
  String remaining = wrap( string.substring( breakIndex ).trim(), width );

  return firstLine + "\n" + remaining;
}
```

列表 5.28 com/tutego/exercise/string/WordWrap.java

wrap(...) 方法有两个参数：文本和行的最大宽度。在方法的开始，我们测试整个字符串是否能放在一行内。如果能，那我们什么也不用做——我们不必中断文本，可以直接返回该行。如果文本较长，则我们需要进行一些操作。从最大长度开始从左边起寻找一个空格。lastIndexOf(char, int) 方法非常适用于此，因为第二个参数告诉我们应该从哪一个位置开始向左搜索。我们将分隔符存储为常量。

现在的搜索可能有结果，也可能没有结果。行中可能没有空格，这可能是因为行中有一个极长的词，或者我们有一个找到的位置。我们将找到的位置称为 breakIndex，这就是我们必须中断文本的位置。

我们必须决定如何处理一行中太长的单词。一种解决方案是不拆分单词，它们可以比宽度长，或者必须强制拆分单词。我们决定（根据任务要求）进行中断。如果 breakIndex 等于 −1，即没有找到空格，则我们将 breakIndex 设置为所需的最大行宽 width。

我们现在有了中断的位置，创建两个变量，一个用于第一行，另一个用于剩下的一行。第一行很容易计算：我们构建一个从文本开头到 breakIndex 的子字符串。从 breakIndex 到字符串的末尾，还有一个可能非常长的字符串，它也必须被中断。重复可以通过循环实现，也可以通过递归实现。在我们的例子中，递归非常方便。我们将这些新的子字符串重新放回 wrap(...) 方法，该方法总是逐步返回最新的第一行。

递归总是需要一个终止标准。在这个例子中，这是一个小于最大宽度的字符串。然后，字符串从递归中出来，返回给调用者。因此，wrap(...) 的最后一个调用者得到字符串 remaining 的最后一行。我们再来思考一下字符串末端。我们需要用一个换行来连接倒数第二行和最后一行，然后跳回 wrap(...) 方法的调用者。由于这是一个递归，所以调用者获取最后两行，并可以将它们与倒数第三行合并。游戏继续，直到递归完成。

递归对许多人来说并不容易。设想各步骤的嵌套是很有挑战性的。可改变的数据结构也会很快成为问题，我们无法跟踪实际读取或写入的位置。这里的建议是，在 firstLine 和 remaining 的赋值之后，以及在字符串进入方法时，在 wrap(...) 方法的开头设置断点或控制台输出。

测试 5.1.23：有多少个字符串对象？

所有带双引号的字符串都自动成为 String 对象。JVM 将这种类型的字符串存储在所谓的常量池中。此类字符串作为对象仅存在一次，即 str1, str2 和构造函数中传输的字符串是同一个。如果我们用 new 命令运行环境构建一个新对象，那么最终得到一个新对象，即 str2 和 str4 都是新对象。总的来说，在这个场景中，我们在常量池中有一个 String 对象和两个使用关键字 new 创建的新对象，即使它们没有被引用，它们也会通过垃圾收集（Garbage Collection, GC）再次消失；常量池中的字符串一直保留到运行时间结束。

任务 5.1.24：检查水果是否裹上了巧克力

```
private static final String FRUIT = "F";

public static boolean checkChocolate( String string ) {
  return checkChocolate( string, 0 );
}

private static boolean checkChocolate( String string, int layer ) {
```

```
  if ( string.isEmpty() )
    return false;

  if ( string.length() == 1 )
    return string.equals( FRUIT ) && layer != 0;

  if ( string.charAt( 0 ) != string.charAt( string.length() - 1 ) )
    return false;

  return checkChocolate( string.substring( 1, string.length() -
 1 ), layer + 1 );
}
```

列表 5.29 com/tutego/exercise/string/ChocolateCovered.java

建议为该任务使用递归解决方案。根据任务的要求，我们有一个公开的方法 checkChocolate(string) 和递归使用的第二个私有方法 checkChocolate(String, int)。此外，我们为水果本身声明了一个变量 FRUIT，用于更改符号。

内部方法由一个字符串和一个随着每个嵌套递增的整数调用。我们需要这个变量，以便区分字符串是否只包含水果，但不包含巧克力。

在 checkChocolate(String, int) 方法中，我们检查字符串是否为空，在本例中，巧克力、水果和所有东西都缺失，返回 false。传输 null 会导致 NullPointerException。如果字符串只有一个字符，则需要测试两件事：首先，它是否是所需的水果——不要坚果——以及该方法是否至少被递归调用过一次，即至少存在一层巧克力。因为如果第一次调用的是长度为 1 的字符串，则该方法必须返回 false。

如果字符串的长度超过 1，则我们将测试第一个和最后一个字符，类似回文测试。如果字符不匹配，则返回 false。如果第一个和最后一个字符匹配，则进入下一轮递归。我们构建一个从第二位到倒数第二位的子字符串，将嵌套深度增加 1 并使用它递归调用 checkChocolate(...)。

任务 5.1.25：从上到下，从左到右
为了解决这个任务，我们再次研究给定的字符串：

s u
ey!
ao

对此有不同的解决方案。一种是将字符串拆分为行，如使用"String[ ] lines = string.split("\\n");"，然后使用两个嵌套循环首先遍历所有列（宽 lines[0].length ( )），最后遍历所有行。

这里展示另一种方法。我们把这些行放在一起，看看哪个符号在哪个索引上，如表 5.4 所示。

表 5.4　索引上的字符

索引	0	1	2	3	4	5	6	7
字符	s		u	e	y	!	a	o

最后显现的结果应该是"sea you!"，这里的问题是，我们需要用到哪些索引？答案如下：

0,3,6,1,4,7,2,5

顺序不是随机的，它遵循一个模式。我们需要找到一个将数字对应到索引的映射，以便可以读取索引下的字符，如表 5.5 所示。

表 5.5　i/3 + i%3 * 3 的推导

i	0	1	2	3	4	5	6	7
i/3	0	0	0	1	1	1	2	2
i%3	0	1	2	0	1	2	0	1
i%3×3	0	3	6	0	3	6	0	3
i/3+i%3×3	0	3	6	1	4	7	2	5

现在有了编写解决方案的所有东西。解决方案包括两个步骤：

```
static void printVerticalToHorizontalWriting( String string ) {
  String oneliner = string.replace( "\n", "" );
  int numberOfLines = string.length() - oneliner.length() + 1;
  for ( int i = 0; i < oneliner.length(); i++ ) {
    char c = oneliner.charAt( (i / numberOfLines) + (i% numberOfLines) *
      numberOfLines );
```

```
      System.out.print( c );
    }
  }
```

列表 5.30 com/tutego/exercise/string/VerticalToHorizontalWriting.java

换行符（Newline）由转义序列 \n 编码。由于字符串由 \n 分隔的几行组成，所以我们希望在第一步中删除这些 \n 字符。

对于该算法，需要另一个关键数字：行数。在这里，我们可以使用一个不错的技巧。如果我们删除了 \n 字符，则字符串会缩短 \n 个的字符。因此，我们计算原始长度与没有 \n 字符的字符串长度之间的差异，就得到了行数。由于最后一行没有以 \n 结尾，所以我们必须加 1。对于示例中的字符串，这就是两个 \n 字符 +1，即 3 行。

用 for 循环创建一个计数器，我们使用公式将其转移到字符的位置。字符被读出并输出在屏幕上。

任务 5.2.1：和鹦鹉练习字母表

```java
static String abcz() {
  StringBuilder result = new StringBuilder();

  for ( char c = 'A'; c <= 'Z'; c++ )
    result.append( c );

  return result.toString();
}

static String abcz( char start, char end ) {
  if ( end < start )
    return "";

  StringBuilder result = new StringBuilder( end - start + 1 );
  for ( char c = start; c <= end; c++ )
    result.append( c );

  return result.toString();
}
```

```java
static String abcz( char start, int length ) {
  return abcz( start, (char) (start + length - 1) );
}
```

列表 5.31 com/tutego/exercise/string/ABCZ.java

为了实现 abcz( ) 方法，我们将使用 Java 的实用特性，即 char 是可用于计数的数字的数据类型。因此，循环可以生成 A~Z，并创建整个字母表。所有字符首先在 StringBuilder 中连接起来，直到最后通过 toString( ) 将 StringBuilder 转换为 String 并返回。StringBuilder 作为返回类型不太常见，而且相当不切实际，因为其他地方通常需要 String 对象。

对于第二个方法 abcz(char start, char end)，我们参数化 start 和 end，现在我们甚至可以重写第一个方法 abcz( )，内部就有了 abcz('a', 'z')。由于 abcz(char start, char end) 可能传递不正确的参数，所以我们在第一步中检查它们：end 不能小于 start。赋值很可能是相等的，例如当方法 abcz('a', 'a') 被调用时，最后应该出现一个 'a'。在数值不正确的情况下，我们也可以抛出异常，这里我们决定返回一个空字符串。用一个 int 参数化的构造函数来构建 StringBuilder。构造函数被赋予内部缓冲区的起始大小。在我们的例子中，总长度是已知的。

第三种方法通过将长度添加到起始字符并减去 1 来委托给第二种方法，因为最后一个字符已经包含在内。调用 abcz('a', 1) 应该得到 "a"，而不是 "ab"。

最后两种方法是相关的。我们实现两种方法中的哪一种都可以，一种方法总是可以映射到另一种方法。这里我们用参数列表中的两个字符实现了这种方法，而另一种方法只需委托给这个实现方法。

原则上，参数数量相差不大、参数类型非常接近的方法都容易出错。char 和 int 都是数字的数据类型。开发人员必须非常小心，不要粗心地调用错误的方法。因此，在 abcz(char, int) 的实现中，也有对 char 的类型转换，因为一个 char 和一个 int 的相加会产生一个 int，而不是一个 char。如果我们不进行类型转换，就会在递归中无休止地等待。该方法的调用者可能没有考虑到这一点，例如写成了 abcz('a', 'b' + 1)——该调用不是故意的。通过好的 API 设计，我们可以减少错误。

测试 5.2.2：轻松添加

String 对象的拼接总是临时创建新的 String 对象。String 对象在内部引用另一个对象、一个包含字符的数组。这意味着一个 String 对象后面总是跟着另一个对象，该对象也被创建并且必须被垃圾收集器再次删除。如果我们有许多迭代的循环，则应避免使用加号运算符进行拼接。

StringBuilder 方法 append(...) 的情况则不同。它也在内部使用一个数组来存储字符，但在添加时不会创建新的对象（在最好的情况下）。当然，有可能

StringBuilder 对象的内部缓冲区不够用，因此必须为字符建立一个新的内部数组，但是如果你能估计 StringBuilder 的大小，则在拼接过程中就不会创建临时对象。当然，如果最后需要有一个 String 对象，则必须再次调用 toString( )，从而再次产生一个新对象。因此，在我们的例子中总共有三个对象：用 new 自行构建 StringBuilder 对象，在内部 StringBuilder 为符号构建一个数组，最后用 toString( ) 构建第三个对象。

任务 5.2.3：将数字转换为一元编码

```java
private static int ensurePositive( int value ) {
  if ( value < 0 )
    throw new IllegalArgumentException( "value is negative, but must be positive" );
  return value;
}

static String encode( int... values ) {
  StringBuilder codes = new StringBuilder( values.length );
  for ( int value : values ) {
    for ( int i = 0, len = ensurePositive( value ); i < len; i++ )
      codes.append( "1" );
    codes.append( "0" );
  }
  return codes.toString();
}
```

列表 5.32 com/tutego/exercise/string/UnaryCoding.java

为了向开发人员报告错误输入，我们检查数组中的每个元素以查看其是否为正。这由 ensurePositive(int) 辅助方法处理的，如果值为负，则抛出异常；否则该方法返回传输的值。

encode(int... values) 构建一个内部 StringBuilder。我们不清楚组成的字符串有多大，因为它会根据传输的值而增长。但是，我们知道它至少与数组元素的数量一样大，因此我们可以将其用作 StringBuilder 元素的起始容量。外部扩展的 for 循环遍历数组并提取每个值 value。内循环从 0 计数到该值，将 value 个数的 1 放入 StringBuilder，并在内循环的末尾附加一个 0。在内部 for 循环的初始化部分，我们声明了两个变量：i 表示循环计数，len 表示需要测试是否为正的长度。原则上，我们也可以在循环的操作部分编写这个测试，但是这样每次循环时都必须运行这个测试，没有这个必要。

```java
static int[] decode( String string ) {
  if ( string.isEmpty() )
    return new int[0];

  if ( ! string.endsWith( "0" ) )
    throw new IllegalArgumentException(
        "string must end with 0 but did end with " +
        string.charAt( string.length() - 1 ) );

  int arrayLength = 0;

  for ( int i = 0;i< string.length(); i++ ) {
    if ( string.charAt( i ) == '0' )
      arrayLength++;
    else if ( string.charAt( i ) != '1' )
      throw new IllegalArgumentException(
          "string can only contain 0 or 1 but found " + string.charAt( i ) );
  }

  int[] result = new int[ arrayLength ];
  int resultIndex = 0;

  int count = 0;
  for ( int i = 0;i< string.length(); i++ ) {
    if ( string.charAt( i ) == '1' )
      count++;
    else {
      result[ resultIndex++ ] = count;
      count = 0;
    }
  }

  return result;
}
```
列表 5.33 com/tutego/exercise/string/UnaryCoding.java

decode(String) 方法首先检查输入的字符串。如果它是空的，则我们甚至不需要启动我们的算法，并且可以返回一个空数组。此外，字符串必须以 0 结尾——我们也检查这一点，否则抛出异常。

如果输入的字符串是正确的，我们就会遇到一个问题，即通过查看字符串并不能知道返回的数组有多大。因此，第一个循环计算 0 的数量，因为它对应要创建的数组中的元素数。for 循环逐个字符遍历字符串，每当找到一个 0 时就增加 arrayLength。如果另一个字符不是 1，则该方法抛出异常。

在第一次循环运行之后，可知数组的大小，我们可以用这个大小创建数组。接下来是另一个 for 循环，它计算 1 的数量。如果后面有一个 0，那么这个 1 的序列就会找到它的结尾，计数器 count 就会被写进数组。计数器被重置，开始再次搜索 1。

任务 5.2.4：通过交换来减小重量

```java
private static void swap( StringBuilder string, int i, int j){
  if ( i == j ) return;
  char temp = string.charAt( i );
  string.setCharAt( i, string.charAt( j ) );
  string.setCharAt( j, temp );
}

public static int cheatedWeight( int weight ) {
  StringBuilder weightString = new StringBuilder().append( weight );
  char smallestDigit = weightString.charAt( 0 );
  int smallestDigitIndex = 0;
  for ( int i = 1; i < weightString.length(); i++ ) {
    char c = weightString.charAt( i );
    if ( c != '0' && c < smallestDigit ) {
      smallestDigit = c;
      smallestDigitIndex = i;
    }
  }
  
  swap( weightString, smallestDigitIndex, 0 );
  
  // Since Java 9
```

```
    return Integer.parseInt( weightString, 0, weightString.length(), 10 );
}
```

列表 5.34 com/tutego/exercise/string/WeightCheater.java

方法 cheatedWeight(...) 获取一个整数并返回一个整数。原则上，可以使用算术方法解决该问题，但这很耗时间。把整数转成字符串，找到最小的数字并把它放在前面，这样更简单。为了能够交换字符串中的符号，我们使用可变的 StringBuilder。声明一个辅助方法 swap(...) 在给定位置交换两个符号。虽然在我们的例子中，总是用第一个数字来交换，但这种实用的方法对以后的应用领域非常重要。因此，该方法保持通用性。它在一开始就检查两个位置是否可能不同，如果相同，则不需要交换。否则，位置 i 的字符被提取并存储在一个中间变量中，然后位置 j 的字符被放置在位置 i，临时存储的符号被放置在位置 j。

使用方法 cheatedWeight(...)，我们在循环中找到最小值的数字并记下位置。但是，我们必须忽略 0。它当然比其他所有数字都小，但任务禁止将 0 放在前面。

完成循环后，我们将 smallestDigitIndex 索引位置上的数字与第一个数字交换。最后，需要将 StringBuilder 转换为整数。有两种方法可以做到这一点。首先，可以将 StringBuilder 转换为 String，然后使用 Integer.parseInt(...)。这种方法的缺点是实际上根本不需要一个临时的 String 对象。自 Java 9 起，有一种更好的方法：

```
static int parseInt(CharSequence s, int beginIndex, int endIndex, int radix)
    throws NumberFormatException
```

StringBuilder 是一个特殊的 CharSequence。原则上，该方法的意思如下：给我任意一个字符串、一个开始位置和一个结束位置，以及一个进制——10 表示普通十进制——我会为你将该范围转换为整数。

任务 5.2.5: 不要射杀信使

```
private static String charAtOrEmpty( String string, int index ) {
    return index < string.length() ? string.substring( index, index + 1 ) : "";
}

private static String joinSplitMessages( String... parts ) {
    int maxStringLength = 0;

    for ( String part : parts )
```

```
    maxStringLength = Math.max( maxStringLength, part.length() );

  StringBuilder result = new StringBuilder();
  for ( int index = 0; index < maxStringLength; index++ )
    for ( String part : parts )
      result.append( charAtOrEmpty( part, index ) );

  return result.toString();
}
```

列表 5.35 com/tutego/exercise/string/Messenger.java

如果我们稍后遍历信使的所有部分，则可能因为传输不完整而丢失字符，例如 "H"""ooky"，其中第二个字符串在位置 0 没有字符。为了应对可能的异常，我们引入了自己的 charAtOrEmpty(String, int) 方法，该方法由 String 回溯到某个位置的某个字符；如果 String 不长导致该位置不存在字符，则返回一个空字符串。

> **知识点：**
> charAtOrEmpty(...) 方法模仿了 JavaScript 的行为。这里也有一个 charAt(...) 函数；如果这个索引处的字符不存在，则它将返回一个空字符串。

原本的 joinSplitMessages(...) 方法采用可变参数字符串。我们不检查 null，而是抛出 NullPointerException。当扩展的 for 循环访问数组时，就会出现这样的情况。

该算法包括两个步骤。第一步，在所有的 parts 中确定最大的字符串长度。背景是信使可能传输较少的数据，因此我们以带有字符数最多的信使为引导。该查询针对 joinSplitMessages("H", " ", "ooky") 这样的情况。在循环结束时，变量 maxStringLength 包含最长字符串的长度。

第二步，我们询问第一部分的第一个字符，然后询问第二部分的第一个字符，再询问第三部分的第一个字符，依此类推。下一步，我们得知第一部分的第二个字符、第二部分的第二个字符，依此类推。外循环生成从 0 到所有字符串最大长度的索引，内循环遍历信使的所有部分。要从部分字符串中获取字符，我们使用自己的方法，该方法确保在 index 处没有字符时不会引发异常。

完成循环后，我们将 StringBuilder 转换为 String 并返回字符串。

任务 5.2.6：压缩重复的空格

```
public static final String TWO_SPACES = "  ";
```

```java
static String compressSpace( String string ) {
  return compressSpace( new StringBuilder( string ) ).toString();
}

static StringBuilder compressSpace( StringBuilder string ) {
  int index = string.lastIndexOf( TWO_SPACES );

  while ( index >= 0 ) {
    string.deleteCharAt( index );
    index = string.lastIndexOf( TWO_SPACES );
  }
  return string;
}
```

列表 5.36 com/tutego/exercise/string/CompressSpace.java

为方便起见，我们编写了一个重载的 compressSpace(...) 方法、一个参数类型为 String 且返回类型为 String 的方法，第二次的参数类型为 StringBuilder，这个方法返回 StringBuilder。String 类对用户来说更方便，因为字符串是比 StringBuilder 更常见的类型。带有 String 参数的方法要费力地转换为 StringBuilder，然后再转换回来。除了这两种方法之外，我们还创建了一个包含两个空格的常量 TWO_SPACES。

如果我们必须对字符串进行更改，那么基本上有两种选择：一种是逐个字符地重建一个新的字符串，在我们的例子中是所有字符，但不是要连续两个空格；另一种是更改现有字符串，我们选择这个解决方案。

我们使用 lastIndexOf(...) 从右到左，即从后到前，遍历 StringBuilder 并寻找两个空格。如果结果是一个大于或等于 0 的位置，那么我们在两个空格出现的位置删除一个字符，这样第一个空格就消失了。现在我们使用 lastIndexOf(...) 来搜索下一个出现的两个空格。当我们已经从右到左完全跑遍了 StringBuilder，当找不到两个空格时，就可以停止。

使用 lastIndexOf(...) 方法而不是 indexOf(...) 方法可能很奇怪，后一种方法从左到右运行。这两个方法都可以。然而，对于删除操作来说，删除的数据越少越好。如果我们从左边起运行字符串并找到两个空格，就必须把它们后面的所有内容向左移动一位。但由于右边可能还存在更多的两个空格，我们也要移动它们，即使它们后来本来也会消失。如果我们从右向左移动，当前位置右侧就不会再有两个空格，即我们不会移动任何不必要的空格。

任务 5.2.7：插入和移除噼啪声和爆裂声

```java
private static final String CRACK = "♫KNACK♪";

public static String crackle( String string ) {
  StringBuilder result = new StringBuilder( string );

  for ( int i = string.length() - 1; i >= 0; i-- )
    if ( Math.random() < 0.1 )
      result.insert( i, CRACK );

  return result.toString();
}

public static String decrackle( String string ) {
  return string.replace( CRACK, "" );
}
```
列表 5.37 com/tutego/exercise/string/Crack.java

我们首先用杂音字符串声明一个私有最终常量 CRACK，以便可以轻松更改字符串。在插入和删除杂音字符串时，两个位置稍后会返回到 CRACK 上。

crackle(...) 方法获取一个字符串并返回一个字符串。有不同的方法来完成这项任务。此处的解决方案是将传输字符串复制到动态 StringBuilder 中，以在适当的位置插入杂音字符串。我们使用 for 循环生成潜在的插入位置，并随机决定是否插入杂音字符串。该程序有两个特点。第一个特点是它不是从左到右，也就是从头到尾生成索引，而是从右到左生成索引。使用这种方法的原因是它帮助我们避免一个杂音字符串覆盖另一个杂音字符串。因为如果我们在一个地方插入一个杂音字符串，从索引的位置看，杂音字符串向右增长，而不是向左增长。如果我们将索引进一步向左移动并稍后在此处插入杂音字符串，则永远不会有重叠。当然，如果我们从左到右运行并插入一个杂音字符串，也可以将索引增加 CRACK 的长度。

第二个特点是 Math.random( )<0.1 的条件判断会以 10% 的概率执行。StringBuilder 对象的 insert(...) 方法完成插入工作。

decrackle(...) 方法更简单，因为这里我们可以使用熟悉的 String 类 replace(...) 方法。我们搜索杂音字符串，并用空字符串替换它。

任务 5.2.8：拆分骆驼拼写法字符串

```java
private static String camelCaseSplitter( String string ) {
```

```
    StringBuilder result = new StringBuilder( string );

    for ( int i = 1; i < result.length(); i++ ) {
      char previousChar = result.charAt(i- 1 );
      char currentChar = result.charAt( i );
      boolean isPreviousCharLowercase = Character.isLowerCase( previousChar );
      boolean isCurrentCharUppercase = Character.isUpperCase( currentChar );
      if ( isPreviousCharLowercase && isCurrentCharUppercase ) {
        result.insert( i, " " );
        i++;
      }
    }

    return result.toString();
  }
```

列表 5.38 com/tutego/exercise/string/CamelCaseSplitter.java

该任务有不同的解决方案。此处采用的方法是将字符串复制到 StringBuilder 中，并在必要时插入空格。我们不需要把大写字母更正为小写字母，只需要在正确的位置插入空格。我们需要找到的位置是小写和大写字母之间的交替位置。如果一个小写字母跟在另一个小写字母之后，或者一个大写字母跟在另一个大写字母之后，则我们可以忽略它。

如果我们使用原始 String 构造 StringBuilder results，则当传输的字符串为 null 时，构造函数将抛出 NullPointerException。这是可以接受的回应。接着我们开始运行字符串，但是由于字符串的长度随着添加的空格发生了变化，所以我们不运行参数 string，而是运行 StringBuilder result。下面我们考虑"对"。循环为我们生成索引 i，位置 i 是当前字符，位置 i − 1 是前一个字符。因此，循环也必须从 1 开始，否则会生成索引 −1，导致开始时出错。如果参数的长度为 0 或 1，则不进入循环。

现在测试 previousChar 和 currentChar 这两个字符，看前一个字符是否为小写，后一个字符是否为大写。我们信任 Character 方法，它为所有 Unicode 字符返回正确的响应。条件判断检查的标准是，大写字母必须跟在小写字母后面。在这种情况下，我们在该位置放置一个空格。这将使接下来的整个字符块向右移动一个位置。如果我们识别到变化，那么索引 i 指向大写字母。如果我们在此插入了一个空格，那么索引就指向这个空格。然而，没有必要通过我们的算法来检查空格。因此，我们可以将空格的索引加 1，这样索引就位于后面的大写字母上。由于它随后在循环的步进表达式中继续，所以索引再次增加。这会将索引放在大写字母后面，然后继续测试后面的字符。如果缺少 i++，则它不会被注意到，因为空格不是字母，但是通过增加 i，算法可以省去一个比较。

在循环结束时，动态的 StringBuilder 被转换为一个 String 并返回。

可替代的实现方式可以是事先建立一个 StringBuilder，而不是之后修改，另外还有一个使用正则表达式的解决方案。

> **知识点：**
> **使用正则表达式的解决方案是可能的，但并不常见：**
> String regex = "(?<=\\p{javaLowerCase})(?=\\p{javaUpperCase})";
> String s = String.join(" ", "CiaoCiaoCAPTAINCiaoCiao".split(regex));
> \p{javaLowerCase} 和 \p{javaUpperCase} 是 Character 方法。?<= 是零宽正向后行（zero-width positive lookbehind），而 ?= 是零宽正向先行（zero-width positive lookahead）。先行（lookahead）很好地说明了它的含义：只看，不要碰触！我们可以使用它查找字符，但它不会成为匹配的一部分；匹配的字符数为 0。写法决定了从小写到大写的转换，但由于不匹配，所以 split(...) 的结果中不会丢失任何字符。

在 Java 中，标识符的通常写法是骆驼拼写法，每个新段以大写字母开头，例如 ArrayList, numberOfElements.

任务 5.2.9：实现恺撒加密

建议解决方案包括用于加密的方法 caesar(...) 和用于解密的方法 decaesar(...) 以及另一个私有方法 rotate(...)：

```
public static final int ALPHABET_LENGTH = 26;

private static int rotate( int c, int rotation ) {
  if ( rotation < 0 )
    throw new IllegalArgumentException(
        "rotation is not allowed to be negative, but was " + rotation );

  if ( c >= 'A' && c <= 'Z' )   // Character.isUpperCase( c ) is too broad
    return 'A' + (c - 'A' + rotation)% ALPHABET_LENGTH;
  else if ( c >= 'a' && c <= 'z' )
    return 'a' + (c - 'a' + rotation)% ALPHABET_LENGTH;
```

```
    else
      return c;
}
```

列表 5.39 com/tutego/exercise/string/CaesarCipher.java

私有方法 int rotate(int c, int rotation) 将字符移动一定数量的位置——也称之为距离。由于我们要考虑大小写字母，所以有两个条件判断。此外，字符可能既不是大写的，也不是小写的，那么就原封不动地返回原始字符。在常量 ALPHABET_LENGTH 中，我们存储了字母表的长度，即 26。负移位是不允许的，因为它会导致异常。

大写字母和小写字母的程序逻辑基本相同，因此我们把表达式看成大写字母的代表。乍一看，解决方案很简单：把距离添加到字符 c 的 Unicode 位置。如果有一个字符 'W'，再加上 3，最终会得到 'Z'。中断会带来问题，因为在 'Z' 之后我们必须又从 'A' 开始。当然，条件判断可以检查我们是否超过了 'Z'，然后减去字母表的长度，即 26，但还有一个不需要进行条件判断的其他解决方案。在这个解决方案中，我们不添加到字母 'c' 的距离。相反，我们考虑的是需要添加什么到起始字母 'A'，以获得字母 'c'，并移动相应距离。这是两个部分。通过 'c' − 'A'，我们精确计算了从起始字母 'A' 到 'c' 所必须增加的距离。'A' + ('c' − 'A') 等于 'c'。由于我们希望有一个从起始字母开始的距离 rotation，所以加上这个距离，即 'A'+ ('c'− 'A'+rotation)。这看起来可以缩写为 c+rotation，但有一个细微的区别，那就是我们现在可以在括号中使用表达式 % ALPHABET_LENGTH，因此 'Z' + 1 让我们回到 'A'。

```
public static String caesar( String s, int rotation ) {
  StringBuilder result = new StringBuilder( s.length() );

  for ( int i = 0; i < s.length(); i++ )
    result.append( (char) rotate( s.charAt( i ), rotation ) );

  return result.toString();

  // Freaky solution
  // IntUnaryOperator rotation = c -> rotate( c, rotation );
  // return s.chars().map( rotation ).mapToObj( Character::toString )
  //          .collect( Collectors.joining() );
}
```

```
public static String decaesar( String s, int rotation ) {
  return caesar( s, ALPHABET_LENGTH - rotation );
}
```
列表 5.40 com/tutego/exercise/string/CaesarCipher.java

那么 String caesar(String s, int rotation) 这个方法本身就不足为奇了。我们建立一个内部的 StringBuilder，在其中收集结果，然后在输入的字符串上从前到后运行一次，抓住每个字符并旋转，再把它放到容器中。最后，我们将 StringBuilder 转换为一个 String 并返回。

decaesar(...) 方法使用了一个很好的属性，那就是在经过一定数量的移位之后，我们最终回到了原始字符。这个移位次数就是字母表的大小，即 26。如果我们不将字符移动 26 个位置，而只移动 25 个位置会发生什么？这样我们就不会将字符"移动到右侧"，而是"移动到左侧"；'B' 将不再变为 'C'，而是变为 'A'。因此，我们可以使用位置 ALPHABET_LENGTH – rotation 进行解码，它将字符移回左侧的原始位置。但是，decaesar(...) 与 caesar(...) 的一个区别是，我们不能通过减法得到负数，否则就会出现异常。这当然与 caesar(...) 不对称，因为距离可以是任意的。

第 6 章
编写自己的类

当然，我们已经编写了各种类，但是这些类到目前为止只有静态属性，还没有被实例化。我们已经使用标准库中的类创建了对象，但我们现在想扩展这方面的知识，自己编写类并实例化。

本章是关于消费电子产品的，大部分任务都相互关联。我们首先设置简单的电器，例如收音机和电视，稍后将抽象概念具象化，并将这些电器收集到船上。当 CiaoCiao 船长和 Bonny Brain 去度假时，要确保所有设备都已正确关闭。这样就可以进行关联和继承的相关练习。提醒一下：我们通俗地将关联称为"有"或"知道"关系，而继承是一种"所属"的关系。

本章使用的数据类型如下：

- java.util.ArrayList (https://docs.oracle.com/en/java/javase/11/docs/api/java.base/java/util/ArrayList.html)
- java.util.Timer (https://docs.oracle.com/en/java/javase/11/docs/api/java.base/java/util/Timer.html)
- java.util.TimerTask (https://docs.oracle.com/en/java/javase/11/docs/api/java.base/java/util/TimerTask.html)
- java.util.Comparator (https://docs.oracle.com/en/java/javase/11/docs/api/java.base/java/util/Comparator.html)
- ava.util.function.Predicate (https://docs.oracle.com/en/java/javase/11/docs/api/java.base/java/util/function/Predicate.html)

6.1 类声明和对象属性

对于一种新类型，我们用 Java 编写一个新类。在本节中，我们创建一些类并为其提供对象变量和方法。

6.1.1 用对象变量和主程序声明收音机 ★

我们收集的电器中的第一种类型是收音机，因为收音机有一个我们想要保存的状态。

任务：

- 创建新类 Radio。
- 赋予收音机以下对象变量（见图 6.1）：
  - isOn，收音机是打开还是关闭？
  - volume，收音机播放音乐的音量有多大？
- 哪些变量类型有意义？确保对象变量不是静态的！
- 此外，编写类 Application，在 main(...) 方法中创建一个 Radio 对象。赋值并询问变量以将其用于测试。

```
Radio
isOn: boolean
volume: int
```

图 6.1　带有对象变量的收音机的 UML 图示

知识点：
注意命名约定：类以大写字母开头，变量和方法以小写字母开头；只有常量是大写的。我们用英语编写所有内容，不使用德语标识符。

6.1.2 收音机的实现方法 ★

方法将被放置在新的 Radio 类中，以便对象"可以"做某事。

任务：

- 添加以下非静态方法（见图 6.2）：
  - void volumeUp( )/ void volumeDown( )：将对象变量 volume 改变 1 或 -1（可选：音量只能在 0~100 的范围内变化）。
  - void on( )/ void off( )/ boolean isOn( )：访问对象变量 isOn，可以用对象变量命名方法。on( )/off( ) 方法用于在在屏幕上显示 "on" / "off" 提示。
  - public String toString( )：它应该以字符串的形式返回有关内部状态的信息，其中字符串应该采用如 Radio[volume=2, is on] 的形式。

- 在 Application 类的 main(...) 方法中，收音机的对象方法可以这样测试：

```
Radio grandmasOldRadio = new Radio();
System.out.println( grandmasOldRadio.isOn() );        // false
grandmasOldRadio.on();
System.out.println( grandmasOldRadio.isOn() );        // true
System.out.println( grandmasOldRadio.volume );        // 0
grandmasOldRadio.volumeUp();
grandmasOldRadio.volumeUp();
grandmasOldRadio.volumeDown();
grandmasOldRadio.volumeUp();
System.out.println( grandmasOldRadio.volume );        // 2
System.out.println( grandmasOldRadio.toString() );    // Radio[volume=2, is on]
System.out.println( grandmasOldRadio );               // Radio[volume=2, is on]
grandmasOldRadio.off();
```

列表 6.1 Ausschnitt aus Application.java

```
Radio
────────────────────────
isOn: boolean
volume: int
────────────────────────
changeVolume(value: int): void
volumeUp(): void
volumeDown(): void
on(): void
off(): void
isOn(): boolean
+toString(): String «override»
```

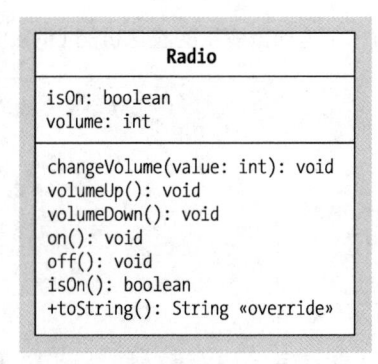

图 6.2　带有对象变量和方法的收音机 UML 图示

6.1.3　私有部分：使对象变量私有 ★

实现的私有细节不能公开，这样我们就可以随时更改内部。

任务：
- 将所有 Radio 对象变量设为私有。
- 考虑这些方法是否可以 public。
- 是否有应该为 private 的内部方法？

6.1.4 创建 Setter 和 Getter ★

Getter 和 Setter 在 Java 世界中很常见，它们用于定义所谓的属性，许多框架通过 Getter/Setter 自动访问属性。

任务：

- 给 Radio 一个新的私有 double 对象变量 frequency，以便将收音机调到一个频率。
- 调整 toString( ) 方法以考虑频率。
- 这些 Setter 和 Getter 编写起来通常很乏味，因此它们要么通过开发环境自动生成，要么使用工具自动放入字节码。使用 IDE 为频率生成 Setter 和 Getter。
- 如果要实现只读操作并希望防止从外部更改属性，则存在没有 Setter 的 Getter。当一个变量是 final 时，只有 Getter 起作用。只为状态 volume 生成一个 Getter。

> **知识点：**
> Setter 和 Getter 是一个重要的命名约定。如果一个属性 XXX 是 boolean 类型的，则其前缀一般是 isXXX( )，而不是 getXXX( )，因此我们现有的方法 isOn( ) 也是一个 Getter。

6.2 静态属性

类变量和静态方法常常让新手程序员感到困惑。这其实很简单：状态既可以存储在单个对象中，也可以存储在类本身中。如果我们有带有对象变量的不同对象，则对象方法可以访问各属性，而静态方法只能访问类变量而无须显性指定对象。

6.2.1 将电台名称转换为频率 ★

到目前为止，收音机只有对象属性，我们添加一个与特定 Radio 对象无关的静态方法。

任务：

- 在 Radio 类中，实现名为 double stationNameToFrequency(String) 的静态方法，该方法将频率作为字符串分配给电台。例如，著名海盗电台"Walking

the Plank"（走跳板）的频率为 98.3。
▶ 如果方法传递为 null，则返回值应为 0.0。即使电台名称未知，返回值也应为 0.0。

举例：
▶ 在主程序中我们可以这样写：
System.out.println(Radio.stationNameToFrequency("Walking the plank")); // 98.3

> **小提示：**
> 可以使用 switch-case 或 equals(...) 实现与电台的字符串比较。

6.2.2　使用跟踪器类编写日志输出 ★

记录器用于记录程序输出并能够在之后对其进行跟踪——就像 CiaoCiao 船长在他的日志中记录海上、港口和船员之间发生的一切一样。

任务：
▶ 创建新类 Tracer。
▶ 添加静态 void trace(String) 方法，将传递给它的字符串输出到屏幕上。
▶ 使用两个静态方法 on( ) 和 off( ) 扩展程序，在内部状态中记录 trace(String) 是否导致输出。一开始应关闭 Tracer。
▶ 可选：添加 trace(String format, Object... args) 方法，该方法在启用跟踪时在内部转到 System.out.printf(format, args)。

举例：
我们可以像这样使用该类（见图 6.3）：

```
Tracer.on();
Tracer.trace( "Start" );
int i = 2;
Tracer.off();
Tracer.trace( "i = " + i );
// Tracer.trace( "i =%d", i );
Tracer.on();
Tracer.trace( "End" );
```

预期的输出如下：

```
Start
End
```

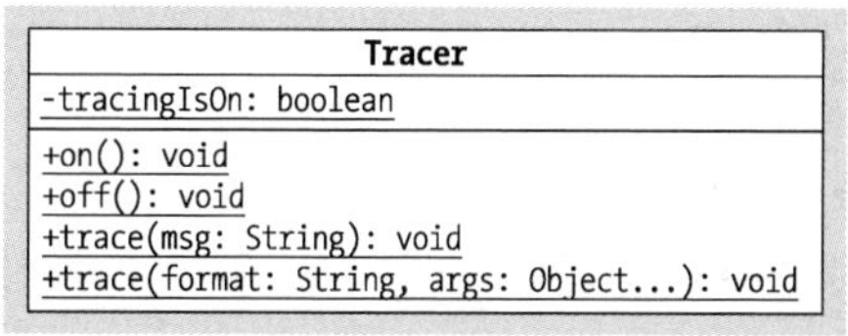

```
┌─────────────────────────────────────────┐
│                Tracer                    │
├─────────────────────────────────────────┤
│ -tracingIsOn: boolean                    │
├─────────────────────────────────────────┤
│ +on(): void                              │
│ +off(): void                             │
│ +trace(msg: String): void                │
│ +trace(format: String, args: Object...): void │
└─────────────────────────────────────────┘
```

图 6.3 具有静态属性的 UML 图示

6.2.3 测试：没有被盗 ★

给出以下类声明：

```java
public class StolenGoods {
  int value = 1_000_000;

  static void print( int Value ) {
    System.out.println( value );
  }

  public static void main( String[] args ) {
    int value = 2_000_000;
    new StolenGoods().print( value );
  }
}
```

程序可以翻译吗？如果可以，屏幕上的输出是什么？

6.3 枚举

枚举是使用关键字 enum 在 Java 中创建的封闭集合。

6.3.1 给收音机添加 AM-FM 调制 ★

在无线电传输中，调制很重要，它包括调幅（AM）和调频（FM）。

任务：
- 将带有值 AM 和 FM 的新枚举类型 Modulation 声明为单独的文件。
- 在 Radio 中，添加一个私有对象变量 Modulation modulation，收音机会记住调制。
- 通过一种新的 Radio 方法 void setModulation(Modulation modulation) 来实现 Modulation，也可以有一个 Getter。
- 调整 Radio 中的 toString( ) 方法。

6.3.2 为调制设置有效的开始和结束频率 ★

对于广播，使用 AM 编码的三个频率范围（频带）不同：

- 长波：148.5～283.5 kHz。
- 中波：526.5～1,606.5 kHz。
- 短波：短波广播使用 3.2 MHz 和 26.1 MHz 之间的多个频段。

通过 FM 编码：
- 超短波：87.5～108 MHz。

任务：
- 添加两个新的私有对象变量：
  -minFrequency
  -maxFrequency
- 调用 setModulation(Modulation) 时，对象变量 minFrequency 和 maxFrequency 应设置为其最小值和最大值范围，即 AM 为 148.5 kHz～26.1 MHz，FM 为 87.5～108 MHz。

6.4 构造函数

构造函数是特殊的初始化例程，在创建对象时由 JVM 自动调用。我们经常在创建对象时使用构造函数来分配状态，然后在对象中记住这些状态。

6.4.1 创建函数：编写收音机构造函数 ★

到目前为止，我们的收音机只有一个编译器生成的默认构造函数，我们用自己的构造函数替换它。

任务：
- 为 Radio 类编写一个构造函数，以便可以使用频率（double）初始化收音机，但是仍然应该能够使用无参数构造函数创建收音机（见图6.4）！
- 或者，Radio 对象应该能够用电台（作为 String）初始化（内部使用 stationNameToFrequency(...)）。电台名称不保存，只保存频率。
- 如何通过 this(...) 使用构造函数扩展？

举例：
应该能够通过以下方式创建收音机：

```
Radio r1 = new Radio();
Radio r2 = new Radio( 102. );
Radio r3 = new Radio( "BFBS" );
```

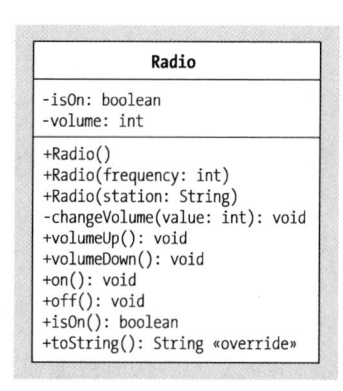

图 6.4　具有三个构造函数的收音机 UML 图示

6.4.2 实现复制构造函数 ★

如果在类的构造函数中接受相同类型的对象作为模板，我们就称之为复制构造函数。

任务：
为 Radio 实现一个复制构造函数。

6.4.3 实现工厂方法 ★

除了构造函数之外，一些类还提供了另一种创建方法，即所谓的工厂方法，因此：

- 原则上存在构造函数，但它们是私有的，外人无法创建实例。
- 为了创建对象，有一些静态方法可以在内部调用构造函数并返回实例。

任务：
- 为宝箱创建新类 TreasureChest。
- 宝箱可以包含达布隆金币和宝石。创建两个公共最终对象变量 int goldDoubloonWeight 和 int gemstoneWeight。因为该对象是不可变的，所以之后不能再更改状态，而 Getter 在这里不是必需的。
- 编写三个返回 TreasureChest 对象的静态工厂方法：
  - TreasureChest newInstance( )
  - TreasureChest newInstanceWithGoldDoubloonWeight(int)
  - TreasureChest newInstanceWithGemstoneWeight(int)
  - TreasureChest newInstanceWithGoldDoubloonAndGemstoneWeight(int, int)

使用常见的构造函数会在哪里出现问题？

6.5 关联

关联是两个或多个对象之间的动态连接，我们可以用不同的方式来描述关联：

- 关联是单向的，还是双向的？
- 一个对象的生命周期是否与另一个对象的生命周期关联？
- 一个对象与其他多少个对象有联系？是仅与一个对象有联系还是与多个对象有联系？对于 1:n 或 n:m 关联，我们需要数组之类的容器或如 java.util.ArrayList 之类的动态数据结构。

6.5.1 将显像管连接到电视机 ★

到目前为止，我们只有一种电器：收音机。是时候添加第二个电器并建立 1:1 关联了。

任务：
- 创建新类 TV。
- 电视应该获得将短消息写入控制台的 on( )/off( ) 方法（该示例不需要对象变量）。
- 在 Application 的 main(...) 方法中创建 TV。
- 创建一个新的 MonitorTube（显像管）类。
  - MonitorTube 还应该获得带有控制台消息的 on( )/off( ) 方法。
- TV 应该通过私有对象变量引用 MonitorTube，这在 Java 源代码中看起来是什么样的？

- 实现电视机和显像管的单向关联。关于生命周期：当电视机装配完毕时，显像管也应就位，更换显像管并无必要。
▶ 电视机开/关时，显像管也要开/关。
▶ 可选：我们如何实现双向关联？哪里可能出现问题？

最后，应该实现图 6.5 所示的关联。

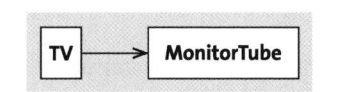

图 6.5　有方向关联的 UML 图示

6.5.2　测试：关联、组合、聚合 ★

关联可以分为三组：

▶ 普通关联
▶ 组合
▶ 聚合

它们分别是什么意思？

6.5.3　通过 1:n 关联将收音机添加到船上 ★★

CiaoCiao 船长拥有一整支可以运载货物的船队，他最初只想将收音机装载到船上。

任务：

- 创建新类 Ship（不带 main(...) 方法）。
- 在 Application 的 main(...) 方法中创建两艘船。
- 为了让 Ship 能够接受收音机，我们使用 java.util.ArrayList 数据结构。作为私有对象变量进入 Ship：
  ArrayList<Radio> radios = new ArrayList<Radio>( );
- 在 Application 的 main(...) 方法中将多个收音机分配给一个 Ship。收音机是怎么上船的？
- 编写 Ship 方法 int numberOfRadiosSwitchedOn( ) 返回打开了多少个收音机。注意：这不是关于船上收音机的总数，而是关于打开的收音机的数量！
- 可选：也给船一个 toString( ) 方法。
- 如果船还想给其他电器充电，例如制冰机或电视机，我们该怎么办？

实现的目标：一艘船关联收音机（见图 6.6）。

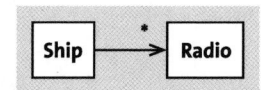

图 6.6　1:n 关联的 UML 图示

6.6 继承

继承建模了一种"所属"关系，并且非常直接地连接了两种类型。建模对于形成相关事物组非常重要。

6.6.1 通过继承将抽象引入电器 ★

到目前为止，还没有连接收音机和电视机，但它们有一个共同点：它们都是电器。

任务：

- 为电器创建新类 ElectronicDevice。
- 从 ElectronicDevice 类派生 Radio 类——我们暂时不考虑 TV。
- 将可能存在的电器的共同点拖到上层。
- 编写新类 IceMachine，它也是一个电器。

> **小提示：**
> 如今的开发环境可以通过重构自动将属性移动到超类；了解其如何实现。

任务目标：实现图 6.7 所示的继承关系。

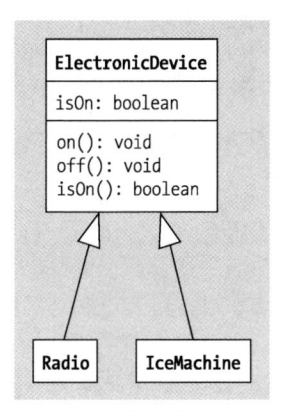

图 6.7　继承关系的 UML 图示

6.6.2　测试：三、二、一★

Numbers.java 文件中给出以下声明。编译器可以翻译编译单元吗？如果我们能运行程序，那么结果是什么？

```
class One {
  public One() { System.out.print( 1 ); }
}

class Two extends One {
  public Two() { System.out.print( 2 ); }
}

class Three extends Two {
  public void Three() { System.out.print( 3 ); }
}

public class Numbers {
  public static void main( String[] args ) { new Three(); }
}
```

6.6.3 测试：私有和受保护的构造函数 ★

- 如果一个类有一个 private 构造函数，我们可以实例化这个类吗？
- 如果一个类有一个 protected 构造函数，谁可以实例化这个类？

6.6.4 确定打开的电器的数量 ★

通过继承，可以使用超类型声明参数，然后使用超类型寻址整个类型组，即所有子类型。

任务：
在 ElectronicDevice 类中设置一个静态方法：

```
public static int numberOfElectronicDevicesSwitchedOn(
  ElectronicDevice... devices ) {
  // Liefert die Anzahl eingeschalteter Ger.te zurück,
  // die der Methode übergeben wurden
}
```

举例：
如果 r1 和 r2 是两个打开的收音机，而 ice 是关闭的制冰机，那么 main(...) 可能是：

```
int switchedOn =
  ElectronicDevice.numberOfElectronicDevicesSwitchedOn( r1, ice, r2 );
System.out.println( switchedOn ); // 2
```

6.6.5 船应容纳任何电器 ★

该船目前只能保存 Radio 类，现在需要能保存一般电器。

任务：
- 将动态数据结构类型从收音机更改为电器：
  ```
  private ArrayList<ElectronicDevice> devices =
    new ArrayList<ElectronicDevice>();
  ```
- 添加的方法也在发生变化——如何变化以及为什么？

任务目标：在船上存放各种电器（见图 6.8）。

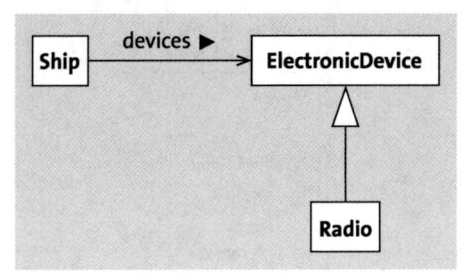

图 6.8　UML 图示

6.6.6　将正在工作的收音机带到船上 ★

CiaoCiao 船长不想激怒 GEZ 之神，因此当船上增加了一台收音机时，控制台上应该会出现一条消息。另外，CiaoCiao 船长不喜欢把坏掉的收音机带上船。

任务：
- 如果添加方法 load(...) 传递了一台收音机，那么它应该检查音量是否为 0，而在这种情况下，数据结构不应该包含它。
- 如果添加了收音机，则应出现以下控制台输出：Radio wurde hinzugefügt, schon GEZahlt?（已添加收音机，付钱了吗？）。

6.6.7　火警不响：重写方法 ★

CiaoCiao 船长不想在他的船上见到火，如果发生火灾，则必须尽快将其扑灭。

任务：
- 将火灾探测器的 Firebox 类实现为 ElectronicDevice 的子类。
- 火灾探测器应在生成后始终开启。
- off() 方法应该使用空的主体或控制台输出来实现，这样火灾探测器就不能被关闭。

举例：
任务目标：一个不改变 isOn 状态的 off() 重写方法（见图 6.9）。可以这样测试：

```
Firebox fb = new Firebox();
System.out.println( fb.isOn() ); // true
fb.off();
System.out.println( fb.isOn() ); // true
```

```
        ┌─────────────────┐
        │ ElectronicDevice│
        ├─────────────────┤
        │ on()            │
        │ off()           │
        └─────────────────┘
                 △
                 │
        ┌─────────────────┐
        │     Firebox     │
        ├─────────────────┤
        │ off() «override»│
        └─────────────────┘
```

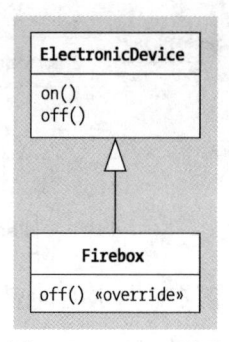

图 6.9　UML 图示

6.6.8　调用超类的方法 ★★

收音机具有 on( )/off( ) 方法，而 TV 类虽然已经具有 on( )/off( ) 方法，但它还不是 ElectronicDevice，原因在于电视机有显像管（MonitorTube）需要特殊处理。

如果 TV 还扩展 ElectronicDevice 类，那么它还会覆盖 ElectronicDevice 超类的方法。但有个问题：

- 如果我们省略这两种方法，则显像管不会被关闭，但电视机会通过继承成为电器。
- 如果我们将方法留在类中，则只会关闭显像管，而不再打开或关闭电视机。超类通过 on( )/off( ) 方法管理此状态。

任务：
解决问题：TV 是 ElectronicDevice，但显像管会打开 / 关闭。

6.7　多态性和动态绑定

面向对象编程语言的一个核心特性是方法调用的动态解析，这种形式的调用不能在编译时确定，但如果对象类型已知，则在运行时确定。

6.7.1　放假啦！关闭所有电器 ★

在 CiaoCiao 船长躺吊床上喝着热带风暴鸡尾酒享受假期之前，必须关闭船上的所有电器。

任务：

- 在 Ship 类中，实现一个用于关闭列表中所有电器的 holiday( ) 方法：
```
public void holiday() {
```

```
    // rufe off() für alle Elemente in der Datenstruktur auf
}
```

▶ 例如，Application 的 main(...) 方法可以包含：

```
Radio bedroomRadio = new Radio();
bedroomRadio.volumeUp();
Radio cabooseRadio = new Radio();
cabooseRadio.volumeUp();
TV mainTv = new TV();
Radio crRadio = new Radio();
Firebox alarm = new Firebox();
Ship ship = new Ship();
ship.load( bedroomRadio );
ship.load( cabooseRadio );
ship.load( mainTv );
ship.load( crRadio );
ship.load( alarm );
ship.holiday();
```

6.7.2 测试：Bumbo 是一种很棒的饮料★★

Bonny Brain 在《优雅出海》周刊中找到了 Bumbo 的配方，但她能看到吗？

以下程序是否可以编译？如果可以，那么输出是什么？如果不可以，那么有哪些编译器错误？

```
class Drink {
  public Drink getInstance() {
    return this;
  }

  public void printIngredients() {}
}

class YummyDrink extends Drink {}

class Bumbo extends YummyDrink {
  public YummyDrink getInstance() {
    return this;
```

```
    }

  @Override public void printIngredients() {
    System.out.println( "2 ounces rum, 1 ounce water, 2 sugar cubes, cinnamon, nutmeg" );
  }
}

public class DrinkBumbo {
  public static void main( String... args ) {
    new Bumbo().getInstance().printIngredients();
  }
}
```

6.7.3　测试：调味伏特加 ★

给出两个类，一个超类和一个子类。若程序编译正确，那么屏幕上输出什么？

```
class AlcoholicDrink {
  public void seasoned() {
    System.out.println( "-none-" );
  }
}

public class Vodka extends AlcoholicDrink {
  public void seasoned() {
    System.out.println( "blackcurrant" );
  }

  public static void main( String[] args ) {
    ((AlcoholicDrink) new Vodka()).seasoned();
  }
}
```

6.7.4　测试：朗姆酒天堂 ★

下面给出两个类的程序。程序是否编译，或者是否存在编译器错误？当程序编译运行时，结果是什么？

```
class AlcoholicDrink {
  int aged = 1;
  AlcoholicDrink() { aged++; }
  int older() { return aged++; }
}

public class Rum extends AlcoholicDrink {
  int aged = 3;
  Rum() { aged += 4; }
  int older() { return aged++; }

  public static void main( String[] args ) {
    AlcoholicDrink lakeGay = new Rum();
    System.out.println( lakeGay.older() );
    System.out.println( lakeGay.aged );
  }
}
```

6.8 抽象类和抽象方法

乍一看，抽象类有点奇怪：对于不能形成对象的类应该怎么办？能用抽象方法做什么？没有实现方法的类提供不了什么！

这两个概念都非常重要。超类型和子类型总是有一个契约，子类型必须至少具有超类型所需的内容，并且不得破坏语义。如果超类或方法是抽象的，那么我们可以用于创建对象的子类会承诺提供此功能。

6.8.1 测试：消费设备作为抽象的超类？★

我们可以创建 ElectronicDevice 的实例吗？我们是否必须能够创建 ElectronicDevice 的副本？如果 ElectronicDevice 是一个抽象类，那么会产生什么后果？

6.8.2 TimerTask 作为一个抽象类的例子★★

CiaoCiao 船长用视频记录每次突袭，并在汇报中分析过程。但是，最好的 8K 画质的视频会迅速填满硬盘，他想及时了解是否需要购买新硬盘。

java.util.Timer 可以重复运行任务。为此，Timer 类有一个方法 schedule(...) 用于添加任务，该任务的类型为 java.util.TimerTask。

任务：

▶ 编写 TimerTask 的子类，当文件系统中的空闲字节数小于某个限制（例如小于 1 000 MB）时，它会在屏幕上输出一条消息（见图 6.10）。
空闲字节返回：
long freeDiskSpace = java.io.File.listRoots( )[0].getFreeSpace( );

▶ Timer 应每 2 秒运行一次此 TimerTask。

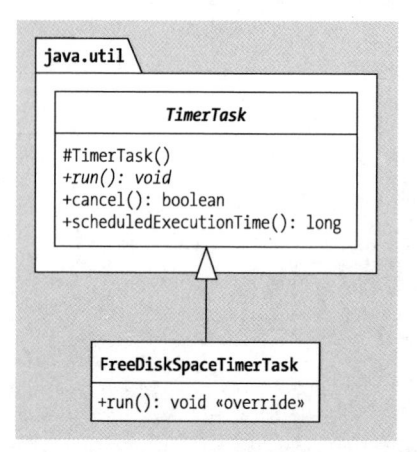

图 6.10　TimerTask 及其子类的 UML 图示

额外奖励：将托盘中的消息与以下代码结合。

```
import javax.swing.*;
import java.awt.*;
import java.awt.TrayIcon.MessageType;
import java.net.URL;
...
try {
  String url =
    "https://cdn4.iconfinder.com/data/icons/common-toolbar/36/Save-16.png";
  ImageIcon icon = new ImageIcon( new URL( url ) );
  TrayIcon trayIcon = new TrayIcon( icon.getImage() );
  SystemTray.getSystemTray().add( trayIcon );

  trayIcon.displayMessage( "Achtung", "Platte voll", MessageType.INFO );
}
catch ( Exception e ) { e.printStackTrace(); }
```

6.9 接口

抽象类仍然是类,它具有类的所有可能性:对象变量、构造函数、方法、不同的可见性。一种更简单的规则形式通常就足够了,在这方面,Java 提供了接口。它们没有对象变量,但可以有常量、抽象方法、静态方法和 default 方法——对象变量是一种存储属于类的东西的方式,而不存储属于接口的东西。

6.9.1 比较电器的消耗 ★

每个电器都有一个以瓦特为单位的功率。

任务第一部分:
- 在 ElectronicDevice 中,声明一个私有 int 对象变量 watt,并使用开发环境生成 Setter/Getter。
- 添加一个返回如下内容的 toString( ) 方法:"ElectronicDevice[watt=12kW]"。一些子类已经覆盖了 toString( ),然后它们应该在自己的 toString( ) 方法中包含一个 super.toString( )。

任务第二部分:
- 编写一个实现 java.util.Comparator<ElectronicDevice> 接口的新类 ElectronicDeviceWattComparator。
- compare(...) 方法旨在定义电器的排序,如果电器消耗功率较低,则电器"更小"。
- 在 compare(...) 方法中放置一个 println(...) 以便更好地理解,这样我们就可以看到正在比较哪些对象。

举例:
```
ElectronicDevice ea1 = new Radio(); ea1.setWatt( 200 );
ElectronicDevice ea2 = new Radio(); ea2.setWatt( 20 );
Comparator<ElectronicDevice> c = new ElectronicDeviceWattComparator();
System.out.println( c.compare(ea1, ea2) );
System.out.println( c.compare(ea2, ea1) );
```

任务目标: 将 ElectronicDeviceWattComparator 作为 Comparator 接口实现,如图 6.11 所示。

```
          java.util
        ┌─────────────────┐
        │   «interface»   │ T
        │    Comparator   │
        │+compare(o1: T, o2: T): int│
        └─────────────────┘
                △
                ┊
┌──────────────────────────────────────────┐
│       ElectronicDeviceWattComparator      │
│+compare(o1: ElectronicDevice, o2: ElectronicDevice): int│
└──────────────────────────────────────────┘
```

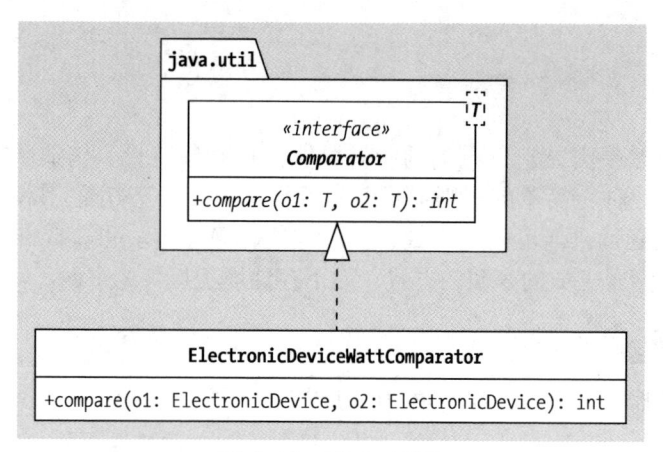

图 6.11　UML 图示

6.9.2　找到耗电量最高的电器 ★

java.util.Collections 类有一个静态方法，它返回集合的最大元素（为了便于展示，尖括号中的泛型已被删除）：

```
static T max( Collection coll, Comparator comp )
```

因此，必须传递 max(...) 方法：
1. 一个 Collection 实现，如 ArrayList。
2. 一个 Comparator 实现。我们可以在这里使用 ElectronicDeviceWattComparator。

任务：
在船上放置一个 findMostPowerConsumingElectronicDevice( ) 方法，该方法返回耗电最多的电器。

举例：
以下程序输出 "12000.0"。
```
Radio grannysRadio = new Radio();
grannysRadio.volumeUp();
grannysRadio.setWatt( 12_000 );

TV grandpasTv = new TV();
grandpasTv.setWatt( 1000 );
```

```
Ship ship = new Ship();
ship.load( grannysRadio );
ship.load( grandpasTv );
System.out.println( ship.findMostPowerConsumingElectronicDevice().getWatt() );
```

6.9.3 使用 Comparator 接口进行排序★

如果要对列表中的对象进行排序，可以对 List 对象使用 sort(...) 方法。让 sort(...) 方法知道对象的相对"大小"很重要，而我们的 ElectronicDeviceWattComparator 可用于此，它是给对象排序的先决条件——签名 void sort(Comparator<…> c) 已经揭示了这一点。

任务：
在添加到自己的数据结构之后，在 Ship 对象的 load(...) 中调用 sort(...)，以便在添加后始终有一个内部排序的列表。

6.9.4 接口中的静态方法和默认方法★★★

接口可以包含静态方法并用作工厂方法，即返回实现此接口的类的实例。

任务：
- 创建接口 Distance。
- 在 Distance 中，设置两个静态方法 Distance ofMeter(int value) 和 Distance ofKilometer(int value)，它们返回一个 Distance 类型的新对象。
- 要在 Distance 中设置一个抽象方法 int Meter( )，我们必须实现什么？
- 在 Distance 接口中放置一个默认方法 int kilometer( )。

具体如图 6.12 所示。

使用示例：
```
Distance oneKm = Distance.ofKilometer( 1 );
System.out.printf( "1 km =%d km,%d m%n", oneKm.kilometer(), oneKm.meter() );

Distance moreMeter = Distance.ofMeter( 12345 );
System.out.printf(
    "12345 m%d km,%d m", moreMeter.kilometer(), moreMeter.meter() );
```

```
                ┌─────────────────────────────────┐
                │         «interface»             │
                │          Distance               │
                ├─────────────────────────────────┤
                │ +ofMeter(value: int): Distance  │
                │ +ofKilometer(value: int): Distance │
                │ +meter(): int                   │
                │ +kilometer(): int «default»     │
                └─────────────────────────────────┘
                                △
                                ┆
                ┌─────────────────────────────────┐
                │      DistanceImplementation     │
                ├─────────────────────────────────┤
                │ +DistanceImplementation(value: int) │
                │ +meter(): int                   │
                └─────────────────────────────────┘
```

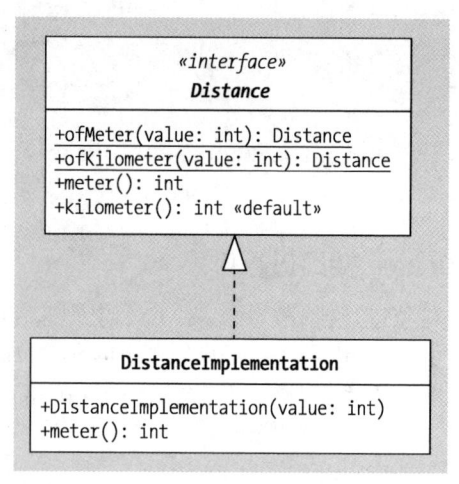

图 6.12　距离与实现的 UML 图示

6.9.5　使用谓词删除选定的元素 ★★

如果我们想使船舶节能，则必须移除所有耗电过多的电器。

List 方法 removeIf(Predicate<…>filter) 删除所有满足判断的元素。ArrayList 类是 List 接口的实现，因此该方法在 ArrayList 上可用。

例如，如果我们想要从 List<String> 中删除所有空字符串，则可以在列表上调用 removeIf(new IsStringEmpty( ))，IsStringEmpty 声明如下：

```java
class IsStringEmpty implements Predicate<String> {
  @Override public boolean test( String t ) {
    return t.trim().isEmpty();
  }
}
```

任务：

在船中放置一个新方法 removePowerConsumingElectronicDevices( )，它会删除所有功耗高于自选常量 MAXIMUM_POWER_COMSUMPTION 的电器。

6.10　建议解决方案

任务 6.1.1：用对象变量和主程序声明收音机

```java
public class Radio {
  boolean isOn;
```

```
    int volume;
}
```
列表 6.2 com/tutego/exercise/device/bmxtuz/Radio.java

变量 isOn 说明收音机是打开的还是关闭的，这里用 boolean 变量是合适的。关于音量，我们使用数字数据类型，可以在整数数据类型（如 int）和浮点数据类型（如 double）之间进行选择，这取决于需求。下面使用 int 类型。

Radio 既不能启动，也不能包含 main(...) 方法。我们将 start 方法放在新的 Application 类中，它用来创建收音机并赋值状态。

```
public class Application {

  public static void main( String[] args ) {
    Radio grandmasOldRadio = new Radio();

    grandmasOldRadio.isOn = true;
    grandmasOldRadio.volume = 12;

    System.out.println( "Current volume: " + grandmasOldRadio.volume );
  }
}
```
列表 6.3 com/tutego/exercise/device/bmxtuz/Application.java

任务 6.1.2：收音机的实现方法

```
public class Radio {

  boolean isOn;
  int volume;

  void changeVolume( int value ) {
    volume = Math.min( Math.max( volume + value, 0 ), 100 );
  }

  void volumeUp() {
    changeVolume( 1 );
  }
```

```java
void volumeDown() {
  changeVolume( -1 );
}

void on() {
  isOn = true;
}

void off() {
  isOn = false;
}

boolean isOn() {
  return isOn;
}

public String toString() {
  return "Radio[volume=" + volume + ", is " + (isOn ? "on" : "off") + "]";
}
}
```

列表 6.4 com/tutego/exercise/device/xcafnd/Radio.java

这些方法可以分为三组。

- 访问 volume 变量的方法。
- 访问 isOn 的方法。
- toString( ) 方法，它读取两个对象变量。

为了检查数值范围和设置变量 volume，创建一个新的方法 changeVolume(...) 来直接设置音量，而之后它必须是私有的。这样一来，调整收音机的音量的方法就从实际设置变量中解放出来了。嵌套的 min(...)/max(...) 方法确保数字的范围为 0～100。

toString( ) 方法遵循一个常见的结构，在一种作为前缀的类型名称之后跟着键值对。条件运算符不是简单地将对象变量 isOn 作为 boolean 表示形式 (true 或 false) 存在 Radio 的字符串中，而是返回一个单独的 on 或 off 标识符。

任务中的任务：toString( ) 方法可以由开发环境生成。想想如何做到这一点。

任务 6.1.3：私有部分：使对象变量私有

我们将关键字 private 放在对象变量和 changeVolume(int) 方法的前面：

```
private boolean isOn;
private int volume;

private void changeVolume( int value ) {
  volume = Math.min( Math.max( volume + value, 0 ), 100 );
}
```

我们可以使用 public 显性公开其他属性。如果未设置可见性修饰符，则该属性对包是可见的，即仅对同一包中的类型可见，但对包外不可见，如图 6.13 所示。

```
              Radio
-isOn: boolean
-volume: int
-changeVolume(value: int): void
+volumeUp(): void
+volumeDown(): void
+on(): void
+off(): void
+isOn(): boolean
+toString(): String «override»
```

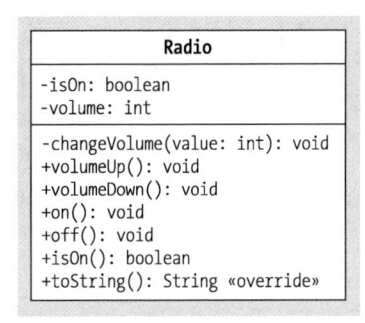

图 6.13　具有公共和私有属性的收音机 UML 图示

任务 6.1.4：创建 Setter 和 Getter

```
private boolean isOn;
private int volume;
private double frequency;

public void setFrequency( double frequency ) {
  this.frequency = frequency;
}

public double getFrequency() {
  return frequency;
}
```

```java
public int getVolume() {
  return volume;
}

public String toString() {
  return "Radio[volume=" + volume + ", isOn=" + isOn + ", frequency=" +
    frequency + ']';
}
```

列表 6.5 com/tutego/exercise/device/sgxrwy/Radio.java

现代开发环境可以自动生成 Getter/Setter。

- IntelliJ
  在编辑器中按 "Alt+Ins" 组合键，会出现一个小菜单。选择 "GETTERS AND SETTERS" 选项。现在可以在弹出的对话框中选择对象变量。
- Eclipse
  转到上下文菜单中选择 "SOURCE" → "GENERATE GETTERS AND SETTERS" 选项。在弹出的对话框中，我们可以选择对象变量并确定是否应仅生成 Getter/Setter。
- NetBeans
  按 "Alt+Ins" 组合键并在上下文菜单中选择 "GETTERS AND SETTERS" 选项，或者激活 SOURCE • INSERT CODE。

任务 6.2.1：将电台名称转换为频率

```java
class RadioStations {
  public static final String SEA_101_STATION_NAME = "sea 101";
  public static final double SEA_101_FREQUENCY = 101.0;
}

class Radio {
  public static double stationNameToFrequency( String station ) {

    if ( station == null )
      return 0.0;

    switch ( station.trim().toLowerCase() ) {
```

```
      case "walking the plank":
        return 98.3;

      case RadioStations.SEA_101_STATION_NAME:
        return RadioStations.SEA_101_FREQUENCY;

      default:
        return 0.0;
    }
  }

  // other methods omitted
}
```

列表 6.6 com/tutego/exercise/device/oxujap/Radio.java

stationNameToFrequency(String station) 方法首先测试给定的参数是否为 null，然后返回 0。另一种情况是异常。如果存在 String 对象，则 trim( ) 剪切掉前、后空格并将字符串转换为小写。switch-case 将比较两个字符串，"Walking the plank" 为硬编码，同时第二个字符串通过另一个类的常量引用。提示：与直接用小写的 "sea 101" 初始化 SEA_101_STATION_NAME 常量不同，我们还可以动态提取字符串：

```
public static final String SEA_101_STATION_NAME = "SEA 101".toLowerCase();
```

类变量是我们的下一个主题。

任务 6.2.2：使用跟踪器类编写日志输出

```
public class Tracer {

  private static boolean tracingIsOn;

  public static void on() {
    tracingIsOn = true;
  }

  public static void off() {
```

```
      tracingIsOn = false;
    }

    public static void trace( String msg ) {
      if ( tracingIsOn )
        System.out.println( msg );
    }

    public static void trace( String format, Object... args ) {
      if ( tracingIsOn )
        System.out.printf( format + "%n", args );
    }
  }
```
列表 6.7 com/tutego/exercise/oop/Tracer.java

Tracer 类有一个私有类变量 boolean tracingIsOn，我们可以在其中标记是否需要跟踪输出。on( ) 和 off( ) 方法可以设置 tracingIsOn。重要的是，不仅方法是静态的，而且变量 tracingIsOn 也是静态的。如果这些方法是附在类上的，而 tracingIsOn 是附在一个对象上的，那么它就不会起作用。静态方法只能访问他们自己的类变量，除非他们获得对一个对象的访问权，例如通过一个参数，或者他们自己创建一个对象。实际的 trace(...) 方法使用此状态来检查它们是否应该将某些内容输出到屏幕。

名为 trace(String format, Object... args) 的方法委托给 System.out.printf(...)，但将换行符附加到格式字符串，使其表现类似 println(...)。该方法的优点在于可以提高性能，因为不需要连接字符串。

> **知识点：**
> Java 中有各种记录器库供企业使用，Java SE 还通过 java.util.logging 附带一些基本功能。

测试 6.2.3：没有被盗

该程序无法编译，因为这里混合了静态和非静态属性。问题的核心是在 print(...) 方法中访问对象变量 value。但是，value 是对象变量，而不是静态变量。

参数变量大写会令人疑惑。如果 println(...) 可以访问 Value，那么对象变量就不需要了。

通过对象引用调用 main(...) 方法中的静态方法是不必要的，它只是让人眼花缭乱，如果该方法使用它自己的对象变量，就不需要参数。

任务 6.3.1：给收音机添加 AM-FM 调制

```
public enum Modulation {
  AM, FM
}
```
列表 6.8 com/tutego/exercise/device/ewslfg/Modulation.java

Modulation 声明了两个枚举元素 AM 和 FM。我们将它们大写，因为它们是常量，而常量通常大写。每个常量引用一个对象，因为枚举元素是引用变量，即 Modulation 类型的 AM 和 FM 参考对象。

以下来自 Radio 的摘录已简化为调制：

```
private Modulation modulation = Modulation.AM;

public void setModulation( Modulation modulation ) {
  this.modulation = Objects.requireNonNull( modulation );
}

public Modulation getModulation() {
  return modulation;
}
```
列表 6.9 com/tutego/exercise/device/ewslfg/Radio.java

如果我们想记住对 Modulation 的引用，那么可以创建一个 Modulation 类型的变量 modulation。使用 Modulation.AM 来预初始化对象变量 modulation，可以最大限度地降低调用 modulation 变量上的方法时出现 NullPointerException 的风险，例如我们调用 Modulation.toString( ) 的 toString( ) 方法。同样，setModulation(Modulation) 通过 Objects.requireNonNull(...) 检查是否未传递 null——如果传递了 null，则该方法将抛出 NullPointerException，如果它不为 null，则 requireNonNull(...) 返回引用，因此我们可以将参数放入对象变量。这是一种很好的编程风格——所有方法都应该检查是否传递 null 并确保没有传递。

toString( ) 方法很简单，因为这里的 Modulation 是一个自己拥有 toString( ) 的对象，所以 Radio 对象的 toString( ) 方法可以简单地访问 Modulation 的 toString( ) 方法。另外，对于正确运行来说，对象变量的 modulation 不为 null 是特别必要的。

任务 6.3.2：为调制设置有效的开始和结束频率

```java
private Modulation modulation = Modulation.AM;

private static final double MIN_AM_FREQUENCY =  148.5 * 1000    /* Hz */;
private static final double MAX_AM_FREQUENCY =  26.1 * 1_000_000 /* Hz */;
private static final double MIN_FM_FREQUENCY =  87.5 * 1_000_000 /* Hz */;
private static final double MAX_FM_FREQUENCY = 108.0 * 1_000_000 /* Hz */;

private double minFrequency = MIN_AM_FREQUENCY;
private double maxFrequency = MAX_AM_FREQUENCY;

public void setModulation( Modulation modulation ) {
  this.modulation = Objects.requireNonNull( modulation );
  minFrequency = modulation == Modulation.AM ?
    MIN_AM_FREQUENCY : MIN_FM_FREQUENCY;
  maxFrequency = modulation == Modulation.AM ?
    MAX_AM_FREQUENCY : MAX_FM_FREQUENCY;
}
```

列表 6.10 com/tutego/exercise/device/vonmxo/Radio.java

我们为 AM 和 FM 的最低和最高频率创建了四个常数。将 AM 调制的频率范围分配给任务中指定的两个对象变量 minFrequency 和 maxFrequency，因为这是对象变量调制的默认分配。

setModulation(...) 方法现在有不同的选项来检查变量 modulation 的分配，然后根据分配设置 minFrequency 和 maxFrequency。一种可能方式是用 if-else 进行条件判断，另一种方式则是用 switch-case，此处选择的方法使用条件运算符。enum 对象是所谓的单例，即只存在一次的对象，并且允许与 == 进行引用比较，这对于常规对象来说是不寻常的，因为常规对象必须使用 equals(...)。

任务 6.4.1：创建函数：编写收音机构造函数

```java
public Radio() {
}

public Radio( double frequency ) {
  setFrequency( frequency );
}
```

```
public Radio( String station ) {
  this( stationNameToFrequency( station ) );
}
```

列表 6.11 com/tutego/exercise/device/biwdxj/Radio.java

我们的解决方案有三个构造函数。无参构造函数为空但存在，这里不执行任何初始化。

我们有两个参数化的构造函数。存储频率的构造函数调用 setFrequency(double) 将频率传递给内部对象变量。在这里，我们需要选择是直接使用 this.frequency = frequency 初始化对象变量还是调用 Setter。Setter 解决方案通常更好，其中有两个原因：首先，状态的初始化是一个实现细节，如果要更改对象变量中的某些内容，我们作为开发人员不得不找遍所有有读写权限的地方。同时还要记住，Setter 也可以执行验证。我们不想在构造函数中重复这一点，因为代码重复很糟糕。因此，构造函数可以将存储转移到对象变量中，并将验证转移到 Setter 中。

使用电台初始化收音机时，首先将字符串转换为频率，然后构造函数转发：

```
this( stationNameToFrequency( station ) );
```

以便构造函数 Radio(double frequency) 使用 double 存储频率。

有了 this(...)，就有可能只有一个构造函数具有实现，而所有其他构造函数都转发给这个构造函数。其优点是只需要更改这一个构造函数即可进行扩展，然而在实践中，其缺点是对象中很容易出现默认值或 null 的情况。总体说来，初始化构造函数非常重要，因为它们将对象带入有效的初始状态，以便每个后续方法调用都可以假定一个正确、有效的对象。

任务 6.4.2：实现复制构造函数

```
public Radio( Radio other ) {
  setFrequency( other.frequency );
  setModulation( other.getModulation() );
  if ( other.isOn() ) on(); else off();
  this.volume = other.volume;
}
```

列表 6.12 com/tutego/exercise/device/ifqbap/Radio.java

复制构造函数有许多特点。基本上，它是用来读取已移交的收音机，然后将各状态转移到自己的新收音机。

我们使用 Getter 和 isOn( ) 方法从 Radio 中获取状态，并使用 Setter 和 on( )/off( ) 方法传输到我们自己的对象变量中。

但是，volume 对象变量没有 setVolume(...)/getVolume(...)。Java 可见性中的特殊规则基本上允许我们访问已传输的 Radio 的私有状态，因为我们自己就是 Radio！我们必须使用它从已传输的 Radio 中读取 volume 并将其传输到新的 Radio。对于其他状态，我们避免在构造函数中读取外部私有变量并将它们写入我们的私有变量。

任务 6.4.3：实现工厂方法

```java
public class TreasureChest {

  public final int goldDoubloonWeight;
  public final int gemstoneWeight;

  private TreasureChest( int goldDoubloonWeight, int gemstoneWeight ) {
    if ( goldDoubloonWeight < 0 || gemstoneWeight < 0 )
      throw new IllegalArgumentException( "Weight can't be negative" );
    this.goldDoubloonWeight = goldDoubloonWeight;
    this.gemstoneWeight = gemstoneWeight;
  }

  public static TreasureChest newInstance() {
    return new TreasureChest( 0, 0 );
  }

  public static TreasureChest newInstanceWithGoldDoubloonWeight( int weight ) {
    return new TreasureChest( weight, 0 );
  }

  public static TreasureChest newInstanceWithGemstonesWeight( int weight ) {
    return new TreasureChest( 0, weight );
  }

  public static TreasureChest newInstanceWithGoldDoubloonAndGemstonesWeight(
      int goldDoubloonWeight, int gemstonesWeight ) {
    return new TreasureChest( goldDoubloonWeight, gemstonesWeight );
  }
}
```

列表 6.13 com/tutego/exercise/device/TreasureChest.java

类声明包含两个公共变量。因为它们是最终的，所以一旦写入就不能修改。公开对象变量是完全没问题的，当变量不能再被修改时，不一定总是要有 Getter。Setter 主要是有助于确保值的正确范围——在我们的例子中，这是通过构造函数接受并验证值而达到的。

我们有一个不能从外部调用的私有构造函数，它只被我们自己的静态工厂方法使用，这四个工厂方法允许两个对象变量的所有排列方式。

1. 两个变量都没有设置，那么默认值为 0。
2. 设置两个值之一，另一个初始化为 0。
3. 两个值都设置好。

与构造函数相比，这些工厂方法的优点是什么？当没有多种方法来初始化实例时，构造函数是一个不错的选择。然而，在我们的例子中，可以选择初始化 goldDoubloonWeight 或 gemstoneWeight，并且构造函数始终具有预定义的类名。我们不可能编写两种不同的构造函数变体，使它们都采用整数并且可以区分要用 goldDoubloonWeight 还是 gemstoneWeight。当然，我们可以耍点花招，例如，传递一个枚举作为识别的第二个参数，但这并不好。工厂方法的魅力在于它们是被命名的方法，即使不同方法的参数列表相同，方法名也能明确其功能。

任务 6.5.1：将显像管连接到电视机

```
class MonitorTube {

  private final TV tv;

  public MonitorTube( TV tv ) {
    this.tv = tv;
  }

  public TV getTv() {
    return tv;
  }

  public void on() {
    System.out.println( "Tube is on." );
  }
```

```java
  public void off() {
    System.out.println( "Tube is off." );
  }
}

class TV {

  private boolean isOn;
  private final MonitorTube tube = new MonitorTube( this );

  public void on() {
    isOn = true;
    System.out.println( "TV is on." );
    tube.on();
  }

  public void off() {
    isOn = false;
    System.out.println( "TV is off." );
    tube.off();
  }

  public String toString() {
    return String.format( "TV[on?=%s]", isOn );
  }
}
```

列表 6.14 com/tutego/exercise/device/ihehzk/TVWithMonitorTube.java

我们从 MonitorTube 类开始。为了让显像管能够记住电视机，我们创建一个 TV 类型的新变量——之后它将包含对电视机的引用。此引用是通过构造函数设置的。因此，该变量也可以是最终的，因为在类中没有其他地方描述该变量。构造函数接受引用，并且也只能是有参构造函数，而不是无参构造函数，因为我们不希望只造出显像管而没有电视机。随后是一个 Getter 以及 on( ) 和 off( ) 方法，用来报告显像管正在打开或关闭。

下一个类 TV 在一个私有对象变量 isOn 中记录了电视机是打开的还是关闭的，我们在 on( ) 和 off( ) 方法中设置这个对象变量。在 MonitorTube 类型的对象变量 tube

中，电视机记住了显像管。初始化：

```
private final MonitorTube tube = new MonitorTube( this );
```

this 是在构造函数中传递的，因此对当前电视机的引用被传递给显像管，这意味着显像管接收了电视机，而我们之前已经看到显像管记住了电视机，于是我们直接建立了一个双向关系。如果我们只想要一个单向的关系，则只会设置一个 MonitorTube，而不会设置从 MonitorTube 到 TV 的反向链接。

on( ) 和 off( ) 方法现在有两个职责：首先它们设置内部标志，然后它们委托给 MonitorTube 的 on( ) 和 off( ) 方法。

双向关系是实用的，因为你总是可以到达另一边。然而，这其中存在着两个对象指代同一个对立面的危险，即第一个对象忘记了它不再具有双向的关系。建立双向关系问题不大，但如果双方随后重新绑定，那么在建立新关系之前，必须首先解除这两种关系。自定义方法可以确保对方被解除关系。

测试 6.5.2：关联、组合、聚合

正常的关联是两个对象之间的连接，当一个对象引用另一个对象时，用该术语描述是正确的。

组合和聚合是一种特殊的关联形式，可以反映生命周期。

- 在组合中，关联对象的生命周期与另一个对象的生命周期绑定。例如，对象 A 引用对象 B，如果 A "死亡"，即不再被引用并且可以被垃圾收集器删除，那么如果没有其他对 B 的引用，B 也会 "死亡"。
- 聚合组合了多个对象，被引用的对象有自己的生命周期。如果一个对象 A 关联另一个对象 B，则当对象 A 被移除时，对象 B 仍然可以存在。术语 "聚合" 并不常用，仅使用术语 "关联"，尤其是在 UML 图示中。然而，由于术语 "关联" 没有说明被引用对象的生命周期，所以有时可以用 "聚合" 明确强调这一点。

任务 6.5.3：通过 1:n 关联将收音机添加到船上

```
class Ship {
  private final ArrayList<Radio> radios = new ArrayList<>();

  public void load( Radio radio ) {
    radios.add( radio );
  }
```

```java
public int numberOfRadiosSwitchedOn() {
  int result = 0;

  for ( Radio radio : radios )
    if ( radio.isOn )
      result++;

  return result;
}

public String toString() {
  return "Ship[" + radios + "]";
}
}
```

列表 6.15 com/tutego/exercise/device/luyyrl/Application.java

在 Ship 类中，我们按照任务中的描述设置 radios 变量。
写法也可以用菱形运算符稍微缩短：

```java
ArrayList<Radio> radios = new ArrayList<>();
```

由于该变量是私有的，所以无法从外部访问收音机，但我们必须使用可以访问对象变量的辅助方法。load(Radio radio) 允许添加收音机，该方法委托给 ArrayList 的 add(...) 方法。

第二个 numberOfRadiosSwitchedOn() 方法返回打开的收音机的数量。需要注意的是，这不是关于收音机的总数——这个很好确定——而是关于状态为 true 的收音机的数量，因此我们必须遍历整个列表并单独检查每个收音机。这里有几种解决方案：

- ▶ 一个相当方便的解决方案是扩展 for 循环。我们知道这种类型的循环与数组有关：ArrayList 可以放在冒号的右侧。通过这种方式，我们可以从头到尾运行整个列表。我们得到每个收音机并测试是否设置了对象变量，如果是，就增加我们的结果计数器。
- ▶ 另一个解决方案是用一个计数循环，从 0 运行到 radios.size()，并使用 get(int) 方法找出位置上的每个收音机。不过，扩展 for 循环的解决方案更好。

- 还有第三种解决方案，即 Stream API，但我们还需要一段时间才会学到那里，那时这个问题就可以用一句话来回答。
- 如果我们想用以前的知识给这艘船提供其他电器，那么我们将不得不引入不同特殊类型的数据结构，即一个包含制冰机的 ArrayList 或一个包含电视机的 ArrayList。很明显，这很快就会变得混乱，但面向对象的编程语言对此有一个完美的解决方案：继承！

任务 6.6.1：通过继承将抽象引入电器

```java
class ElectronicDevice {

  private boolean isOn;

  public void on() {
    isOn = true;
  }

  public void off() {
    isOn = false;
  }

  boolean isOn() {
    return isOn;
  }

  public String toString() {
    return "ElectronicDevice[is " + (isOn ? "on" : "off") + "]";
  }
}

class IceMachine extends ElectronicDevice {
}

class Radio extends ElectronicDevice {
  int volume;
}
```

列表 6.16 com/tutego/exercise/device/jkvzow/ElectronicDevices.java

如果我们使用继承，那么就是在实现一种"所属"的关系，所有子类必须无条件地支持超类所规定的以及"可以"做的事情。关于我们会向上移动哪些对象变量和方法的问题，最终都与开/关状态有某种关系。如果我们看一下 Radio 的其他对象变量和方法，很快就会意识到，它们不在 ElectronicDevice 的超类中。并非世界上每个电器都有一个频率或音量。一旦我们在超类中定义了对象变量，它们就适用于所有被写入的子类。

有了 IDE，将属性移到超类非常容易，这样就不需要手动操作了。重构一般被称为将成员向上移动（Pull Members up）。

超类 ElectronicDevice 得到一个对象变量 isOn，它是私有的，即只能通过方法从 ElectronicDevice 读写。其他三个方法可以将状态设置为真或假，或者查询状态，但从外部直接访问私有变量已经不可能了，我们必须通过方法操作。此外，超类有一个 toString( ) 方法的实现。这里的字符串不能包含比状态 isOn 更多的内容。我们可以根据个人喜好选择通过内部变量，还是通过 isOn( ) 方法。子类保留它们的 toString( ) 方法，我们将在后面看到 toString( ) 方法也可以被连接起来。

超类由两个子类 IceMachine 和 Radio 加入，子类扩展了它们的超类，但超类不知道它们的子类。

测试 6.6.2：三、二、一
该程序可以运行，启动后，屏幕给出以下输出：

12

构造 Three 类型的对象，导致调用 Three( ) 构造函数，而 Three( ) 构造函数调用 Two 类构造函数，Two( ) 构造函数则调用 One( ) 构造函数。

令人讨厌的是，在 Three 类中只有一个编译器创建的默认构造函数，而我们添加了一个与构造函数无关的 void Three( ) 方法，该方法是大写的，这违反了命名约定，但不被禁止。每个构造函数都会自动调用超类的构造函数。

但是，默认构造函数中没有控制台输出。我们使用控制台输出编写了 Two( ) 和 One( ) 构造函数，由于构造函数首先运行到顶部，所以输出首先是 1，然后是 2。

测试 6.6.3：私有和受保护的构造函数
如果一个类有一个私有构造函数，那么就不能从外部构造该类的实例，但可以使用静态方法从内部实例化类。如果将这种实例提供给外部，则也称这种方法为工厂方法。以下示例说明了这一点：

```
class Cloth {
```

```
  private Cloth() {
  }

  public static Cloth create() {
    return new Cloth();
  }
}
```

无法从 Cloth 类外部实例化，该尝试会导致编译器错误：

```
class Skirt {
  Cloth skirt = new Cloth();
}
```

构造函数调用错误是：'Cloth( )' has private access in 'Cloth'。

也不可能形成子类，因为每个类都会自动调用超类的构造函数。Cloth 类只有一个构造函数，并且是私有的，因此不可能形成子类。像

```
class Petticoat extends Cloth {
}
```

这样的声明会导致错误 There is no default constructor available in'Cloth'。

这是私有构造函数和 protected 构造函数之间的区别，因为受保护构造函数可以从子类中调用。然而，由于 protected 也意味着包可见，所以同一个包中的其他类也可以使用 protected 构造函数创建该类的实例。

任务 6.6.4：确定打开的电器的数量

```
public static int numberOfElectronicDevicesSwitchedOn(
  ElectronicDevice... devices ) {
  int result = 0;

  for ( ElectronicDevice device : devices )
    if ( device.isOn )
      result++;
```

```
    return result;
  }
```

列表 6.17 com/tutego/exercise/device/mkwrrt/ElectronicDevice.java

该方法与我们之前编写的 numberOfElectronicDevices-SwitchedOn( ) 对象方法非常相似，唯一的区别是现在我们不仅要询问收音机，还要询问任何打开的 ElectronicDevice 对象。也就是说，任何属于 ElectronicDevice 的东西都可以通过可变参数引入方法，这可以是三台收音机，也可以是一台收音机或一台电视机。

要始终记住可变参数是一个数组，它们是对象，对象引用可以为 null。我们的方法不查询 ElectronicDevice == null 并且本身不抛出异常，但是当扩展的 for 循环引用为 null 的数组时，会隐性抛出此异常。我们可以跳过对 null 的显性查询，因为结果 NullPointerException 将是相同的。

任务 6.6.5：船应容纳任何电器

```java
public class Ship {

  private final ArrayList<ElectronicDevice> devices = new ArrayList<>();

  public void load( ElectronicDevice device ) {
    Objects.requireNonNull( device );
    devices.add( device );
  }
}
```

列表 6.18 com/tutego/exercise/device/lofryn/Ship.java

概括地说，船只有内部列表和添加方法。对于 ArrayList<ElectronicDevice>devices 对象变量，我们将类型从 Radio 更改为 ElectronicDevice，以便可以在列表中存储任何电子设备。我们还更改了变量名称，并稍微重写了添加方法，因为我们现在可以接受任何 ElectronicDevice 对象，参数类型也因此从 Radio 更改为 ElectronicDevice。至此我们可以接受任何电器，它们可以是收音机、电视机或冰淇淋机或任何属于 ElectronicDevice 子类的东西，包括在程序中已有的内容或将在开发阶段后期添加的内容。

Objects.requireNonNull(...) 用以防止 null 引用进入列表。

任务 6.6.6：将正在工作的收音机带到船上

```java
public class Ship {
```

```java
    private final ArrayList<ElectronicDevice> devices = new ArrayList<>();

    public void load( ElectronicDevice device ) {
      Objects.requireNonNull( device );
      if ( device instanceof Radio ) {
        if ( ((Radio) device).getVolume() == 0 )
          return;
        System.out.println( "Radio wurde hinzugefügt, schon GEZahlt?" );
      }

      devices.add( device );
    }
  }
```
列表 6.19 com/tutego/exercise/device/dxsyvb/Ship.java

instanceof 运算符测试我们正在查看的对象类型，变量 devices 的引用类型始终是 ElectronicDevice（也不是我们之前禁止的 null），但在运行时它可以是完全不同的对象类型，这里 instanceof 运算符在运行时可以提供帮助。如果我们有 Radio 类型的东西，或者扩展 Radio 本身，那么 instanceof 运算符会指出这一点。

任务 6.6.7：火警不响：重写方法

```java
public class Firebox extends ElectronicDevice {
  public Firebox() {
    on();
  }
  @Override void off() {
    System.out.println( "A firebox is always on, you can't switch it off" );
  }
}
```
列表 6.20 com/tutego/exercise/device/hthiin/Firebox.java

Firebox 是 ElectronicDevice 的另一个子类，该类继承了超类的所有内容，但重写了 off( ) 方法。正文中只有一个控制台输出，且未修改开/关标志。我们使用 Override 注释，标记该方法已经存在于超类中，但我们用子类中的新行为重写它。

对于编译器和运行环境，注释不是必需的。两者都知道何时重写方法，但是使用注释时，编译器可以检测错误，例如拼写错误或后续更改，并且对超类中的参数列表仅重载子类中的方法，而不是重写。

> **知识点：**
> 我们已经多次重写了一个方法，但你可能没有注意到它：toString( )。该方法来自绝对超类 java.lang.Object。

由于火灾探测器应该在创建后打开，所以我们实现了一个构造函数并调用 on( )。

任务 6.6.8：调用超类的方法

为了节省代码，TV 的建议解决方案有所精简，仅与 MonitorTube 具有单向关系。

```
class TV extends ElectronicDevice {

  private MonitorTube monitorTube = new MonitorTube();

  @Override void on() {
    super.on();
    monitorTube.on();
  }

  @Override void off() {
    super.off();
    monitorTube.off();
  }
}
```

列表 6.21 com/tutego/exercise/device/rojnsv/TV.java

方法重写用新的实现替换超类的原始实现。将两者结合起来并不矛盾——一方面能够达成方法的新实现，另一方面仍然调用原始实现，Java 中通过关键词 super 许可这种做法。关键词 super 有两种形式：一种调用超类的构造函数，另一种调用重写方法，因为 super 将我们带入超类型的命名空间。如果我们在没有 super 的情况下调用方法，则会遇到递归。

一方面，TV 应该在超类中存储是否开启的状态，这是通过超类的 on( ) 和 off( ) 方法完成的，TV 必须调用这些方法才能进入超类状态。另一方面，电视机上的 on( )/off( ) 方法需要打开和关闭显像管，这就是委托的任务。委托是指一个对象将调用传递给另一个对象。当电视机打开或关闭时，显像管也随之打开和关闭。

任务 6.7.1：放假啦！关闭所有设备

```
public void holiday() {
  for ( ElectronicDevice device : devices )
    device.off();
}
```

列表 6.22 com/tutego/exercise/device/mkwrrt/Ship.java

为了可以运行所有电器，我们再次使用扩展的 for 循环。我们在每个 ElectronicDevice 对象上调用 off( ) 方法，该方法是动态绑定的，运行环境决定方法调用究竟会去哪里，是收音机、电视机还是其他电器。Firebox 所选定的实现还确保警报不会被停用，而是发出相应的消息。

测试 6.7.2：Bumbo 是一种很棒的饮料

该程序编译后可以执行，且没有异常，输出是：

```
2 ounces rum, 1 ounce water, 2 sugar cubes, cinnamon, nutmeg
```

这个程序有一个特殊的 Java 属性：协变返回类型。超类声明了 printIngredients( ) 方法，而子类中会重写该方法。在 Java 中重写方法时，我们必须选择完全相同的参数列表，但在返回类型和异常方面有一些余地，即子类可以返回子类型，该子类型是被重写方法的返回类型。Drink 中的 getInstance( ) 返回 Drink，Bumbo 中的 getInstance( ) 返回一个 YummyDrink，它是 Drink 的子类型，这让编译器很高兴。原则上，我们可以在 Bumbo 中更具体地编写：

```
public Bumbo getInstance() { // statt YummyDrink getInstance()
  return this;
}
```

引用类型对运行时环境要求不高。被重写的方法将被动态链接，并且由于内存中有一个带有 new Bumbo( ) 的 bumbo，printIngredients( ) 也会给我们提供饮料的配方。

测试 6.7.3：调味伏特加

该任务测试对类型转换、重写和动态绑定的理解。子类具有与超类完全相同的方法，因此子类重写了 seasoned( ) 方法，这里故意省略 @Override 注释，但编译器很清楚该方法被重写。

输出结果是 blackcurrant，因为编译器在内存中有一个 Vodka 类型的对象，并且所有方法都是动态绑定的。显式类型转换为 AlcoholicDrink 时，动态绑定不可能暂停。对于方法调用来说，编译器是否知道引用类型无关紧要，运行时环境确切地知道它正在查看什么样的对象，而不需要类型转换来做到这一点。

测试 6.7.4：朗姆酒天堂
该程序编译后可以执行，且没有异常，输出是：

7
2

该程序展示了 Java 的两个核心特征：首先是初始化器的工作过程，然后是被覆盖方法的动态绑定与对象变量不能被覆盖之间的区别。

我们从类本身开始。两者都有一个对象变量、一个构造函数和一个方法。Rum 下面是子类 AlcoholicDrink，由于它有相同的方法 older( )，所以该方法被重写了。这两个类都包含自己的对象变量 aged，其中子类中的对象变量 aged 与超类中的对象变量 aged 无关——在 Java 中，该特性称为隐藏（英语：hiding）。不要将对象变量隐藏与遮蔽（英语：shadowing）混淆，遮蔽是在局部变量与对象变量同名时发生的，而我们的示例中没有。

要了解输出，我们需要了解构造函数和初始化对象变量之间的关系。字节码中没有初始化的对象变量，也没有任何初始化的类变量，它们必须使用不同的结构来实现。对象变量分配设置在每个构造函数中，静态变量分配设置在类的 static{} 初始化块中。代码从

```
class Rum extends AlcoholicDrink {
  int aged = 3;
  Rum() { aged += 4; }
}
```

变成

```
class Rum extends AlcoholicDrink {
  int aged;
  Rum() {
    aged = 3;
    aged += 4;
```

        }
    }

因此，在构造函数中：

```
Rum() {
  aged = 7;
}
```

如果我们在 main(...) 中创建变量 lakeGay，那么它的对象类型是 Rum，引用类型是 AlcoholicDrink。当我们调用 older() 方法时，会在 Rum 类型上调用被重写的方法，因为内存中有一个 Rum 对象，并且被重写的方法是动态绑定的。older() 方法询问变量 aged 并返回它。我们之前已经看到，aged 默认设置为 7。但为什么返回值不是 8？这是由变量名后面的后增量运算符 ++ 造成的，即 aged 被保存以返回，然后递增，返回该保存值，我们不要求之后的数字是 8。

对象变量 aged 存在于 AlcoholicDrink 和 Rum 类中。提醒一下，类和对象变量不是动态绑定的，只有对象方法是动态绑定的，而类和对象变量或静态方法绝无可能！

如果我们使用 aged 对象变量，则编译器会听从 AlcoholicDrink 引用类型，aged 默认被设置为 2。这怎么解释？ 我们没有构造一个 AlcoholicDrink 类型的对象，为什么构造函数会运行？这是因为 AlcoholicDrink 的构造函数在 Rum 实例化期间被间接调用。构造 Rum 对象时，会调用 Rum 的构造函数，而后者又会自动调用超类的构造函数。AlcoholicDrink 的构造函数将变量增加 1，因此 AlcoholicDrink 中的 age 变为 2，这就是我们看到的输出。

测试 6.8.1：消费设备作为抽象的超类？

我们不需要实例化 ElectronicDevice 类，在我们的架构中，我们仅将其用作超类，因此，将 ElectronicDevice 类抽象化不是问题。这也是一个好主意，因为这样做我们表达了一些重要的东西，即这个类是一个建模类，它作为一种数据类型代表一组电器并指定一个共性。

任务 6.8.2: TimerTask 作为一个抽象类的例子

```
public class FreeDiskSpaceTimer {
  public static void main( String[] args ) {
    final int REPETITION_PERIOD = 2000 /* ms */;
    new Timer().schedule( new FreeDiskSpaceTimerTask(), 0,
```

```
          REPETITION_PERIOD );
  }
}

class FreeDiskSpaceTimerTask extends TimerTask {
  private static final long MIN_CAPACITY = 100_000_000_000L;
  private final File root = File.listRoots()[ 0 ];

  @Override public void run() {
    long freeDiskSpace = root.getFreeSpace();
    if ( freeDiskSpace < MIN_CAPACITY )
      System.out.printf(
        "Device%s has less than%,d byte available, currently%,d byte%n",
        root, MIN_CAPACITY, freeDiskSpace );
  }
}
```

列表 6.23 com/tutego/exercise/oop/FreeDiskSpaceTimer.java

我们将任务分为两类。第一个类包含 main(...) 方法并启动计时器，第二个类为我们的任务扩展 TimerTask 类。

每个单独的任务都是 TimerTask 的子类。抽象类规定了一个抽象 run( ) 方法，我们的任务必须重写该方法。如任务中所述，我们使用单行代码来确定 File.listRoots( ) 返回的第一个驱动器上的空闲字节数，然后运行测试。如果空闲字节数小于最小容量，则我们将在控制台上发出消息；如果有更多的可用空间，则一切正常且屏幕上不会有输出。

要开始我们的任务，首先需要创建一个 Timer 对象。Timer 为我们提供了 schedule(...) 方法，可以将具体任务的实例以及延时和重复率传递给该方法。我们想马上开始，因此没有延时，重复率是 2 秒，也就是 2 000 毫秒（参数的时间单位）。

任务 6.9.1：比较电器的消耗

```
public class ElectronicDevice {

  private int watt;

  public int getWatt() {
```

```
      return watt;
    }

    public void setWatt( int watt ) {
      this.watt = watt;
    }

    @Override public String toString() {
      return "ElectronicDevice[watt=" + watt / 1000 + "kW]";
    }
}
```
列表 6.24 com/tutego/exercise/device/bhdavq/ElectronicDevice.java

ElectronicDevice 类只保留一个瓦数,其他所有内容都要删除,因为那不是任务所必需的。toString( ) 方法将瓦特值除以 1 000 以转换为千瓦值。

有多种方法可以实现 Comparator 接口。我们的解决方案是第一个变体。第二个变体通过 enum 实现,第三个变体通过 Lambda 表达式实现。我们将坚持使用简单的解决方案,稍后再用 Lambda 表达式更详细地讨论 Comparator 的实现。

我们再看一下 Comparator 接口的简化声明:

```
public interface Comparator<T> {
  int compare(T o1, T o2);
}
```

Comparator 是具有类型参数 T 的泛型数据类型。如果我们的类要实现 Comparator 接口,就要使用类型参数形成参数化类型。类型参数表示 Comparator 想要比较的类型,在我们的例子中是 ElectronicDevice。在我们实现 Comparator 的时候,实现 int compare(T o1, T o2) 方法,类型参数 T 成为类型参数 ElectronicDevice。我们将 @Override 放在该方法上,从而让读者清楚地知道这里是方法重写。注释对编译器没有任何作用,因为在任何情况下都必须实现该方法,如果缺少实现,则编译器会报告错误。

```
import java.util.Comparator;

public class ElectronicDeviceWattComparator
    implements Comparator<ElectronicDevice> {
```

```java
@Override
public int compare( ElectronicDevice ea1, ElectronicDevice ea2 ) {
  System.out.println( ea1 + " is compared with " + ea2 );
  return Double.compare( ea1.getWatt(), ea2.getWatt() );
}
}
```
列表 6.25 com/tutego/exercise/device/bhdavq/ElectronicDeviceWattComparator.java

实现本身首先在命令行上输出第一和第二个电器的 toString( ) 表示，如果稍后调用 compare(...) 方法，我们可以轻松追踪该方法中输入了哪些电器。

每个 Comparator 看起来基本相同，需要提取适当的对象变量，然后将它们关联起来。在我们的例子中，Comparator 使用的是两个电器的功率。瓦特值是两个整数，原则上，我们可以取这两个数字并按照模式进行比较：如果第一个电器的瓦特值大于第二个电器的瓦特值，则结果为正；如果两个瓦特值相等，则结果为 0；除此以外结果为负。但我们基本上只是在这里比较两个浮点数，对此我们可以从库中寻求帮助。Integer 类提供了一个完全符合我们需要的静态方法 compare(int, int)：它接收两个整数输入并输出负数、正数或 0。其他的包装类也有相似的方法。

我们的 electronicDeviceWattComparator 类的 compare(...) 方法和 Integer.compare(...) 方法就是所谓的 3 路比较函数，因为它们接收两个值，并通过 3 个不同的返回值来说明接收值之间的关系。

任务 6.9.2：找到耗电量最高的电器

```java
public ElectronicDevice findMostPowerConsumingElectronicDevice() {
  if ( devices.isEmpty() )
    throw new IllegalStateException(
      "Ship has no devices, there can't be a maximum in an empty collection" );
  return Collections.max( devices, new ElectronicDeviceWattComparator() );
}
```
列表 6.26 com/tutego/exercise/device/bhdavq/Ship.java

Java 库中有不同的方法可以传递给 Comparator。总而言之，这些方法都必须以某种方式使集合元素变得有序，这可以发生在确定最大值或最小值或排序时。这项任务规定 Collection.max(...) 方法可以根据 Comparator 从集合中找出最大的元素。

有两样东西必须要传递给 max(...) 方法：一是包含元素的集合，二是 Comparator。如果我们要经常调用 findMostPowerConsumingElectronicDevice( ) 方法或者需要

ElectronicDeviceWattComparator 更频繁地进行其他操作，我们可以考虑将其创建为一个对象，并保存在静态变量中。Comparator 通常没有状态，因此可以轻松共享。但是，如果我们的 Comparator 实例只需要用几次，则无须在内存中保留这样的引用，因为其引用的对象几乎从未使用过。

max(...) 方法返回最大元素，即 findMostPowerConsumingElectronicDevice( ) 返回的内容。但有一个区别：如果集合为空，min(...)/max(...) 会返回 NoSuchElementException，这不是我们想要的。因此，我们需预先检查集合是否为空，如果是，则抛出异常。

运行程序时，我们可以通过控制台输出很明显地看到 max(...) 方法自动调用了 compare(...)。情况往往是这样的：我们不调用接口的重写方法，而是调用库或框架。

任务 6.9.3：使用 Comparator 接口进行排序

```
private final static ElectronicDeviceWattComparator
  ELECTRONIC_DEVICE_WATT_COMPARATOR =
    new ElectronicDeviceWattComparator();

public void load( ElectronicDevice device ) {
  devices.add( device );
  devices.sort( ELECTRONIC_DEVICE_WATT_COMPARATOR );
}
```

列表 6.27 com/tutego/exercise/device/idulay/Ship.java

Comparator 实例是不可变的，因此我们可以将引用保存在类变量中，如此一来就不必在每次添加时都重新创建它。sort(...) 方法在添加后传递它自己的 ELECTRONIC_DEVICE_WATT_COMPARATOR。

任务 6.9.4：接口中的静态方法和默认方法

```
class DistanceImplementation implements Distance {

  private final int value;

  DistanceImplementation( int value ) {
    this.value = value;
  }

  @Override public int meter() {
```

```java
      return value;
    }
  }

  public interface Distance {
    static Distance ofMeter( int value ) {
      return new DistanceImplementation( value );
    }

    static Distance ofKilometer( int value ) {
      return new DistanceImplementation( value * 1000 );
    }

    int meter();
    default int kilometer() {
      return meter() / 1000;
    }
  }
```

列表 6.28 com/tutego/exercise/oop/Distance.java

当然，如果接口提供了静态工厂方法，那么我们不能实例化接口本身。实例只能从类创建，因此，我们必须为接口提供一个实现，在建议的解决方案中称为 DistanceImplementation。该类提供了一个参数化的构造函数并将值以米为单位存储在一个私有变量中。该实现还负责重写 meter() 方法，它将内部状态提供给外部。

Distance 接口有四种方法。首先，有两个静态工厂方法可以创建 DistanceImplementation 的实例。在以米为单位的情况下，ofMeter() 的参数可以直接作为实参放入 DistanceImplementation 的构造函数，而在使用 ofKilometer(int) 的情况下，该值乘以 1 000 后用作构造函数实参。

Meter() 方法是唯一的抽象方法，因此，DistanceImplementation 类只需实现这一个方法。第四种方法 kilometer() 是一个默认方法，它通过询问米数来访问抽象方法 meter()，将它们除以 1 000 并返回公里数。

任务 6.9.5：使用谓词删除选定的元素

```java
private final static int MAXIMUM_POWER_CONSUMPTION = 1000;

public void removePowerConsumingElectronicDevices() {
```

```java
class IsPowerConsumingElectronicDevice implements Predicate<ElectronicDevice>
{
  @Override public boolean test( ElectronicDevice electronicDevice ) {
    return electronicDevice.getWatt() > MAXIMUM_POWER_CONSUMPTION;
  }
}
devices.removeIf( new IsPowerConsumingElectronicDevice() );
}
```

列表 6.29 com/tutego/exercise/device/bhdavq/Ship.java

第一步，我们声明一个常量，表示可接受消耗的最大值。该变量是私有的，因为只有我们对它感兴趣，它是最终的，它不应该被改变；它又是静态的，因为像这样的常量不属于一个对象；它的数据类型是 int，因为电器功率的数据类型也是 int。

在该方法中，我们再次使用内部本地类的可能性。原则上，类声明可以在外部进行，因为这个类不使用任何局部变量。然而，作为一个内部本地类，它很适合我们，因为类声明仅在 removePowerConsumingElectronicDevices( ) 方法的背景下是必要的。如果还存在谓词应该与其他方法关联的情况，则应该把嵌套的本地类从方法中提取出来。

IsPowerConsumingElectronicDevice 类实现了电器的谓词，对具体电器进行了测试，并返回有关此电器的真值。我们用谓词获取功率并查询它是否大于常数 MAXIMUM_POWER_COMSUMPTION。如果是，则电器耗电量高。至于编写测试时是使用"大于"还是"大于或等于"取决于个人偏好。

下一步，我们实例化 IsPowerConsumingElectronicDevice 并将其提供给列表 devices 的 removeIf(...) 方法。该方法在所有电器上运行一个内循环，将每个电器传递给我们的判断条件，如果判断条件表明该电器耗电量过高，则 removeIf(...) 将其从列表中删除。这些方法的美妙之处在于我们不必麻烦自己对数据结构进行删除和运行，此功能是 removeIf(...) 的内部功能。

第 7 章
嵌套类型

以前所有的类型声明都在自己的文件中，即所谓的编译单元。然而，对于嵌套类型，Java 提供了在类型声明中放置另一个类型声明的可能性，以便将这些类型更紧密地绑定在一起。下面的练习清楚地说明了嵌套类型特别适用于什么。然而，嵌套类型也有一些陷阱。因此，几个小测验将有助于深入了解嵌套类型。

7.1 声明嵌套类型

当内部类型与外部类型紧密绑定时，或者当类型声明需要保持"秘密"时，嵌套类型很有用，因为它不应该对其他类型或其他方法可见。接下来的两个任务给出了这两个原因的示例。

7.1.1 在无线电类型中设置 AM-FM 调制 ★

在第 6 章的"给收音机添加 AM-FM 调制"任务中，我们在一个单独的 Java 文件中声明了枚举类型 Modulation。声明如下所示：

```
public enum Modulation { AM, FM }
```

带有声音的声波被调制，并产生无线电波，无线电接收后又转化为声波。由于无线电总是需要调制，所以类型 Modulation 可以放在类型 Radio 中，这种密切的绑定可以很好地与嵌套类型进行映射。例如，这可以使无线电的声波调制很好地与视频信号的调制分开；这样的第二个枚举可以容纳在类 TV 中。

任务：

▶ 将枚举类型 Modulation 放在类 Radio 中（见图 7.1）。

- 当我们在收音机上调用 setModulation(...) 时，AM/FM 如何被限定和传输？

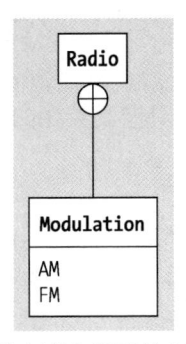

图 7.1 带有嵌套类型的 UML 图示

7.1.2 写出三种类型的瓦特比较器的实现方法 ★

在第 6 章中，我们在"比较电器的消耗"任务中实现了 Comparator 接口。回忆一下：

```
import java.util.Comparator;

public class ElectronicDeviceWattComparator
  implements Comparator<ElectronicDevice> {

  @Override
  public int compare( ElectronicDevice ea1, ElectronicDevice ea2 ) {
    System.out.println( ea1 + " is compared with " + ea2 );
    return Double.compare( ea1.getWatt(), ea2.getWatt() );
  }
}
```

接口的实现是在它自己的编译单元中，即文件，也即接口也可以使用嵌套类型更本地化地实现。

任务：
将 ElectronicDeviceWattComparator 分别写为以下形式。

- 静态嵌套类；
- 本地类；

- 匿名内部类。

7.2 嵌套类型测试

这里有一些测试可以加深读者对嵌套类型的理解。

7.2.1 测试：海盗本可以挥手★

我们得在 XXXXXX 中写什么才能从 main(...) 方法中调用 wave( ) 方法？

```
public class Pirate {
 static class Body {
   class Arm {
     public void wave() { }
   }
 }

 public static void main( String[] args ) {
   // XXXXXX.wave()
 }
}
```

7.2.2 测试：瓶中的名字★★

以下程序能否编译成功？如果能，那么输出是什么？

```
class Distillery {
  private String name = "Captain CiaoCiao";

  class Bottle {
    private Bottle() { }
    String brand() { return name; }
  }

  Bottle createBottle() { return new Bottle(); }
}

public class CaptainsDistillery {
```

```
    public static void main( String[] args ) {
      System.out.println( new Distillery().createBottle().brand() );
    }
  }
```

7.2.3　测试：再给我拿瓶朗姆酒★

以下程序能否编译成功？如果能，那么输出是什么？

```
public class Bottle {
  public void drink() { }

  public class Rum {
    public static void drink() {
      System.out.println( "Schluck" );
    }
  }

  public static void main( String[] args ) {
    new Bottle().new Rum().drink();
  }
}
```

7.3　建议解决方案

任务 7.1.1：在无线电类型中设置 AM-FM 调制

```
package com.tutego.exercise.device.fzrcph;

public class Radio {

  public enum Modulation {
    AM, FM
  }

  private Modulation modulation = Modulation.AM;

  public void setModulation( Modulation modulation ) {
```

```
    this.modulation = modulation;
  }

  // remaining fields and methods omitted
}
```
列表 7.1 com/tutego/exercise/device/fzrcph/Radio.java

Modulation 是 Radio 的嵌套类（严格来说是静态嵌套类，因为编译器将 enum 转换为类声明），现在必须以不同的方式处理它。让我们来看下面的三个选项（无线电和三个示例程序都在同一个包中）。

▶ 完整的限定
```
  package com.tutego.exercise.device.fzrcph;

  public class Application1 {
    public static void main( String[] args ) {
      Radio radio = new Radio();
      radio.setModulation( Radio.Modulation.AM );
    }
  }
```
列表 7.2 com/tutego/exercise/device/fzrcph/Application1.java

▶ 枚举导入
```
  package com.tutego.exercise.device.fzrcph;

  import com.tutego.exercise.device.fzrcph.Radio.*;

  public class Application2 {
    public static void main( String[] args ) {
      Radio radio = new Radio();
      radio.setModulation( Modulation.AM );
    }
  }
```
列表 7.3 com/tutego/exercise/device/fzrcph/Application2.java

▶ 静态导入

```java
package com.tutego.exercise.device.fzrcph;

import static com.tutego.exercise.device.fzrcph.Radio.Modulation.*;

public class Application3 {
  public static void main( String[] args ) {
    Radio radio = new Radio();
    radio.setModulation( AM );
  }
}
```

列表 7.4 com/tutego/exercise/device/fzrcph/Application3.java

任务 7.1.2：写出三种类型的瓦特比较器的实现方法

```java
public class Application {
  static class ElectronicDeviceWattComparator
      implements Comparator<ElectronicDevice> {
    @Override public int compare( ElectronicDevice ea1,
        ElectronicDevice ea2 ) {
      return Double.compare( ea1.getWatt(), ea2.getWatt() );
    }
  }

  public static void main( String[] args ) {

    class ElectronicDeviceWattComparator implements
        Comparator<ElectronicDevice> {
      @Override public int compare( ElectronicDevice ea1,
          ElectronicDevice ea2 ) {
        return Double.compare( ea1.getWatt(), ea2.getWatt() );
      }
    }

    Comparator<ElectronicDevice> wattComparator = new Comparator<>() {
      @Override public int compare( ElectronicDevice ea1,
          ElectronicDevice ea2 ) {
        return Double.compare( ea1.getWatt(), ea2.getWatt() );
```

```
        }
      };
    }
}
```

列表 7.5 com/tutego/exercise/device/cgwmpe/Application.java

Application 是外部类。ElectronicDeviceWattComparator 在那里作为静态嵌套类引入。本地类在 main(...) 方法中，我们直接通过内部匿名类创建一个 electronicDeviceWattComparator 实例。

测试 7.2.1：海盗本可以挥手
我们必须写：

```
new Pirate.Body().new Arm().wave();
```

内部类的特殊之处在于它们总是引用外部类的对象。在构造内部类的实例时，我们需要使用对外部类对象的引用，再加上关键字 new。

Body 是一个静态类。我们不需要外部类 Pirate 的实例来建立一个 Body 类型的对象。在访问静态属性时，我们使用 Klassenname.statischeEigenschaft 模式。当我们编写 Pirate.Body 时，调用了嵌套静态类，并且 newPirate.Body( ) 创建了一个实例。这个引用是必要的，这样我们就可以建立一个 Arm 类型的对象，因为 Arm 是一个实际的内部类。有了这个引用，我们就可以调用 wave( ) 方法。

测试 7.2.2：瓶中的名字
该程序进行编译，输出为

```
Captain CiaoCiao
```

Bottle 类是一个内部类，因此只有在存在外部类 Distillery 的实例时才能创建。工厂方法用于创建内部类。因此，第一步是构建外部类 Distillery 的实例，然后调用工厂方法以创建一个 Bottle 对象。然而，特别之处在于，Bottle 的构造函数是私有的。通常，除非工厂方法在该类中，否则不可能通过私有构造函数从外部构造实例。然而，Java 使用内部类稍微破坏了这种可见性。外部类 Distillery 也可以调用 Bottle 的私有构造函数并创建一个对象。我们现在可以使用 brand( ) 方法查询并返回此 Bottle 对象中的名称。同样，这里我们也可以解读成，可见性 private 在另一个方向上被清除了。因为 name 是外部类 Distillery 的私有对象变量，所以其他类无权访问。就可见性而言，Distillery 和 Bottle 形成联合，private 可以说是被清除了。

测试 7.2.3：再给我拿瓶朗姆酒

该程序无法被编译。原因在于类 Rum 中静态 drink( ) 方法的声明。有一条重要的规则：非静态的内部类不能有 static 属性，即既没有静态方法，也没有静态变量。如果我们删除关键词 static，则程序可以正常执行，屏幕上出现"Schluck"。

非静态内部类不能具有静态属性的原因是，如果没有外部类的实例，就无法访问内部类。也就是说，写法 Klassenname.statischeEigenschaft 不适用于内部类。但是，这些内部类的实例总是引用外部类的实例，因为内部类可以访问外部类的对象变量。静态属性始终完全独立于任何对象，当然也独立于外部对象。

第 8 章
异　常

不可预见的错误随时可能发生。我们的程序必须为此做好准备，并能够应对这种情况。接下来的任务是捕获异常、处理异常以及自行报告有关异常的问题。

本章使用的数据类型如下：

- java.lang.Throwable (https://docs.oracle.com/en/java/javase/11/docs/api/java.base/java/lang/Throwable.html)
- java.lang.Exception (https://docs.oracle.com/en/java/javase/11/docs/api/java.base/java/lang/Exception.html)
- java.lang.RuntimeException (https://docs.oracle.com/en/java/javase/11/docs/api/java.base/java/lang/RuntimeException.html)
- java.lang.Error (https://docs.oracle.com/en/java/javase/11/docs/api/java.base/java/lang/Error.html)
- java.io.IOException (https://docs.oracle.com/en/java/javase/11/docs/api/java.base/java/io/IOException.html)
- java.lang.AutoCloseable (https://docs.oracle.com/en/java/javase/11/docs/api/java.base/java/lang/AutoCloseable.html)

8.1　捕获异常

已检查的异常必须被捕获或向上转发给调用者。编译器强制我们对已检查的异常执行此操作，但对于未检查的异常没有这样的义务——但是，如果我们不处理 RuntimeException，则正在执行的线程将被终止。因此，建议始终捕获并至少记录未检查的异常。

8.1.1 确定文件的最长行★★

成功的海盗需要良好的记忆力,而 CiaoCiao 船长想考验大家的敏捷思维能力。他给每个人念了一份名单用于测试。在列表的最后,每个人都必须能够说出最长的名字。不过,由于 CiaoCiao 船长太忙于大声朗读,所以应有一款软件在最后输出最长的名字。

任务:

- 文件 http://tutego.de/download/family-names.txt 包含姓氏,将文件从本地保存在你自己的文件系统上。
- 使用 main(...) 方法创建一个新类 LongestLineInFile。
- 将 Files.readAllLines(...) 放在 main(...) 方法中。
- 必须捕获哪个 / 哪些异常?
- 文件中最长的名字是什么(根据 String length( ))?
- 额外收获:文件中最长的两个名字是什么?

小提示:

你可以在 Java 中这样读取文件:
```
String filename = ...
List<String> lines = Files.readAllLines( Paths.get( filename ) );
```

8.1.2 识别异常,笑个不停★

开发者必须留意,哪些

- 语言结构
- 构造函数
- 方法

会抛出异常。IDE 仅针对已检查的异常提供提示,但并非针对每个数组访问,虽然原则上数组访问也可能抛出 ArrayIndexOutOfBoundsException。

任务:

- 如果我们要翻译下面的块,则需要捕捉哪些异常?只使用 Java 文档来找出答案。
```
Clip clip = AudioSystem.getClip();
clip.open( AudioSystem.getAudioInputStream( new File("") ) );
```

```
clip.start();
TimeUnit.MICROSECONDS.sleep( clip.getMicrosecondLength() + 50 );
clip.close();
```
- 能否或是否应该总结异常？
- 可选拓展：在互联网上找到一些笑声文件（例如，在 https://soundbible.com/tags-laugh.html 上有免费的 WAV 文件）。在本地保存 WAV 文件。连续播放随机笑声并无限循环。

8.1.3 将字符串数组转换为 int 数组，并对非数字进行宽松处理 ★

Integer.parseInt(String) 方法将 String 转换为 int 类型的整数，如果无法转换，则抛出 NumberFormatException，如 Integer.parseInt("0x10") 或 Integer.parseInt(null)。Java 库不提供将数字字符串数组转换为 int 数组的方法。

任务：
- 编写一个新方法 static int[] parseInts(String... numbers)，将所有给定的字符串转换为整数。
- 传输的字符串数量决定了返回数组的大小。
- 如果数组中的字符串在某处无法转换，则使用 0 代替该处。传输时允许使用 null 参数，结果为 0。
- 可以不带参数调用 parseInts( )，但 parseInts(null) 必须抛出异常。

举例：
```
String[] strings = { "1", "234", "333" };
int[] ints1 = parseInts( strings );                          // [1, 234, 333]
int[] ints2 = parseInts( "1", "234", "333" );                // [1, 234, 333]
int[] ints3 = parseInts( "1", "ll234", "3", null, "99" );    // [1, 0, 3, 0, 99]
int[] ints4 = parseInts( "Person", "Woman", "Man", "Camera, TV" );
                                                             // [0, 0, 0, 0, 0]
```

8.1.4 测试：到达终点 ★

以下 Java 程序的输出是什么？

```
public class TryCatchFinally {
  public static void main( String[] args ) {
    try {
```

```
      System.out.println( 1 / 0 );
      System.out.println( "I'm gettin' too old to jump out of cars." );
    }
    catch ( Exception e ) {
      System.out.print( "That's why everybody talks about you." );
    }
    finally {
      System.out.println( "Frankly, my dear, I don't give a damn." );
    }
  }
}
```

8.1.5 测试：一个孤独的 try ★

一个 try 块可以不包含 catch 吗？

8.1.6 测试：好的捕获 ★

继承在异常类中起着重要的作用。每个异常类都是从一个超类派生出来的，例如 IOException 来自 Exception，Exception 本身来自 Throwable。当捕获异常时，这个类的层次结构就会发挥作用。原则上，可以用一个 catch 块来应对一段程序代码中出现的所有异常。

```
try {
  // 做点什么
} catch ( Exception e ) {  // 或（Throwable e）
  // 记录
}
```

异常处理可以在 catch 块中捕获所有异常，即使用 catch（Exception e）或 catch（Throwable e）。这是好还是坏？

8.1.7 测试：太多的好东西了 ★

以下 Java 程序的反应是什么？

```
public class TooMuchMemory {
  public static void main( String args[] ) {
```

```
    try {
        byte[] bytes = new byte[ Integer.MAX_VALUE ];
    }
    catch ( Throwable e ) {
        System.out.println( "He had the detonators." );
        e.printStackTrace();
    }
  }
}
```

8.1.8 测试：继承中的 try-catch ★★

假设类 Pudding 想要实现 Eatable 接口和 calories()：

```
interface Eatable {
    void calories() throws IOException;
}

class Pudding implements Eatable {
    @Override
    public void calories() ??? {
    }
}
```

Pudding 中的 calories() 必须用什么样的 throws 子句代替三个问号？

8.2 抛出自己的异常

异常起源于：

- 某些语言结构的错误使用，如整数除以 0、通过 null 引用解除引用、对象的不匹配类型、错误的数组访问等。
- 通过关键字 throw 明确地生成异常。throw 的背后是对一个异常对象的引用。这个对象通常是用 new 来重建的。这些类型要么来自库，如 IOException，要么是自己的异常类，必须从 Throwable 派生，但通常是 Exception 的子类。

8.2.1 测试：throw 和 throws ★

关键字 throw 和 throws 有什么区别？关键字都位于哪里？

8.2.2 测试：失败的除法 ★

以下的程序可以翻译吗？如果可以，那运行后结果是什么？

```
class Application {
 public static void main( String[] args ) {
   try { throw 1 / 0; }
   catch ( int e ) { e.printStackTrace(); }
 }
}
```

8.3 编写自己的异常类

Java SE 提供了大量的异常类型，但它们通常依赖技术，例如出现网络超时或 SQL 命令错误时。这对低层次的功能来说没有问题，但软件是分层构建的，最外层更关心这些低级事件的后果：有一个 IOException → 无法加载配置；有一个 SQLException → 无法更新客户数据等。这些异常由新的语义异常类建构。

8.3.1 用自己的异常展示"瓦特是不可能的" ★

不存在没有功耗的电器，就像负的瓦特值一样。

任务：

- ▶ 创建自己的 IllegalWattException 异常类，从 RuntimeException 派生类。
- ▶ 只要在 setWatt(watt) 处瓦特值小于或等于零，就抛出异常。
- ▶ 通过捕捉异常来测试异常的出现。

8.3.2 测试：土豆或其他蔬菜 ★

以下的程序能否成功编译？

```
class VegetableException extends Throwable { }

class PotatoException extends VegetableException { }
```

```
class PotatoVegetable {
 public static void main( String[] args ) {
   try { throw new PotatoException(); }
   finally { }
   catch ( VegetableException e ) { }
   catch ( PotatoException e ) { }
 }
}
```

8.4　try-with-resources

一个重要的规则：无论你打开了什么，都要关闭它。这一点很快就会被遗忘，然后就会存在未关闭的资源，可能导致出现问题。这些问题包括数据丢失和存储问题。为了使开发者尽可能轻松地关闭资源，有一个特殊的接口 AutoCloseable 和一种语言结构，使关闭资源变得简单快捷。这可以节省代码行数，并有助于避免错误，例如即使关闭资源也会再次抛出异常。

8.4.1　将当前日期写入文件★

java.io.PrintWriter 是一个用于编写文本文档的简单类，也可以直接写入文件。

任务：
- 学习 PrintWriter 的 Java 文档。
- 了解如何将 PrintWriter 连接到一个输出文件。字符编码应该是平台的编码。
- 使用 try-with-resources 正确关闭 PrintWriter。
- Java 程序应将 LocalDateTime.now() 的字符串表达式写进文本文档。

8.4.2　阅读音符并写入一个新的 ABC 文件★★

著名作曲家阿玛迪斯·范·巴尔什在电话中讨论他的最新作品。CiaoCiao 船长是该作曲家的忠实粉丝，他秘密地进行录音，该录音以转录文本文件的形式输出。它包含了所有竖向排列的音符，例如：

C
D
C

任务分为两个部分。

任务 A，从文件中读取：

- java.util.Scanner 是一个用于读取和处理文本资源的简单类。研究 Java 文档中的构造函数。
- 可以在 Scanner 构造函数中指定各种来源，包括 Path；打开 Scanner 并通过 Paths.get("file.txt") 在构造函数中传递一个文件。使用 try-with-resources 正确关闭 Scanner。
- hasNextLine( ) 和 nextLine( ) 这两个方法值得关注。逐行读取文本文件并将所有行输出到控制台。例如，如果输入文件包含以下行：
  c,
  d
  d'

则屏幕上的输出是
  c, d d'

- 扩展程序，只考虑包含内容的行。如果文件包含空行或仅包含空格的行，即空格或制表符，则不会输出该行。例如：
  c,

  d

  输出：
  c,d

- 只有有效的音符会被识别,即
  C, D, E, F, G, A, B, CDEFGABcdefgabc'd'e'f'g'a'b'
  记住,大写字母处的逗号不是分隔符,而是音符指示的一部分,最后一个八度的小写字母处的撇号也是如此。巴尔什使用的是国际音符,因此写 b 而不写 h。

CiaoCiao 船长想听新曲并在乐谱上看到它。这里适合用 ABC 音符。带有从 C 到 b' 的音符的文件如下所示:

```
M:C
L:1/4
K:C
C, D, E, F, G, A, B, CDEFGABcdefgabc'd'e'f'g'a'b'
```

在 https://www.abcjs.net/abcjs-editor.html 上,你可以显示 ABC 文件,甚至播放它,如图 8.1 所示。

图 8.1　https://www.abcjs.net/abcjs-editor.html 上的音符展示

提示:该算法的基本思路是,使用 Scanner 类逐行遍历文件,并检查该行的内容(即音符)是否出现在我们用于验证的数据结构中。如果它是有效的音符,那么我们将其写入所需的输出格式。

应该为用于读取音符的程序添加一个书写部分。

任务 B 部分,写入文件:
- 用 PrintWriter 打开第二个文件进行书写;可以在构造函数中直接输入一个文件名。注意:选择一个与源文件不同的文件名,否则该文件将被覆盖!
- 继续从任务的第一部分读入文件,但不是将输出写入控制台,而是将其写入新文件,以便创建一个有效的 ABC 文件。PrintWriter 提供了 System.out 中已知的方法 print(String) 和 println(String)。
- 注意:这两个资源可以(而且应该)在一个共同的 try-with-resources 中。

8.4.3 测试：排除★

在 main(...) 方法中给出以下代码：

```java
class ResourceA implements AutoCloseable {
  @Override public void close() {
    System.out.println( "close() ResourceA" );
  }
}

class ResourceB implements AutoCloseable {
  private final ResourceA resourceA;

  public ResourceB( ResourceA resourceA ) {
    this.resourceA = resourceA;
  }

  @Override public void close() {
    resourceA.close();
    System.out.println( "close() ResourceB" );
  }
}

// Version 1
try ( ResourceA resourceA = new ResourceA();
      ResourceB resourceB = new ResourceB( resourceA ) ) {
}

// Version 2
try ( ResourceB resourceB = new ResourceB( new ResourceA() ) ) {
}
```

1. 执行程序后，输出是什么？
2. 资源通常是嵌套的，try-with-resources 有两种变体。这些变体有什么不同？它们的优点和缺点是什么？

第 8 章 异 常 | 241

8.5 建议解决方案

测试 8.1.1：确定文件的最长行

```
String filename =
    "src\\main\\resources\\com\\tutego\\exercises\\util\\family-names.txt";
try {
  Collection<String> lines = Files.readAllLines( Paths.get( filename ) );
  String first = "", second = "";
  for ( String line : lines ) {
    if ( line.length() > first.length() ) {
      second = first;
      first = line;
    }
    else if ( line.length() > second.length() )
      second = line;
  }
  System.out.println( first + ", " + second );
}
catch ( IOException e ) {
  System.err.println( "Error reading file " +
    new File( filename ).getAbsolutePath() );
  e.printStackTrace();
}
```
列表 8.1 com/tutego/exercise/util/LongestLineInFile.java

Java 中所有与数据存储有关的内容都可以抛出异常。Java 标准库默认已检查的异常，对于输入/输出操作，可以使用 IOException。框架和开源库越来越多地使用未检查的异常，因为错误可以上升，直到出现一个处理程序，这样比较实用。

Files 的 Java 文档显示抛出 IOException：

```
public static List<String> readAllLines(Path path)
        throws IOException
```

Read all lines from a file. Bytes from the file are decoded into characters using the UTF-8 charset. [⋯]

（从文件中读取所有行。使用 UTF-8 字符集将文件中的字节解码为字符。[…]）
Throws: IOException – if an I/O error occurs reading from the file or a malformed or unmappable byte sequence is read
（Throws: IOException – 如果从文件读取时发生 I/O 错误，或者读取格式错误或不可映射的字节序列）

无论是已检查或未检查的异常，我们都应对其做出回应。Java 为此提供了两种可能：

- 我们可以写一个 throws 给方法，然后将异常传输给方法的调用者。
- 我们可以使用 try-catch 块来处理错误。

因为 IOException 是一个已检查的异常，所以我们必须处理这个异常。我们的解决方案使用一个 try-catch 块。如果有异常发生，则处理 catch 块。接着在标准错误通道上进行输出，并且 printStackTrace( ) 方法还在命令行上输出一个调用堆栈。printStackTrace( ) 来自 Throwable，这是所有异常类的根类。是否想要这种形式的输出取决于个人喜好；生成软件中没有这样的东西，在这里我们使用记录器来报告异常。

所选解决方案的工作原理如下：我们用变量 first 和 second 标记最长和第二长的行。扩展的 for 循环遍历并检查所有读取的行。现在，每行 line 都会被考虑。如果 line 的长度大于第一个存储的字符串 first 的长度，那么我们就找到了一个新的最长行，因此之前最长的行现在是第二长的行。然而，如果 first 比 line 长，就不会有任何更新，但 line 可能仍然比 second 长，因此我们用第二个存储的行再次测试。

在 for 循环的末尾我们输出第一行和第二行。

还有一种解决方案：我们可以使用 Comparator 按行的长度对列表进行排序，但排序无关紧要，我们只需要最长的两行。如果性能不重要，则排序是最快的解决方案。因为排序的优点是可以轻松扩展任务，特别是当不仅询问最长的两行，而是最长的十行的时候。

任务 8.1.2：识别异常，笑个不停

错误的程序结构可能引发异常，如除以 0 或取消 null 引用。这可能导致已检查或未检查的异常。方法和构造函数可以抛出这些异常。为了了解我们要抛出哪些异常，需要查看所有方法和构造函数（见表 8.1）。

表 8.1 构造函数和方法的异常，†自 Java9 起

方法 / 构造函数	已检查的异常	未检查的异常
getClip( )	LineUnavailableException	SecurityException, IllegalArgumentException
File(⋯)		NullPointerException
getAudioInputStream(⋯)	UnsupportedAudioFileException, IOException	NullPointerException †
open(⋯)	LineUnavailableException, IOException	IllegalArgumentException, IllegalStateException, SecurityException
sleep(⋯)	InterruptedException	
close( )		SecurityException

我们可以看到，构造函数或方法可以抛出大量的异常。在 Java 文档中，已检查的异常总是列在 throws 后面，但未检查的异常则列在 Java 文档内，而不是在 throws 后面，因为未检查的异常出现在那里是不寻常的。对于未检查的异常，我们并不总是知道可能抛出什么。表 8.1 列出了 Java 文档对未检查的异常的记录。

想要处理异常，我们应该考虑是否将异常综合起来，就像层次结构展示的那样，以捕捉一整类的异常（见图 8.2）。

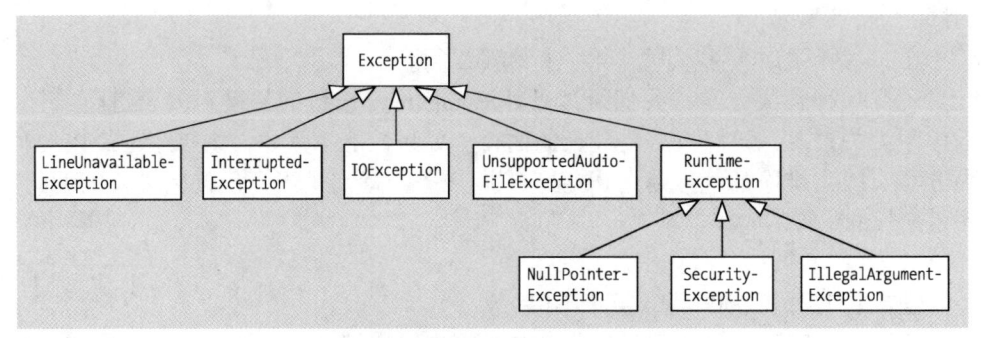

图 8.2 继承关系的 UML 图示

以下程序捕获所有异常并输出消息，除了 InterruptedException，因为这些是 sleep( ) 的中断，不必处理。在 RuntimeException 的情况下，这是软件开发人员的编程错误，因此我们将堆栈跟踪输出到记录器通道。

```
static void play( String filename ) {
  try {
    Clip clip = AudioSystem.getClip();
    clip.open( AudioSystem.getAudioInputStream( new File( filename ) ) );
    clip.start();
    TimeUnit.MICROSECONDS.sleep( clip.getMicrosecondLength() + 50 );
    clip.close();
  }
  catch ( LineUnavailableException e ) {
    System.err.println( "Line cannot be opened because it is unavailable" );
  }
  catch ( IOException e ) {
    System.err.println( "An I/O exception of some sort has occurred" );
  }
  catch ( UnsupportedAudioFileException e ) {
    System.err.printf(
        "File%s did not contain valid data of a recognized file type and format%n", filename );
  }
  catch ( InterruptedException e ) {
    // No-op
  }
  catch ( RuntimeException e ) {
    Logger.getLogger( LaughingMyArseOff.class.getSimpleName() )
        .log( Level.SEVERE, e.getMessage(), e );
  }
}
```

列表 8.2 com/tutego/exercise/lang/exception/LaughingMyArseOff.java

我们无法选择不同的笑声，但可以将自己的方法 play(String) 放置在单独的循环中。

任务 8.1.3：将字符串数组转换为 int 数组，并对非数字进行宽松处理

```
private static int parseIntOrElse( String number, int defaultValue ) {
  try {
    return Integer.parseInt( number );
```

第 8 章 异 常 | 245

```
    }
    catch ( NumberFormatException e ) {
      return defaultValue;
    }
  }

  public static int[] parseInts( String... numbers ) {
    int[] result = new int[ numbers.length ];

    for ( int i = 0; i < numbers.length; i++ )
      result[ i ] = parseIntOrElse( numbers[ i ], 0 );

    // Arrays.setAll( result, index -> parseIntOrElse( numbers[ index ], 0 ) );

    return result;
  }
```

列表 8.3 com/tutego/exercise/lang/exception/StringsToInteger.java

我们的方法 parseInts(...) 得到一个字符串数组，这些字符串必须被逐一转换为整数。在通过 Integer.parseInt(String) 将字符串转换为整数时，如果字符不全是数字，则会出现异常。我们想把这种从 String 到整数的转换外包给一个单独的方法 parseIntOrElse(String, int)。如果 String 不能转换为整数，则该方法将获取一个 String 和一个默认值。该方法捕获转换失败时发生的异常，然后返回默认值，否则返回转换后的值。在 Integer.parseInt(null) 的情况下会出现 NumberFormatException，因此我们会自动获得默认值。

如果使用参数 null 调用 parseInts(String...) 方法，则 numbers.length 将导致 NullPointerException，这正是我们想要的。如果参数不为 null，则将创建一个与传输的 String 数组大小相同的新整数数组。for 循环遍历 String 数组并将每个值传输给 parseIntOrElse(...) 方法，传输 0 作为默认值。因此，我们总是得到一个整数结果，要么是转换后的结果，要么是 0。最后，我们返回数组。

对于进阶者，我们可以使用特殊的 Arrays 方法 setAll(...) 并传递一个特殊函数，将索引转移到一个新元素。这里我们用 Lambda 表达式来进行书写，之后我们会学到它。在这里，这种紧凑的替代书写方式应该先展示一下。这个方法的特别之处在于，我们不会在数组上运行自己的循环，而是由方法 setAll(...) 负责运行数组。

测试 8.1.4：到达终点

该程序可以编译，当我们运行它时，会在运行时得到一个被 0 除导致的异常，即 ArithmeticException。这不会导致 try 块的输出。异常在 catch 块中被捕获，因为 ArithmeticException 是一个特殊 Exception，这会导致第一个输出：

```
That's why everybody talks about you.
```

由于后面还有一个 finally 块，所以它的代码总是被执行——不管是否抛出异常——屏幕上都会出现：

```
Frankly, my dear, I don't give a damn.
```

测试 8.1.5：一个孤独的 try

是的，只有一个 try-finally 块是完全合理的：

```
try {
} finally {
}
```

当必须进行独立于可能异常的再处理，而可能异常应该向上传输时，可以使用此类块。

一个没有 catch 和 finally 的 try 块是不正确的。然而，不带 catch 或 finally 的 try-with-resources 可以自动关闭资源，而且不一定与事件处理相关。

测试 8.1.6：好的捕获

不建议对每个异常进行一般性捕获。这种写法通常会捕获和处理根本不属于同一错误类的异常，例如抛出 NullPointerException 的编程错误。

基本类型 Throwable 稍差一些，因为 Throwable 也包含 Error，以至于 catch (Throwable e) 会捕获 StackOverflowError。如果我们捕捉到异常，就应该处理它。但是，Error 通常表示 JVM 中存在的无法处理的问题。

测试 8.1.7：太多的好东西了

对程序进行编译并运行，但尝试创建一个非常大的 byte 数组会导致 OutOfMemoryError。

Java 的一个特点是，即使是这些被 JVM 作为 Error 异常抛出的硬错误，也可以被捕获，因为 Error 对象也是 Throwable 的子类型。

我们的程序成功捕获 OutOfMemoryError 并给出控制台输出，就好像什么都没发生一样（见图 8.3）：

```
He had the detonators.
java.lang.OutOfMemoryError: Requested array size exceeds VM limit
    at TooMuchMemory.main(T.java:66)
```

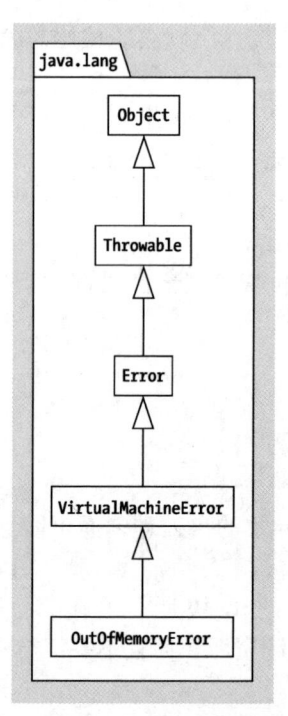

图 8.3　UML 图示：OutOfMemoryError 是一个特殊的 Throwable

捕获 Error 对象非常关键，因为错误表明 JVM 内部的状态有问题，再继续下去会导致不可预见的错误。Java 文档在 java.lang.Error 写道：

Error 是 Throwable 的子类，表示合理的应用程序不应尝试捕获的严重问题。大多数此类错误是异常情况。

如果不能处理 Error，那么程序不应该捕获该类型并最好终止 JVM。但是，在某些情况下，我们可能想要捕获 Error。例如，一个程序可能尝试加载本地库，如果失败，则选择另一条路线。

测试 8.1.8：继承中的 try-catch
当类实现接口的方法时，类中的方法在某些地方可能与接口中的方法不同：

- 方法名称必须与接口中的相同，但返回类型允许子类型。由于我们只有 void 并且方法不返回任何内容，所以我们没有这些所谓的协变返回类型的示例。
- 可以添加修饰符，例如 final、strictfp 或 synchronised。子类原则上可以增加可见性，但由于接口中的所有抽象方法都是隐式 public 的，所以这已经是最大程度的可见性了。

throws 子句也可以进行某些调整，可以向两个方向扩展：

- 该方法可以选择根本不抛出任何异常，因此 throws 子句也可以不出现。
- 该方法可以抛出由超类抛出的异常的子类型。通俗地说，如果超类的方法抛出一个通用异常，并且我们有一个通用异常类型的处理方法，那么该处理方法也可以处理更具体的类型。

测试 8.2.1：throw 和 throws
这两个关键字都出现在异常的上下文中。关键字 throws 用于方法签名处的已检查的异常（原则上也可以列出未检查的异常，但没必要）。throws 表示该方法可以抛出已检查的异常。这里可以列出几个由逗号分隔的异常，然后方法的调用者必须处理所有这些异常。

另外，关键字 throw 用于方法内部抛出异常，然后结束方法中的程序流。原则上，方法中可以有几个地方使用 throw。

测试 8.2.2：失败的除法
该程序不能进行编译，有三处编译器错误：

```
class Application {
 public static void main( String[] args ) {
   try {
     throw 1 / 0;         <1>
   }
   catch ( int e){        <2>
     e.printStackTrace(); <3>
   }
```

        }
    }

1. 在 Java 中只能抛出 Throwable 异常。但是，1/0 是 int 类型。虽然除法 1/0 会生成 ArithmeticException，但表达式 1/0 不是 Throwable，而只是 int 类型。
2. 下一个错误隐藏在 catch 分支中。这里必须有属于 Throwable 类型的东西——不能使用原始的数据类型。
3. 第三个错误是 printStackTrace( )，因为对原始数据类型的方法调用是不允许的。

在 Java 中，所有异常都必须派生自 Throwable 类型。这在其他编程语言中是不同的。该程序可以以类似的形式在 JavaScript 中执行，因为在 JavaScript 中任何事情都可以报告为异常。

任务 8.3.1：用自己的异常展示"瓦特是不可能的"

```java
public class IllegalWattException extends RuntimeException {

    public IllegalWattException() {
    }

    public IllegalWattException( String format, Object… args ) {
        super( String.format( format, args ) );
    }
}
```

列表 8.4 com/tutego/exercise/device/nswigu/IllegalWattException.java

IllegalWattException 扩展了一个超类 RuntimeException，该类为我们提供了多个构造函数。我们自己提供了两个将构造函数委托给超类的构造函数。无参数构造函数自动向上委托，第二个参数化构造函数为错误报告构建一个字符串，然后附带该字符串转到超类，超类记录这个错误报告。该消息稍后可通过 getMessage( ) 方法获得。原本的消息在超类 Throwable 中注明。

IllegalWattException 的参数化构造函数有一个对于异常类而言不常见的特性：构造函数 IllegalWattException(String format, Object... args) 采用格式字符串和格式化参数，并使用 String.format(...) 建立一个具有所需格式的 String，将错误报告传递给超类进行存储（见图 8.4）。

```
                    ┌─────────────────────────────────┐
                    │           Throwable             │
                    ├─────────────────────────────────┤
                    │ Throwable()                     │
                    │ Throwable(message: String)      │
                    │ getMessage(): String            │
                    └─────────────────────────────────┘
                                   △
                                   │
                    ┌─────────────────────────────────┐
                    │           Exception             │
                    ├─────────────────────────────────┤
                    │ Exception()                     │
                    │ Exception(message: String)      │
                    └─────────────────────────────────┘
                                   △
                                   │
                    ┌─────────────────────────────────┐
                    │        RuntimeException         │
                    ├─────────────────────────────────┤
                    │ RuntimeException()              │
                    │ RuntimeException(message: String)│
                    └─────────────────────────────────┘
                                   △
                                   │
          ┌──────────────────────────────────────────────────┐
          │              IllegalWattException                │
          ├──────────────────────────────────────────────────┤
          │ IllegalWattException()                           │
          │ IllegalWattException(format: String, args: Object...)│
          └──────────────────────────────────────────────────┘
```

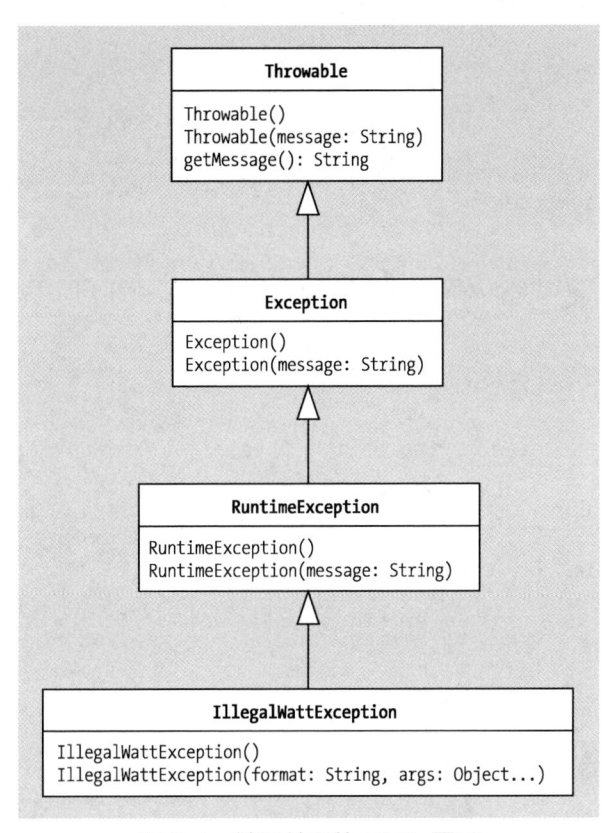

图 8.4　继承关系的 UML 图示

ElectronicDevice 是一个在 Setter 中检查功率是否为非负或 0 的类。如果功率为 0，则构建带有完整错误报告的 IllegalWattException 构造函数，并抛出异常。

```java
public void setWatt( int watt ) {
  if ( watt <= 0 )
    throw new IllegalWattException(
      "Watt cannot be 0 or negative, but was%f", watt );
  this.watt = watt;
}
```
列表 8.5 com/tutego/exercise/device/nswigu/ElectronicDevice.java

测试代码用错误的值调用 Setter 方法，因此有一个异常写到控制台。

```
ElectronicDevice gameGirl = new ElectronicDevice();
```

第 8 章　异　常 | 251

```
try {
  gameGirl.setWatt( 0 );
}
catch ( IllegalWattException e ) {
  e.printStackTrace();
}
```

列表 8.6 com/tutego/exercise/device/nswigu/Application.java

控制台输出为：

```
com.tutego.exercise.device.nswigu.IllegalWattException:
Watt cannot be 0 or negative, but was 0,000000
    at com.tutego.exercise.device.nswigu.ElectronicDevice.setWatt
(ElectronicDevice.java:10)
    at com.tutego.exercise.device.nswigu.Application.main(Application.
java:8)
```

测试 8.3.2：土豆或其他蔬菜
该程序无法编译。编译器给出以下错误报告：

```
Exception 'PotatoException' has already been caught
```

我们可以为异常类建立一个继承层次结构，就像其他类一样。在我们的示例中，第一个自己的异常类是 VegetableException。其中有一个子类 PotatoException。如果我们在 main(...) 方法中抛出一个 PotatoException，那么这个已检查的异常就会在一个 catch 块中被捕获到。但是，第一个 catch 块没有捕获精确的 PotatoException 类型，而是捕获基本类型 VegetableException。也就是说，第一个带有一般 VegetableException 的 catch 块已经捕获了 PotatoException，而随后带有更具体的 PotatoException 的 catch 块则根本无法访问。

任务 8.4.1：将当前日期写入文件
```
String fileName = "current-date.txt";
try ( PrintWriter writer = new PrintWriter( fileName ) ) {
  writer.write( LocalDateTime.now().toString() );
}
catch ( FileNotFoundException e ) {
```

```
        System.err.println( "Can't create file " + fileName );
    }
```

列表 8.7 com/tutego/exercise/io/WriteDateToFile.java

PrintWriter 的构造函数使用一个 String 作为文件名。原则上，我们也可以在 PrintWriter 中指定一个字符编码，但在任务中不需要这样做——程序自动使用平台的编码。但是，如果我们将编码指定为字符串，则需要处理另一个异常。因此只需要处理构造函数抛出的 FileNotFoundException。创建的对象缓存在变量 writer 中，而这正是在结束时自动关闭的资源。在 try-with-resources 的正文中，使用静态 now( ) 方法创建 LocalDateTime 对象，然后请求 toString( ) 表达式，并通过 Writer 方法 write(...) 将其作为 String 写入数据流，即写入文件。

任务 8.4.2：阅读音符并写入一个新的 ABC 文件

```java
private static final String VALID_MUSICAL_NOTES =
    "C, D, E, F, G, A, B, C D E F G A B c d e f g a b c' d' e' f' g' a' b' ";

public static void readTextAndWriteAsABC( String source, String target ) {
  try  ( Scanner in      = new Scanner( Paths.get( source ) );
         PrintWriter out = new PrintWriter( target ) ) {

    out.println( "M:C" );
    out.println( "L:1/4" );
    out.println( "K:C" );

    String[] sortedMusicalNotes = VALID_MUSICAL_NOTES.split( " " );
    Arrays.sort( sortedMusicalNotes );

    while ( in.hasNextLine() ) {
      String line = in.nextLine();
      if ( Arrays.binarySearch( sortedMusicalNotes, line ) >= 0 ) {
        out.print( line );
        out.print( ' ' );
      }
    }
    out.println();
  }
```

```
    catch ( IOException e ) {
      System.err.println(
        "Cannot convert text file due to an input/output error" );
      e.printStackTrace();
    }
  }
```
列表 8.8 com/tutego/exercise/io/ReadTextAndWriteABC.java

实际处理如下。从 source 和 target 这两个参数中，我们构造了一个用于读取的 Scanner 和一个用于写入的 PrintWriter。两者都是必须在 try-with-resources 中关闭的资源。用分号分隔两个资源。在 try 块结束时，无论是否出现异常，所有资源都被独立再次关闭。这是按相反的顺序进行的。首先关闭 PrintWriter，然后关闭 Scanner。这两个类的构造函数略有不同。必须注意，不要用 String 调用 Scanner 的构造函数，否则我们会用文件名分割 String，这是错误的。为了让 Scanner 将文件与字符串分开，我们将文件名转换为 Path 对象并将其放置在 Scanner 的构造函数中。

try 块的主体写入包含文件序言的三行。首先，使用 hasNextLine( ) 遍历输入文件，直到没有更多行需要处理。然后，在行中阅读，并要检查音符是否正确。从任务中我们已经认识了所有音符。当然，我们可以使用一个大的 switch-case 语句来询问该行是否包含有效的音符，但编程的工作量会很大。与之相反的是我们想把音符放到一个 String 数组中。常数 VALID_MUSICAL_NOTES 包含所有有效的音符，split(" ") 返回一个包含有效音符的数组。但是，我们不可能用一个紧凑的表达式来检查一个元素是否在数组中，因此我们绕个小弯。首先，用音符对数组进行排序，然后可以使用 Arrays.binarySearch(...)。平均来看这比线性搜索方法要快，如 Arrays.asList(...).contains(...)。原则上，我们可以对 String 中的音符进行预排序，然后省略每个方法调用的排序。准备好的 String 看起来是这样的：

"A A, B B, C C, D D, E E, F F, G G, a a' b b' c c' d d' e e' f f' g g' "

如果发现音符，则 Arrays.binarySearch(...) 返回大于或等于零的索引。我们不需要检查空行，它们不是数组的一部分。我们在文件中写入一个有效的音符，后跟一个空格。

错误可能发生在不同的地方——因为文件不存在，或者无法打开文件进行写入，或者在读取期间发生错误，或者在写入期间发生错误。所有这些错误都被捕获在一个共同的 catch 块中。

测试 8.4.3：排除

如果运行程序，则版本 1 的输出如下：

close() ResourceA
close() ResourceB
close() ResourceA

版本 2 的输出如下：

close() ResourceA
close() ResourceB

这两种资源都是 AutoCloseable，因此这些类型可以在 try-with-resources 中使用。第一个资源 ResourceA 的 close( ) 方法在屏幕上输出一条消息。第二个资源 ResourceB 封装第一个资源。在 ResourceB 上调用 close( ) 时，首先在被封装的 ResourceA 上调用 close( )，然后在屏幕上输出一条消息。这是 Java 输出 / 输入流的常见操作。

版本 1 和 2 的输出不同，原因如下：在版本 1 中，try-with-resources 是两个以相反顺序关闭的资源。在 ResourceA 和 ResourceB 先后被打开之后，ResourceB 是最先被关闭的，然后是 ResourceA。在 ResourceB 上调用 close( ) 首先会关闭 ResourceA，这就是第一个屏幕输出。接着返回到 ResourceB 的 close( ) 方法，就有了第二个屏幕输出。ResourceB 关闭后，ResourceA 也会调用 close( ) 方法。通过这种结构，我们可以看到 ResourceA 调用了 close( ) 方法两次，这可能导致问题。有些特殊资源不能关闭两次。因此，第二次的 close( ) 调用可能引发异常，因为不允许关闭两次。然而，Java 中的大部分资源可以接受多次被关闭，并忽略这点。但是，重要的是要研究 API 文档以确定是否允许再次关闭已关闭的资源，并不抛出异常。

变体 2 阻止 ResourceA 被关闭两次。这是该变体的优势。但它也有一个缺点：当构造函数 ResourceB 抛出异常时，ResourceA 不会被关闭。new 创建的 ResourceA 类型的对象内部不被变量引用，不参与 try-with-resources 的关闭过程。

这两种变体都有其弱点。在 Java 中，通常选择变体 1，因为不同资源的执行更清晰，而且 Java 中的大多数资源可以被关闭两次。然而，变体 2 也是可以的，因为构造函数的调用在封装时通常不会导致异常——除非资源为 null——而是继续之后的操作。

第 9 章
Lambda 表达式和函数式编程

Lambda 表达式是映射，是函数式编程的基础。在函数式编程中，重点是函数，即在最好的情况下是没有副作用的纯表达式。在 Java 中，不能将函数（即方法）直接传递给其他函数或返回，因此诀窍是将这些方法放在一个类中并将它们作为对象传递。那么如何快速实现具有某种接口的类？使用 Lambda 表达式！Lambda 表达式是函数式接口的实现——即只有一个抽象方法的接口——也是实现接口的类的替代和快捷方式。这使实现表达程序代码并将其传递给其他方法变得非常容易。

下面的任务涉及编写 Lambda 表达式的不同方法和一些重要的函数式接口，这些接口在 Java 库中反复出现。

本章使用的数据类型如下：

- java.util.List (https://docs.oracle.com/en/java/javase/11/docs/api/java.base/java/util/List.html)
- java.util.function.Consumer (https://docs.oracle.com/en/java/javase/11/docs/api/java.base/java/util/function/Consumer.html)
- java.util.function.Predicate (https://docs.oracle.com/en/java/javase/11/docs/api/java.base/java/util/function/Predicate.html)
- java.util.function.Supplier (https://docs.oracle.com/en/java/javase/11/docs/api/java.base/java/util/function/Supplier.html)
- java.util.function.Function (https://docs.oracle.com/en/java/javase/11/docs/api/java.base/java/util/function/Function.html)
- java.util.function.BinaryOperator (https://docs.oracle.com/en/java/javase/11/docs/api/java.base/java/util/function/BinaryOperator.html)
- java.util.function.ToIntFunction (https://docs.oracle.com/en/java/javase/11/docs/api/java.base/java/util/function/ToIntFunction.html)

- java.util.Comparator (https://docs.oracle.com/en/java/javase/11/docs/api/java.base/java/util/Comparator.html)
- java.lang.Comparable (https://docs.oracle.com/en/java/javase/11/docs/api/java.base/java/lang/Comparable.html)

9.1 Lambda 表达式

Lambda 表达式紧凑的写法使映射的建模成为焦点。当然，从 Java 1.0 开始就可以实现接口了，但普通类的代码量太大了，而且接受和提供"函数"的建模库也很少受到关注。最早的原型出现在 2006 年左右，但直到 Java 8（2014 年 3 月），Lambda 表达式才被纳入该语言①。

9.1.1 测试：识别有效的函数式接口 ★

以下哪些声明是 Lambda 表达式可以实现的正确函数式接口？

```
@FunctionalInterface
interface Distance {
  abstract public int distance( int a, int b );
}

@FunctionalInterface
interface MoreDistance extends Distance {
  double distance( double a, double b );
}

@FunctionalInterface
interface MoreDistance2 extends Distance {
  default double distance( double a, double b){
    return distance( (int) a, (int) b );
  }
}

@FunctionalInterface
interface DistanceImpl {
```

---

① 如果读者对该历史感兴趣的话，可以在 http://www.javac.info/ 找到旧设计。

```java
  default int distance( int a, int b){ return a + b; }
}

@FunctionalInterface
interface DistanceEquals {
  int distance( int a, int b );
  boolean equals( Object other );
}
```

9.1.2 测试：从接口实现到 Lambda 表达式★

给定接口声明 Distance 和函数式接口的实现 ManhattanDistance。

```java
@FunctionalInterface
interface Distance {
  int distance( int a, int b );
}

class Schmegeggy {
  static void printDistance( Distance distance, int a, int b){
    System.out.println( distance.distance( a, b ) );
  }

  public static void main( String[] args ) {
    class ManhattanDistance implements Distance {
      @Override public int distance( int a, int b){
        return a + b;
      }
    }

    printDistance( new ManhattanDistance(), 12, 33 );
  }
}
```

在代码修订的过程中，接口的实现要被省略，由一个 Lambda 表达式代替。哪些 Lambda 表达式是同等并有效的？

1. printDistance((a, b) -> a + b, 12, 33);
2. printDistance((a, b) -> { return a + b; }, 12, 33);
3. printDistance((int a, int b) -> a + b, 12, 33);
4. printDistance((int a, b) -> a + b, 12, 33);
5. printDistance(a, b -> { return a + b; }, 12, 33);
6. printDistance((a, b) -> return a + b, 12, 33);
7. printDistance((a, b) -> {int a; return b + b;}, 12, 33);
8. printDistance((Integer a, Integer b) -> a + b, 12, 33);

9.1.3 为函数式接口编写 Lambda 表达式 ★

Java 库中有大量的接口，尤其是函数式接口，即只有一种抽象方法的接口。这些可以通过 Lambda 表达式轻松实现。

任务：

▶ 为以下每个变量分配一个有效的 Lambda 表达式。变量类型是函数式接口。

```
/* interface Runnable          { void run(); }
   interface ActionListener    { void actionPerformed(ActionEvent e); }
   interface Supplier<T>       { T get(); }
   interface Consumer<T>       { void accept(T t); }
   interface Comparator<T>     { int compare(T o1, T o2); } */
Runnable                runnable   = ...
ActionListener          listener   = ...
Supplier<String>        supplier   = ...
Consumer<Point>         consumer   = ...
Comparator<Rectangle>   comparator = ...
```

▶ Lambda 表达式只要能进行有效编译即可，无须有逻辑意义。
▶ 函数式接口的声明在注释中，以便更好地理解，但不履行任何其他功能。
▶ 用不同的紧凑写法进行试验。

9.1.4 测试：像这样编写 Lambda 表达式？ ★

给出一个带有嵌套类型声明的类。在 main(...) 方法中存在一些编译器错误——具体在哪里？

```
public class Ackamarackus {
  @FunctionalInterface
  interface Flummadiddle {
```

```
        void razzmatazz();
    }

    public static void main( String[] args ) {
        Flummadiddle a = () -> System.out.println();
        Flummadiddle b = () -> { System.out.println(); };
        Flummadiddle c = () -> { System.out.println() };
        Flummadiddle d = () -> { System.out.println(); return; };
        Flummadiddle e = -> { System.out.println(); };
        Flummadiddle f = _ -> { System.out.println(); };
        Flummadiddle g = __ -> { System.out.println(); };
        Flummadiddle h = void -> System.out.println();
        Flummadiddle i = (void) -> System.out.println();
        Flummadiddle j = System.out::println;
    }
}
```

9.1.5　开发 Lambda 表达式 ★

我们已经看到 java.util.function 包中有很多函数式接口。但是，许多接口包含多个方法、默认方法和静态方法。

任务：
从 Java 文档中找到以下类型的抽象方法，并通过不需要有意义的 Lambda 表达式实现它们：

```
DoubleSupplier              ds = ...
LongToDoubleFunction        ltdf = ...
UnaryOperator<String>       up = ...
```

9.1.6　测试：java.util.function 包的内容 ★

浏览 java.util.function 包的 Java 文档。接口可以分组吗？

9.1.7　测试：了解映射的函数式接口 ★

给出表 9.1 所列的以下映射——哪些已知的函数式接口代表这些映射？

表 9.1

映射	函数式接口
( ) → void	
( ) → T	
( ) → boolean	
( ) → int	
( ) → long	
( ) → double	
(T) → void	
(T) → T	
(T) → R	
(T) → boolean	
(T) → int	
(T) → long	
(T) → double	
(T, T) → T	
(T, U) → void	
(T, U) → R	
(T, U) → boolean	
(T, U) → int	
(T, U) → long	
(T, U) → double	
(T, T) → int	
(T, T) → long	
(T, T) → double	
(int) → void	
(int) → R	
(int) → boolean	
(int) → int	

续表

映射	函数式接口
(int) → long	
(int) → double	
(int,int) → int	
(long) → void	
(long) → R	
(long) → boolean	
(long) → int	
(long) → long	
(long) → double	
(long,long) → long	
(double) → void	
(double) → R	
(double) → boolean	
(double) → int	
(double) → long	
(double) → double	
(double,double) → double	

9.2 方法引用和构造函数引用

方法引用和构造函数引用是 Java 中最不常见的写法。许多开发人员不熟悉非常紧凑的写法，相关练习之所以重要的原因在于：首先，能够阅读陌生的代码而不出现理解问题；其次，能够理解为什么智能开发环境在某些情况下建议重写 Lambda 表达式；第三，能够完全独立地使用这个引用写法。

9.3 选定的函数式接口

Predicate、UnaryOperator 和 Consumer 类型是函数式接口，经常作为参数类型出现，例如在 Collection API 中，当涉及根据特定标准删除或转换元素时。

9.3.1 删除条目，移除评论，转换为 CSV ★

该任务侧重于拥有列表的三个方法：

- default boolean removeIf(Predicate<? super E> filter) (Collection)
- default void replaceAll(UnaryOperator<E> operator) (List)
- default void forEach(Consumer<? super T> action) (Iterable)

这三个方法执行内部迭代，因此我们不必在列表中进行迭代。我们只需要指定将应用于每个元素的操作。

Bonny Brain 和船员们计划进行一次城市之旅。每个城市都包含两条信息：城市名称和人口：

```
class City {
  public final String name;
  public final int    population;
  public City( String name, int population ) {
    this.name = name; this.population = population;
  }
}
```

城市之旅的目的地位于一个 ArrayList 中。

```
List<City> cityTour = new ArrayList<>();
City g = new City( "Gotham (cathedral)", 8_000_000 );
City m = new City( "Metropolis (pleasure garden)", 1_600_000 );
City h = new City( "Hogsmeade (Shopping Street)", 1_124 );
Collections.addAll( cityTour, g, m, h );
```

任务：
- ▶ 使用 removeIf(...)，以便最终只剩下拥有超过 10 000 居民的大城市。
- ▶ 城市名称的圆括号中包含注释。如果包含注释，则它们总是位于字符串的最后。删除注释，并使用 List 方法 replaceAll(...) 替换 City 对象。
- ▶ 使用 forEach(...)，以便最后城市的数据以 CSV 格式（逗号分隔的输出）出现在屏幕上。

举例：
以上给定列表的输出如下：

```
Gotham,8000000
Metropolis,1600000
```

9.4　建议解决方案

测试 9.1.1：识别有效的函数式接口
Distance
接口 Distance 是一个正确的函数式接口，而关键字 abstract 是多余的，因为如果一个方法不是 default 方法，它自动成为一个没有实现的抽象方法。可见性修饰符 public 也是不必要的，因为一个接口的抽象方法是自动公开的。顺便说一下：可见性修饰符应该放在第一位，但在我们的例子中，两个关键词都应该被删除。

MoreDistance
乍一看，接口 MoreDistance 和 Distance 一样，但是需要看一下继承，它给了MoreDistance 两个抽象方法，它自己的和从基本类型继承的一个。最后接口中有两个抽象方法，这对于函数式接口是无效的。

MoreDistance2

该接口是一个函数式接口，因为它只包含一个抽象方法，即来自扩展的 Distance 接口。接口本身是否包含抽象方法或从超类继承抽象方法都没有关系。如果一个接口只有一个抽象方法，它可以有任意数量的 default 方法或静态方法；它仍然是一个函数式接口。

DistanceImpl

该接口包含一个 default 实现，其本身没有问题，但这不算作函数式接口。一个函数式接口必须只声明一个抽象方法。该方法不能作为 default 方法，已有一个实现。

DistanceEquals

该接口是一个函数式接口，尽管它有两个方法，但那是因为 equals(...) 方法是 java.lang.Object 中的一个特殊方法，它始终存在于每个对象上。equals(...) 方法偶尔会包含在接口中，以便单独的 Java 文档可以描述该方法的含义。

测试 9.1.2：从接口实现到 Lambda 表达式

▶ 1.，2. 和 3.
这三者都进行编译且同等，其他所有写法都会导致编译器错误。

▶ 4.
要么两种类型都确定，要么没有类型。

▶ 5.
多个 Lambda 参数必须一直带括号。

▶ 6.
要么使用带有 {} 的块并编写 return，要么缩略的写法不包含 return。

▶ 7.
变量 a 不能再次声明，b+b 不等同于 a+b。

▶ 8.
就参数列表中的类型而言，没有自动装箱。int 和 Integer 是完全不同的数据类型。

任务 9.1.3：为函数式接口编写 Lambda 表达式

```
Runnable              runnable   = () -> {};
ActionListener        listener   = event -> {};
Supplier<String>      supplier   = () -> "";
Consumer<Point>       consumer   = point -> {};
Comparator<Rectangle> comparator = (r1, r2) -> 0;
```

列表 9.1 com/tutego/exercise/lambda/LambdaTargetType.java

这些执行尽可能简单并且不实现任何逻辑,因为逻辑总是依赖语义。

测试 9.1.4:像这样编写 Lambda 表达式?
以下赋值会导致编译器错误:
- c
  System.out.println( ) 末尾缺少分号,{} 块中必须有完整的指令。
- e
  左侧缺少 Lambda 参数,此例中为 ( )。
- f 和 g
  函数式接口的方法没有参数列表,因此箭头左边只能有 ( )。
- h 和 i
  对于方法,void 表示不返回,但对于 Lambda 表达式,void 不能表示左侧缺失的参数列表。

任务 9.1.5:开发 Lambda 表达式
```
DoubleSupplier          ds   = () -> Math.random();
LongToDoubleFunction    ltdf = value -> value * Math.random();
UnaryOperator<String>   up   = s -> s.trim();
```
列表 9.2 com/tutego/exercise/lambda/LambdaTargetType2.java

测试 9.1.6:java.util.function 包的内容
首先我们来认识一下不同的后缀:

- Consumer:被消耗但不被返回。
- Predicate:进行一个测试,输入一个值并输出一个 boolean 值。其实是具有特殊返回值的 Function 的专门化。
- Supplier:产生了一些内容,即返回,但不需要输入。
- Function:某物被函数转化,即一个值进来,一个值出去。
- Operator:输入类型和输出类型始终有相同的特殊 Function。在一个 Function 中,输入和输出类型可以完全不同。

然后,我们就可以识别不同的前缀,即 Double, Int, Long。其背后是仅针对这三种特殊原始数据类型(而不是泛型类型存在)的特殊函数式接口。这些原始数据类型也有组合,如 IntToDoubleFunction。

测试 9.1.7：了解映射的函数式接口

映射的函数式接口见表 9.2。

表 9.2

映射	函数式接口
( ) → void	Runnable
( ) → T	Supplier
( ) → boolean	BooleanSupplier
( ) → int	IntSupplier
( ) → long	LongSupplier
( ) → double	DoubleSupplier
(T) → void	Consumer\<T\>
(T) → T	UnaryOperator\<T\>
(T) → R	Function\<T,R\>
(T) → boolean	Predicate\<T\>
(T) → int	ToIntFunction\<T\>
(T) → long	ToLongFunction\<T\>
(T) → double	ToDoubleFunction\<T\>
(T, T) → T	BinaryOperator\<T\>
(T, U) → void	BiConsumer\<T,U\>
(T, U) → R	BiFunction\<T,U,R\>
(T, U) → boolean	BiPredicate\<T,U\>
(T, U) → int	ToIntBiFunction\<T,U\>
(T, U) → long	ToLongBiFunction\<T,U\>
(T, U) → double	ToDoubleBiFunction\<T,U\>
(T, T) → int	ToIntBiFunction\<T,T\>
(T, T) → long	ToLongBiFunction\<T,T\>
(T, T) → double	ToDoubleBiFunction\<T,T\>

续表

映射	函数式接口
(int) → void	IntConsumer
(int) → R	IntFunction<R>
(int) → boolean	IntPredicate
(int) → int	IntUnaryOperator
(int) → long	IntToLongFunction
(int) → double	IntToDoubleFunction
(int,int) → int	IntBinaryOperator
(long) → void	LongConsumer
(long) → R	LongFunction<R>
(long) → boolean	LongPredicate
(long) → int	LongToIntFunction
(long) → long	LongUnaryOperator
(long) → double	LongToDoubleFunction
(long,long) → long	LongBinaryOperator
(double) → void	DoubleConsumer
(double) → R	DoubleFunction<R>
(double) → boolean	DoublePredicate
(double) → int	DoubleToIntFunction
(double) → long	DoubleToLongFunction
(double) → double	DoubleUnaryOperator
(double,double) → double	DoubleBinaryOperator

任务 9.3.1：删除条目，移除评论，转换为 CSV

```
public static void main( String[] args ) {

  List<City> cityTour = new ArrayList<>();
```

```
    City g = new City( "Gotham (cathedral)", 8_000_000 );
    City m = new City( "Metropolis (pleasure garden)", 1_600_000 );
    City h = new City( "Hogsmeade (Shopping Street)", 1_124 );
    Collections.addAll( cityTour, g, m, h );

    cityTour.removeIf( city -> city.population <= 10_000 );
    cityTour.replaceAll(
        city -> new City( city.name.replaceAll( "\\s*\\((.*\\))$", "" ),
                          city.population )
    );
    cityTour.forEach( CityTourList::printAsCsv );
  }

  private static void printAsCsv( City city ) {
    System.out.printf( "%s,%s%n", city.name, city.population );
  }
```

列表 9.3 com/tutego/exercise/util/CityTourList.java

第一步创建了列表的副本后，我们调用 List 上的三个方法。

第一个方法 removeIf(Predicate) 要求我们提供一个判断来确定城市的大小是否符合需要。如果不符合需要，则必须将其删除。Predicate 测试 City 对象并返回 true 或 false。

第二个方法 replaceAll(UnaryOperator) 需要一个函数——UnaryOperator<T> 是 Function<T, T> 的子类型。此函数应用于每个元素并替换列表中的每个元素。由于 City 对象不能被修改（对象变量是 final），那么我们创建一个新的 City 对象并传递值，String 方法 replaceAll(...) 帮助我们删除括号中的所有内容。List 方法 replaceAll(...) 将用我们在 UnaryOperator 实现中构建的新 City 替换列表中的每个 City。

第三个方法 forEach(Consumer) 期待一个消费者。forEach(...) 像其他两个方法那样没有直接使用 Lambda 表达式，而是通过方法引用来引用它自己的方法 printAsCsv(...)。它与 Consumer 有相同的参数列表：它期望一些东西，即一个 City，但什么也不返回。在方法内部，我们把这两个部分放在一起，用分号隔开，然后输出。

第 10 章
Java 库中的特殊类型

类库包括数千种类型,其中大量是通过 Java 企业框架和开源库添加的。幸运的是,我们无须了解所有这些类型即可成功编写软件。许多 Java SE 也是非常初级的,更多的是为框架开发人员准备的。

一些常见的类型与语言密切相关,因此编译器也认识它们。我们了解它们,以便可以最好地利用语言的可能性。因此,本章介绍终极超类 Object——与我们相关的方法、排序原则、原始类型和包装类型(自动装箱)的转换以及枚举类型(它是一种特殊的类声明)。

> **前提:**
> - 了解 ==(同一性)和 equals(...)(等价性)的区别。
> - 能够实现 equals(...) 和 hashCode(...)。
> - 为排序标准实施 Comparator 和 Comparable。
> - 了解自动装箱的函数。
> - 声明枚举类型并为其配备属性。

本章使用的数据类型如下:

- java.lang.Object (https://docs.oracle.com/en/java/javase/11/docs/api/java.base/java/lang/Object.html)
- java.lang.Comparable (https://docs.oracle.com/en/java/javase/11/docs/api/java.base/java/lang/Comparable.html)
- java.util.Comparator (https://docs.oracle.com/en/java/javase/11/docs/api/java.base/java/util/Comparator.html)

- java.lang.Double (https://docs.oracle.com/en/java/javase/11/docs/api/java.base/java/lang/Double.html)
- java.lang.Integer (https://docs.oracle.com/en/java/javase/11/docs/api/java.base/java/lang/Integer.html)

10.1 终极超类 java.lang.Object

从 Object 中，有三个方法通常会覆盖子类：toString( )、equals(Object) 和 hashCode( )。我们使用 == 和 != 测试同一性，使用方法 equals(Object) 测试等价性。equals(Object) 和 hashCode( ) 总是一起实现，以便它们都能匹配。例如，如果两个对象的哈希码不相等，那么 equals(...) 也必须得到 false，如果 equals(...) 得到 true，则这两个哈希码必须相等。在实现时必须遵守某些规则，因此接下来的两个任务侧重于 equals(Object) 和 hashCode( )。

10.1.1 生成 equals(Object) 和 hashCode( ) ★

每个现代 Java 开发环境都可以自动生成各种方法，如 toString( )，也可以生成 equals(Object) 和 hashCode( )。

开发环境的菜单项和对话框略有不同。可以为三个已知 IDE 生成 equals(Object)/hashCode( )，如下所示。

- IntelliJ。在此 IDE 中，我们按"Alt+Insert"组合键。下面列出了可以生成的东西的列表，其中包含 equals( ) 和 hashCode( )。如果我们激活该条目，则会打开一个对话框，可以在其中选择不同的模板。IntelliJ 可以以不同的方式生成方法。我们保持默认设置并使用 NEXT 切换到下一个对话框。现在选择用于 equals(...) 方法的对象变量（在默认情况下它们都是）。我们来到下一步。下一步打开相同的对话框，但现在我们为 hashCode( ) 方法选择对象变量（在默认情况下，所有选项都被再次预选）。单击"NEXT"按钮并进入下一个对话框，在这里仍然可以确定名称是否可以为 null。由于我们假设它可能为 null，所以不选择该选项，而是转到 FINISH。
- Eclipse。在 Eclipse 中，我们把光标放在类的主体中，激活上下文菜单，导航到菜单项"SOURCE"，然后转到 GENERATE HASHCODE( ) 和 EQUALS( )。与 IntelliJ 不同，在 Eclipse 中，对象变量只显示一次，并同时用于 equals(Object) 和 hashCode( ) 方法。单击"GENERATE"按钮开始生成代码。
- NetBeans。进入"SOURCE"下的菜单项（或在编辑器中激活上下文菜单），然后选择"INSERT CODE"选项；也可以通过按"Alt+Insert"组合键激活。随后会出现一个小对话框，我们可以在其中选择"EQUALS( ) AND

HASHCODE( )…" 选项。其他如 Setter，Getter，Constructor 和 toString( ) 也可以通过这种方式生成。

任务：

▶ 将以下类复制到项目中：
```
public class Person {
  public long id;
  public int age;
  public double income;
  public boolean isDrugLord;
  public String name;
}
```

▶ 使用 IDE 为 Person 类创建 equals(Object) 和 hashCode( ) 方法。
▶ 认真研究生成的方法。

10.1.2　现有的 equals(Object) 实现★★

Java 文档是怎么说的，或者说以下类的 equals(Object) 实现是什么样子的？

▶ java.awt.Rectangle (Modul java.desktop)
▶ java.lang.String (Modul java.base)
▶ java.lang.StringBuilder (Modul java.base)
▶ java.net.URL (Modul java.base)

各模块的 OpenJDK 代码可以在 https://github.com/openjdk/jdk/tree/master/src/ 在线查看，类可以在 share/classes 下找到。

10.2　Comparator 和 Comparable 接口

用 equals(…) 进行比较，可以知道两个对象是否等价，但对顺序、哪个对象更大或更小却没有说明。在 Java 中，有两个接口可用于此（见图 10.1）：

▶ Comparable 由具有自然排序的类型实现，这意味着通常有一个通用的排序标准。如果有两个日期，则哪个在前和哪个在后，或者两个日期是否相同都很清楚。
▶ 每个排序标准都有一个 Comparator 接口的实现。我们可以按姓名对人进行排序，也可以按年龄排序：这是 Comparator 的两种实现。

```
┌─ java.util ──────────────────┐   ┌─ java.lang ──────────────────┐
│  ┌──────────────────────┐T│   │  ┌──────────────────────┐T│
│  │     «interface»      │   │   │  │     «interface»      │   │
│  │      Comparator      │   │   │  │      Comparable      │   │
│  ├──────────────────────┤   │   │  ├──────────────────────┤   │
│  │ compare(o1: T, o2: T): int │   │  │ compareTo(o: T): int │   │
│  └──────────────────────┘   │   │  └──────────────────────┘   │
└──────────────────────────────┘   └──────────────────────────────┘
```

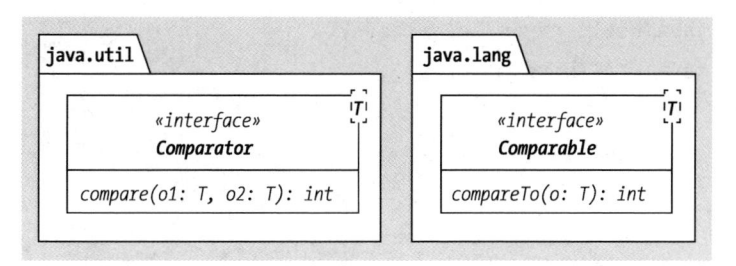

图 10.1　Comparator 和 Comparable 的 UML 图示

10.2.1　测试：是否为自然排序★

如果我们在 main(...) 方法中执行以下内容会发生什么？ Point 来自 java.awt。

```
String[] strings = { "A", "B", "C" };
Arrays.sort( strings );

Point[] points = {
 new Point( 9, 3 ),
 new Point( 3, 4 ),
 new Point( 4, 3 ),
 new Point( 1, 2 ),
};

Arrays.sort( points );
```

10.2.2　处理超级英雄

Bonny Brain 从小就对超级英雄感兴趣，有许多关于他们的令人兴奋的事情值得了解。为了让 Bonny Brain 得到她的问题的答案，首先应该定义数据库。

任务：
把下面的类声明复制到自己的 Java 项目中：[1]

```
import java.util.Arrays;
import java.util.Collections;
import java.util.List;
import java.util.Objects;
```

---

[1] 来源：https://github.com/fivethirtyeight/data/tree/master/comic-characters

```java
import java.util.stream.Collectors;
import java.util.stream.Stream;

public class Heroes {

  private Heroes() { }

  public static class Hero {

    public enum Sex { MALE, FEMALE }

    public final String name;
    public final Sex sex;
    public final int yearFirstAppearance;

    public Hero( String name, Sex sex, int yearFirstAppearance ) {
      this.name = Objects.requireNonNull( name );
      this.sex = Objects.requireNonNull( sex );
      this.yearFirstAppearance = yearFirstAppearance;
    }

    @Override public String toString() {
      return String.format( "Hero[name=%s, sex=%s, yearFirstAppearance=%s]",
                            name, sex, yearFirstAppearance );
    }
  }

  public static class Universe {
    private final String name;
    private final List<Hero> heroes;

    public Universe( String name, List<Hero> heroes ) {
      this.name = Objects.requireNonNull( name );
      this.heroes = Objects.requireNonNull( heroes );
    }
```

```java
        public String name() { return name; }
        public Stream<Hero> heroes() { return heroes.stream(); }
    }

    // https://github.com/fivethirtyeight/data/tree/master/comic-characters
    private static final Hero DEADPOOL = new Hero( "Deadpool (Wade Wilson)",Hero.Sex.MALE, 1991 );
    private static final Hero LANA_LANG = new Hero( "Lana Lang", Hero.Sex.FEMALE, 1950 );
    private static final Hero THOR = new Hero( "Thor (Thor Odinson)", Hero.Sex.MALE, 1950 );
    private static final Hero IRON_MAN = new Hero( "Iron Man (Anthony 'Tony' Stark)", Hero.Sex.MALE, 1963 );
    private static final Hero SPIDERMAN = new Hero( "Spider-Man (Peter Parker)", Hero.Sex.MALE, 1962 );
    private static final Hero WONDER_WOMAN = new Hero( "Wonder Woman (Diana Prince)", Hero.Sex.FEMALE, 1941 );
    private static final Hero CAPTAIN_AMERICA = new Hero( "Captain America (Steven Rogers)", Hero.Sex.MALE, 1941 );
    private static final Hero SUPERMAN = new Hero( "Superman (Clark Kent)", Hero.Sex.MALE, 1938 );
    private static final Hero BATMAN = new Hero( "Batman (Bruce Wayne)", Hero.Sex.MALE, 1939 );

    public static final List<Hero> DC =
        Collections.unmodifiableList( Arrays.asList( SUPERMAN, LANA_LANG,
            WONDER_WOMAN, BATMAN ) );

    public static final List<Hero> MARVEL =
        Collections.unmodifiableList( Arrays.asList( DEADPOOL, CAPTAIN_AMERICA,
            THOR, IRON_MAN, SPIDERMAN ) );

    public static final List<Hero> ALL =
        Collections.unmodifiableList( Stream.concat( DC.stream(),
            MARVEL.stream() ).collect( Collectors.toList() ) );
```

```
    public static final List<Universe> UNIVERSES =
        Collections.unmodifiableList( Arrays.asList(
            new Universe( "DC", DC ), new Universe( "Marvel", MARVEL ) ) );
}
```

列表 10.1 com/tutego/exercise/util/Heroes.java

将类放到任务项目中后，我们就完成任务啦！类声明是为接下来的任务做准备。关于类的内容：Heroes 声明了两个嵌套类（Hero 和 Universe），以及英雄的集合。使用哪种 Java API 来初始化变量，以及存在哪些私有变量，与解决方案无关。我们将在 Java Stream API 框架下讨论 Heroes 这个类。

10.2.3　比较超级英雄★★

并非所有超级英雄都相同！有些超级英雄出现较早或是光头。我们可以使用 Comparator 对象来确定超级英雄的排序。

任务：
- 首先建立一个包含所有超级英雄的可修改列表：
  List<Hero> allHeroes = new ArrayList<>(Heroes.ALL);
- 编写一个 Comparator，按出现年份排列超级英雄。用下列各项来实现：
  - 一个本地类；
  - 一个匿名类；
  - 一个 Lambda 表达式。
- List 接口有一个 sort(...) 方法。使用新的 Comparator 对 allHeroes 列表进行排序。
- 扩展一个 Comparator，以便如果出现年份相同，则按名称进行比较。在评估 Comparator 的同时检查多个标准的方法。

10.2.4　连接超级英雄比较器★★

排序通常不仅基于一个标准，而是多个。一个典型的例子是电话簿——如果如今还有人知道这个的话……首先，条目按姓氏排序，然后姓氏相同的一组人按姓名排序。

排序通常涉及多个标准。我们不必自行连接 Comparator 实例，而是使用默认方法 thenComparing(...)。

任务：
- 研究 Comparator 方法 thenComparing(Comparator<? super T> other) 的 API 文档（或实现）。

▶ 有些超级英雄的出现年份相同。
  - 编写一个只按姓名比较超级英雄的 Comparator 实现。
  - 编写第二个 Comparator，仅按出现年份比较超级英雄。
  - 在第一个标准中按出现年份对所有超级英雄进行排序，然后按姓名排序。
    用 thenComparing(...) 实现复合 Comparator。

10.2.5　使用键提取器快速调用 Comparator ★★

Comparator 通常会"提取"核心元素并进行比较。其实，Comparator 可以做两件事：首先是提取值，其次是比较这些提取的值。根据良好的面向对象编程，这两个步骤应该是分开的。Comparator 通常"提取"核心要素并对其进行比较。这是 Comparator 接口的静态 comparingXXX(...) 方法的目标。只有一个键提取器被传递给这些方法，并且 compareXXX(...) 方法本身对提取的值进行比较。

我们来看看三个实现，从实现 compare(Function) 方法开始：

```
public static <T, U extends Comparable<? super U>> Comparator<T>
  comparing( Function<? super T, ? extends U> keyExtractor)
{
    Objects.requireNonNull(keyExtractor);
    return (Comparator<T> & Serializable)
        (c1, c2) -> keyExtractor.apply(c1).compareTo(keyExtractor.apply(c2));
}
```

列表 10.2 OpenJDK-Implementierung aus java.util.Comparator

在开始时强制进行 null 测试，接着 keyExtractor.apply(...) 从第一个对象和第二个对象中提取值。由于这两个对象具有自然排序（即 Comparable），所以 compareTo(...) 将返回此顺序。comparing(Function) 返回 Comparator，这里是一个 Lambda 表达式。

键提取器是一个返回值并在内部比较该值的函数。当对象具有自然顺序时，可以使用 compare(Function)。Comparator 实例现在有不同的工厂方法，除了比较 Comparable 对象之外，它还提取和比较选定的原始数据类型。让我们看看第二个方法 comparingInt(ToIntFunction)，两个整数通过 ToIntFunction 被提取：

```
public static <T> Comparator<T> comparingInt(ToIntFunction<? super T>
  keyExtractor) {
    Objects.requireNonNull(keyExtractor);
    return (Comparator<T> & Serializable)
        (c1, c2) -> Integer.compare(keyExtractor.applyAsInt(c1),
```

```
        keyExtractor.applyAsInt(c2));
}
```

列表 10.3 OpenJDK-Implementierung aus java.util.Comparator

键提取器从要比较的对象中提取一个整数值，然后转到 Integer.compare(...) 来比较这两个整数。

让我们看看最后一个函数。它结合了键提取器和 Comparator。在对象没有自然顺序，但外部 Comparator 必须确定顺序的情况下，这很实用。

```
public static <T, U> Comparator<T> comparing(
        Function<? super T, ? extends U> keyExtractor,
        Comparator<? super U> keyComparator)
{
    Objects.requireNonNull(keyExtractor);
    Objects.requireNonNull(keyComparator);
    return (Comparator<T> & Serializable)
        (c1, c2) -> keyComparator.compare(keyExtractor.apply(c1),
                                          keyExtractor.apply(c2));
}
```

列表 10.4 OpenJDK-Implementierung aus java.util.Comparator

首先，键提取器会提取 c1 和 c2 这两个对象的值，然后值进入传递的 Comparator 实例中的 compare(...) 方法。Lambda 表达式返回一个新的 Comparator。

如果把这与自己的 Comparator 实现进行比较，那么我们一般会进行相同的操作，即从两个对象中提取数值并进行比较。这正是工厂函数所做的！我们所要做的就是指定如何提取一个键，然后将该键提取器应用于要比较的两个值。

更改之前的任务如下：

1. 使用静态方法 Comparator.comparingInt(ToIntFunction<?super T> keyExtractor) 和 Lambda 表达式创建超级英雄出现年份的 Comparator，并使用它对列表进行排序。
2. 使用 Comparator 方法，该方法使用键提取器进行名称比较。
3. 按姓名排序，然后按年龄排序，再次使用 thenComparing(...)，然后更改连接方法并使用 thenComparingInt(...) 代替 thenComparing(...)。
4. 编写 Comparator<Hero>，基于 String 中的 CASE_INSENSITIVE_ORDER，以便使超级英雄的姓名不区分大小写。使用 Comparator 方法 comparing(Function, Comparator)。

10.2.6 按距中心的距离对点进行排序 ★

CiaoCiao 船长来到北极经营他的绝对零零伏特加酒厂。在一个设想的长方形地图上，酒厂正好位于零点上。java.awt.Point 由 x/y 坐标表示，这很适合存储位置信息。现在的问题是，某些地方离酒厂是近还是远。

任务：

- 为 Point 对象编写一个比较器。
- 应使用到零点的距离进行比较。如果点 p1 到零点的距离小于点 p2 的距离，则 p1 < p2 成立。

举例：

```
Point[] points = { new Point( 9, 3 ), new Point( 3, 4 ), new Point( 4, 3 ),
  new Point( 1, 2 ) };
Arrays.sort( points, new PointDistanceToZeroComparator() );
System.out.println( Arrays.toString( points ) );
```

输出如下：

[java.awt.Point[x=1,y=2], java.awt.Point[x=3,y=4], java.awt.Point[x=4,y=3], java.awt.Point[x=9,y=3]]

> **小提示：**
> java.awt.Point 类提供各种用于计算距离的类方法和对象方法。详情参阅 API 文档。

10.2.7 查找附近的商店 ★★

Bonny Brain 为绝对零零伏特加酒厂的烈酒建立分销渠道，并计划在不同地点开设商店。

任务：

- 创建新类 Store。
- 给 Store 匹配两个对象变量 Point location 和 String name。
- 在列表中收集各种 Store 对象。
- 编写方法 List<Store>findStoresAround(Collection<Store> stores, Point center) 返回一个按到 center 的距离排序的列表；排在最前面的是离酒厂最近的。

10.3 自动装箱

自动装箱是指编译器将原始类型包装在包装器对象中（装箱），然后在需要时将它们解包（拆箱）。我们应该了解自动装箱的一些特点，否则会遇到意外的 NullPointerException 或性能问题。

10.3.1 测试：拆箱时的 null 引用的处理★

拆箱时，原始值是从包装对象中提取的。因为对象引用可以为 null，所以有以下问题：

1. 可以像这样将 null 转换为 0 吗？
   ```
   int i = null
   ```
2. 会发生什么？
   ```
   Character c = null;
   switch (c){}
   ```
3. 编写以下内容有意义吗？
   ```
   Map<String, Integer> map = new HashMap<>();
   map.put( "number-of-ships", 102 );
   int ships = map.get( "number_of_ships" );
   ```

10.3.2 测试：拆箱时的意外★★

如果在 main(...) 方法中出现以下几行，则屏幕上的输出是什么？

```
Integer i11 = 1;
Integer i12 = 1;
System.out.println( i11 == i12 );
System.out.println( i11 <= i12 );
System.out.println( i11 >= i12 );

Integer i21 = 1000;
Integer i22 = 1000;
System.out.println( i21 == i22 );
System.out.println( i21 <= i22 );
System.out.println( i21 >= i22 );
```

这个任务很棘手。

> **小提示：**
> 自动装箱时会调用 valueOf(...) 方法。Java 文档给出了一个重要的提示。

10.4 枚举类型（enum）

枚举类型（enum）代表封闭的集合，在 Java 中相当强大。它们不仅允许额外的对象变量和类变量、新的私有构造函数，还可以实现接口、重写方法，并且它们有一些标准方法。接下来的任务强调了这些优势。

10.4.1 糖果的枚举

CiaoCiao 船长希望吸引年轻的买家群体，并在他的实验室中尝试用糖果代替朗姆酒。

任务：

▶ 用常量声明一个枚举 CandyType：
- 焦糖；
- 巧克力；
- 软糖；
- 甘草；
- 棒棒糖；
- 口香糖；
- 棉花糖。

▶ 遵守通常的命名惯例（见图 10.2）。

▶ 用户应该能够从控制台输入糖果。搜索合适的 enum 对象作为输入，不区分大小写。引入自己的方法：static Optional<CandyType> fromName(String input)。

```
«enumeration»
CandyType
―――――――――
CARAMELS
CHOCOLATE
GUMMIES
LICORICE
LOLLIPOPS
CHEWING_GUMS
COTTON_CANDY
```

图 10.2　枚举类型的 UML 图示

10.4.2 提供随机糖果 ★

CiaoCiao 船长开始他的品尝之旅，他总是选择随机的糖果。

任务：

▶ 为枚举类型 CandyType 提供一个 random() 方法，该方法返回一颗随机糖果。
```
System.out.println( CandyType.random() ); // z. B. CHOCOLATE
System.out.println( CandyType.random() ); // z. B. LOLLIPOPS
```

▶ 将 fromName(String) 方法从最后一个任务移到枚举类型中（见图 10.3）。

```
        «enumeration»
         CandyType
─────────────────────────────
CARAMELS
CHOCOLATE
GUMMIES
LICORICE
LOLLIPOPS
CHEWING_GUMS
COTTON_CANDY
─────────────────────────────
fromName(input: String): CandyType
random(): CandyType
```

图 10.3　带静态方法的枚举类型 UML 图示

10.4.3 用成瘾因素标记糖果 ★★

我们知道，糖果会让人上瘾，有些糖果的上瘾程度高，有些糖果的上瘾程度低。

任务：
- 将成瘾因素 (int) 和 CandyType 中的每个枚举元素关联：
  - 焦糖：9；
  - 巧克力：5；
  - 软糖：4；
  - 甘草：3；
  - 棒棒糖：2；
  - 口香糖：3；
  - 棉花糖：1。

  使用 enum 中的构造函数存储成瘾因素。成瘾因素由一个新的非静态方法 addictiveQuality( ) 提供。
- 由于 CiaoCiao 船长想要达成对更易上瘾的糖果的依赖效果，新的 CandyType 方法 next( ) 应该返回更具容易上瘾的糖果的成瘾因素。棒棒糖有两个潜在的继任者，随机选择口香糖或甘草。焦糖没有"继任者"，仍然为焦糖。

举例：
- CandyType.COTTON_CANDY.next( ) 输出 LOLLIPOPS。
- CandyType.LOLLIPOPS.next( ) 可能输出 LICORICE。
- CandyType.LOLLIPOPS.next( ) 可能输出 CHEWING_GUMS。
- CandyType.CARAMELS.next( ) 输出 CARAMELS。

10.4.4　通过枚举实现的接口★★

枚举类型可以实现接口，但不能扩展类。

给出一个接口 Distance：

```
interface Distance {
  double distance( double x1, double y1, double x2, double y2 );
  double distance( double x1, double y1, double z1, double x2, double y2,
    double z2 );
}
```

任务：
- 将接口 Distance 运用到自己的项目中。
- 声明枚举类型 Distances，它使用枚举元素 EUCLIDEAN 实现 Distance：
  ```
  enum Distances implements Distance {
      EUCLIDEAN
  ```

```
    ...
}
```

如果我们现在需要欧几里得距离的 Distance 实现，可以通过 Distances.EUCLIDEAN 获得。

▶ 增加计算两点之间欧几里得距离的实现。提醒一下，针对 2D 点：
  `Math.sqrt( (x1 - x2) * (x1 - x2) + (y1 - y2) * (y1 - y2) )`

▶ 使用另一个枚举元素 MANHATTAN 扩展枚举类型 Distance，以便有两个常量 EUCLIDEAN 和 MANHATTAN。
  曼哈顿距离由各坐标的绝对差的和形成，2D 点为 Math.abs(x1 - x2) + Math.abs(y1 - y2)。

10.4.5 测试：通报舰和双桅横帆船 ★

给出以下枚举类型声明。程序是否能够成功编译？如果编译并运行，会有结果吗？如果有结果，那么输出是什么？

```
enum ShipType {
  AVISO( "Aviso" ), BRIG( "Brig" );
  private final String type;

  public ShipType( String type ) { this.type = type; }

  public String toString( String name ) {
    return this.type + " " + name;
  }

  public static void main( String[] args ) {
    System.out.println( AVISO.toString( "Golden Hind" ) );
  }
}
```

10.4.6 统一枚举 ★★★

在软件的初稿中，声明了一个带有职业的枚举类型 EssentialJob：

```
enum EssentialJob {
  CAPTAIN, QUARTERMASTER, SAILINGMASTER, BOATSWAIN, SURGEON, CARPENTER,
    MASTER_GUNNER
```

}

现在我们注意到其中没有职业，但是枚举类型 EssentialJob 不能补添到项目中。一个新的枚举类型被声明：

```
enum NonEssentialJob {
  MATE, ABLE_BODIED_SAILOR, CABIN_BOY
}
```

在 Java 中，一个 enum 不可能继承于另一个 enum，但是可以通过一个接口来创造某种共性。

任务：
使用一个枚举类型的通用接口，创建一种方法来声明一个自己的 apply(XXX job) 方法，该方法可以从 EssentialJob 或 NonEssentialJob 获取枚举。思考一下，类型 XXX 的特性如何。apply(...) 可以使用枚举的名称就够了。

10.5 建议解决方案

任务 10.1.1：生成 equals(Object) 和 hashCode( )

1. 由 IntelliJ 生成的 equals(Object) 方法

先来看看 equals(Object)：

```
public boolean equals( Object o ) {
  if ( this == o )
    return true;
  if ( o == null || getClass() != o.getClass() )
    return false;

  Person person = (Person) o;

  if ( id != person.id )
    return false;
  if ( age != person.age )
    return false;
  if ( Double.compare( person.income, income ) != 0 )
```

```
      return false;
  if ( isDrugLord != person.isDrugLord )
      return false;
  return name != null ? name.equals( person.name ) : person.name == null;
}
```

列表 10.5 Generierte equals(Object)-Methode von IntelliJ

首先测试传入的对象是否与自己的对象相同，然后获得一个短路径，并且答案为 true，因为我们当然与自己相等。如果传入的对象引用为 null 或者自己的 Class 对象与传入的 Class 对象不相同，那么我们不继续比较，而以 false 退出。顺便说一下，Class 的比较并不是唯一的选择，类型关系也可以用 instanceof 来测试，它也把子类型纳入比较。

在初始查询后，我们检查对象状态。对象实际上是一个 Person，因此我们引入 Person 类型的新变量。下一步是将自己的状态与该 person 的状态进行比较。对于整数和逻辑值，我们可以直接比较。这里的做法是比较值，如果不相等则以 false 退出 equals(...) 方法，因为进一步检查没有意义。

浮点数和引用的比较很有趣。针对浮点数有一个问题，即存在一个 NaN（非数字），并且 NaN 不等于 NaN！ Double 的 compare(...) 方法涵盖此特殊情况。虽然 compare(...) 方法检查的内容要多得多，即两个浮点数的顺序，但我们不需要这个属性。我们只比较结果是否不等于 0；如果两个浮点数相等，则该方法返回 0，否则返回负数或正数。

到目前为止，对象变量都是原始的，最后让我们看看引用类型的相等性测试。这里委托给被引用对象的 equals(Object) 方法。但是，我们必须考虑一种特殊情况，即 name 可以为 null。在对话框中，我们可以选择对象变量是否可以为 null。由于我们选择了对象变量可以为 null，所以添加了一个特殊查询。一个不错的选择可以是：

```
return Objects.equals( name, person.name );
```

2. 由 Eclipse 生成的 equals(Object) 方法

现在来看 Eclipse：

```
public boolean equals( Object obj ) {
  if ( this == obj )
    return true;
  if ( obj == null )
    return false;
```

```
    if ( getClass() != obj.getClass() )
      return false;
    Person other = (Person) obj;
    if ( age != other.age )
      return false;
    if ( id != other.id )
      return false;
    if ( Double.doubleToLongBits( income ) !=
        Double.doubleToLongBits( other.income ) )
      return false;
    if ( isDrugLord != other.isDrugLord )
      return false;
    if ( name == null ) {
      if ( other.name != null )
        return false;
    }
    else if ( !name.equals( other.name ) )
      return false;
    return true;
}
```

列表 10.6 Generierte equals(Object)-Methode von Eclipse

在 Eclipse 中，查询的核心相同，但代码有点长。造成这种情况的原因是对 null 和 class 对象的检查是在两种不同的条件判断下进行的，并没有合并。对 null 名称的检查更广泛。唯一真正的区别是浮点数的比较。在这里，Eclipse 采取了一种不同的比较方法：一个 double 数的大小是 8 字节，而 doubleToLongBits(double) 查询位模式为 long。如果我们有两个整数，则可以像其他整数一样进行比较。这样，NaN 的问题就解决了。

3. 由 IntelliJ 生成的 hashCode() 方法

来看一下 hashCode()：

```
public int hashCode() {
  int result;
  long temp;
  result = (int) (id ^ (id >>> 32));
  result = 31 * result + age;
```

```
    temp = Double.doubleToLongBits( income );
    result = 31 * result + (int) (temp ^ (temp >>> 32));
    result = 31 * result + (isDrugLord ? 1 : 0);
    result = 31 * result + (name != null ? name.hashCode() : 0);
    return result;
}
```

列表 10.7 Generierte hashCode( )-Methode von IntelliJ

该方法的任务是通过算法将各种对象变量的赋值组合成一个 int 类型整数。最好的情况是哈希码会随着任何对象变量的变化而变化。因此，希望在任何对象变量的位更改后获得完全不同的哈希码。

开发环境 IntelliJ 和 Eclipse 使用一种特殊的模式来组织计算。在初始化 result 后，继续 result=31*result+hashCode，其中 hashCode 是每一步要添加的哈希码。31 是一个素数，它提供了一个很好的位分布。

该代码显示了 int，long，double 和引用类型的哈希码是如何组成的。由于哈希码是 int 类型的，所以直接加上也是 int 类型的 age。对于逻辑值，IntelliJ 使用 1 或 0。在长整数的情况下，首先对高 32 位进行异或操作，然后对低 32 位进行异或操作。原则上，双浮点数也是如此，这里使用位模式，类似 equals(...) 方法用于比较。

4. 由 Eclipse 生成的 hashCode( ) 方法

Eclipse 也采取了类似的方法：

```
public int hashCode() {
    final int prime = 31;
    int result = 1;
    result = prime * result + age;
    result = prime * result + (int) (id ^ (id >>> 32));
    long temp;
    temp = Double.doubleToLongBits( income );
    result = prime * result + (int) (temp ^ (temp >>> 32));
    result = prime * result + (isDrugLord ? 1231 : 1237);
    result = prime * result + ((name == null) ? 0 : name.hashCode());
    return result;
}
```

列表 10.8 Generierte hashCode( )-Methode von Eclipse

Eclipse 和 IntelliJ 之间有两个小区别。

- 首先，魔术值 31 作为变量被提取。这使我们以后更改数字很方便。如果有大量的对象变量，那么我们可能要调整素数，否则乘法会生成超出范围的大数字，从而根本不再考虑开始的对象变量。在这种情况下，我们必须缩小素数。
- 第二个区别是对逻辑值使用了不同的数字：Eclipse 使用 1231 = 0b10011001111 和 1237 = 0b10011010101。

知识点：
当手动重写 hashCode( ) 方法时，一些开发人员会求助于静态 Objects 方法 hash(Object... values)：

```
public int hashCode() {
  return Objects.hash( age, income, isDrugLord, name );
}
```

这样做既简洁又优雅，但最好不要这样做。因为首先该方法必须对原始值进行装箱，其次总是要为可变参数创建一个数组，该数组之后要由自动垃圾收集器清理。然而，对于一个不可变的对象，哈希码会直接计算一次，然后进行缓存。

任务 10.1.2：现有的 equals(Object) 实现

java.awt.Rectangle (模块 java.desktop)

Java 文档展示了 equals(...) 的作用："当且仅当参数不为 null 并且与此 Rectangle 具有相同左上角、宽度和高度的 Rectangle 对象时，结果才为真。"在实现的源代码中可以更好地看到这一点：

```
public boolean equals(Object obj) {
    if (obj instanceof Rectangle) {
        Rectangle r = (Rectangle)obj;
        return ((x == r.x) &&
                (y == r.y) &&
                (width == r.width) &&
                (height == r.height));
    }
    return super.equals(obj);
```

}

列表 10.9 OpenJDK-Implementierung der Methode equals(…) aus java.awt.Rectangle

来自超类 Object 的方法 equals(Object obj) 针对 obj 具有参数类型 Object，重写类当然必须采用该参数类型。思路：原则上，我们也可以问一个苹果是否相当于一个梨，但答案一定是 false。Rectangle 类也是如此。instanceof 测试首先检查对象类型是否也是 Rectangle，其中也包括子类。只有这样才能继续进行原本的测试，并将自己对象的 x 和 y 位置以及高度和宽度与另一个矩形进行比较。如果它不是一个 Rectangle，那么超类应该处理比较。我们通常在 equals(…) 实现中找到对 null 或 this 的查询，它保存在这里并移动到超类中。

1. java.lang.String (模块 java.base)

String 类有一个 equals(…) 方法，Java 文档描述了如何实现它：

将此字符串与指定对象进行比较。当且仅当参数不为 null 并且表示与此对象相同的字符序列的 String 对象时，结果才为 true。

我们不需要进一步查看实现。

2. java.lang.StringBuilder (模块 java.base)

Java 文档在 StringBuilder 中没有显示重写的 equals(…) 方法，并且 Methods declared in class java.lang.Object 里的条目显示 equals(…) 方法来自 Object。该类的文档还提到：

StringBuilder 实现 Comparable，但不覆盖 equals。因此，StringBuilder 的自然顺序与 equals 不一致。如果 StringBuilder 对象用作 SortedMap 中的键或 SortedSet 中的元素，则应小心。更多信息请参阅 Comparable，SortedMap 或 SortedSet。

结果是当我们将 StringBuilder 放入数据结构时会遇到麻烦，因为绝大多数数据结构都使用 equals(…) 方法。

3. java.net.URL (模块 java.base)

在 Java 库的所有 equals(…) 方法中，URL 类的方法可能是最奇怪的。

这会产生很大的影响。首先，当必须进行网络访问时，equals(…) 方法的执行可能需要很长的时间。即使在最佳情况下，当所有东西都在内部缓存中时，性能仍然比比较几个对象变量时要差。此外，网络访问始终是必要的，这意味着如果计算机与网络断开连接，则 equals(…) 方法将无法响应。另一个问题是，equals(…) 方法可能突然给出一个不同的答案。之前可能不一样的却可能突然一样了。

出于这个原因，将 URL 对象保存在列表或集合之类的数据结构中是不常见的，因为标准实现几乎总是使用 equals(…) 方法。Java 库提供了第二个类 URI，它实现了 equals(…) 作为对象变量的简单比较，即模式、片段、路径、查询等。

测试 10.2.1：是否为自然排序
会出现：

```
Exception in thread "main" java.lang.ClassCastException: class java.awt.Point
cannot be cast to class java.lang.Comparable (java.awt.Point is in module
java.desktop of loader 'bootstrap'; java.lang.Comparable is in module
java.base of loader 'bootstrap')
```

原因：java.util.Arrays 中的 sort(Object[ ]) 方法假定对象具有自然顺序，因此实现了 Comparable 接口，但 Point 不会那样做。

如果要将未知对象相互比较，则我们必须为 sort(…) 方法提供一个特殊对象，该对象考虑排序标准。这是 Comparator 对象的任务。

任务 10.2.3：比较超级英雄

```
// local class
class YearFirstAppearanceComparator implements Comparator<Heroes.Hero> {
  @Override public int compare( Heroes.Hero h1, Heroes.Hero h2 ) {
    return Integer.compare( h1.yearFirstAppearance, h2.yearFirstAppearance );
  }
}


// inner anonymous class
Comparator<Heroes.Hero> innerClassComparator = new Comparator<>() {
  @Override public int compare( Heroes.Hero h1, Heroes.Hero h2 ) {
    return Integer.compare( h1.yearFirstAppearance, h2.yearFirstAppearance );
  }
};


// Lambda expression
Comparator<Heroes.Hero> lambdaComparator =
    (h1, h2) -> Integer.compare( h1.yearFirstAppearance,
     h2.yearFirstAppearance );
```

```java
// Comparator with 2 criteria
Comparator<Heroes.Hero> combinedComparator = ( h1, h2 ) -> {
  int yearComparison = Integer.compare( h1.yearFirstAppearance,
      h2.yearFirstAppearance );
  return (yearComparison != 0) ? yearComparison : h1.name.compareTo( h2.name );
};

List<Heroes.Hero> allHeroes = new ArrayList<>( Heroes.ALL );
allHeroes.sort( new YearFirstAppearanceComparator() );
allHeroes.sort( innerClassComparator );
allHeroes.sort( lambdaComparator );
allHeroes.sort( combinedComparator );
```
列表 10.10 com/tutego/exercise/util/HeroComparators.java

Comparator 实例使用 Integer.compare(...) 来比较两个整数：

```java
public static int compare(int x, int y) {
  return (x < y) ? -1 : ((x == y) ? 0 : 1);
}
```
列表 10.11 OpenJDK-Implementierung der Methode Integer.compare (int, int)

有两种方法能够使 Comparator 实例进行多个比较。首先，它们可以完全自己实现逻辑，就像解决方案中一样，或者将两个现有的 Comparator 对象连接起来，这是下一个任务的主题。

建议的解决方案显示了逻辑的合并：首先，比较年份，如果年份相等，则 compare(...) 返回 0，然后必须考虑第二个标准，名字。name 是一个 String，并以自然顺序实现 Comparable，因此 compareTo(...) 必须做出决定。

任务 10.2.4：连接超级英雄比较器

```java
Comparator<Heroes.Hero> nameComparator =
    (h1, h2) -> h1.name.compareTo( h2.name );
Comparator<Heroes.Hero> yearComparator =
    (h1, h2) -> Integer.compare( h1.yearFirstAppearance,
     h2.yearFirstAppearance );
```

```
Comparator<Heroes.Hero> combinedComparator = yearComparator.
thenComparing( nameComparator );

List<Heroes.Hero> allHeroes = new ArrayList<>( Heroes.ALL );
allHeroes.sort( combinedComparator );
System.out.println( allHeroes );
```
列表 10.12 com/tutego/exercise/util/HeroCombinedComparators.java

为了更好地理解它是如何工作的，来看一下 OpenJDK 的 thenComparing(...) 实现:

```
default Comparator<T> thenComparing(Comparator<? super T> other) {
    Objects.requireNonNull(other);
    return (Comparator<T> & Serializable) (c1, c2) -> {
        int res = compare(c1, c2);
        return (res != 0) ? res : other.compare(c1, c2);
    };
}
```
列表 10.13 OpenJDK-Implementierung aus java.util.Comparator

重点是带有 Lambda 表达式的 return 语句，它提供了一个 Comparator。实现首先调用自己的 compare(...) 方法——因为自己的 Comparator 先运行——进行检查。如果比较结果不是 0，那么我们的 compare(...) 方法直接返回结果。如果结果是 0，那么自己的 compare(...) 方法就认为这两个对象是相等的，然后我们必须从传递给 thenComparing(Comparator) 方法的参数中转到第二个 Comparator。第二个 Comparator 必须决定下一步该做什么。

任务 10.2.5：使用键提取器快速调用 Comparator

通过静态方法和键提取器创建新的 Comparator 对象，起初有点不寻常。我们还必须习惯于将 Comparator 对象连接起来。该任务详细介绍了如何实现，由此给出解决方案：

```
Comparator<Heroes.Hero> nameComparator =
    Comparator.comparing( h -> h.name );

Comparator<Heroes.Hero> yearComparator =
    Comparator.comparingInt( h -> h.yearFirstAppearance );
```

```
Comparator<Heroes.Hero> combinedComparator1 =
    yearComparator.thenComparing( nameComparator );

Comparator<Heroes.Hero> combinedComparator2 =
    nameComparator.thenComparingInt( h -> h.yearFirstAppearance );

Comparator<Heroes.Hero> insensitiveNameComparator =
    Comparator.comparing( h -> h.name, String.CASE_INSENSITIVE_ORDER );
```

列表 10.14 com/tutego/exercise/util/HeroKeyExtractorComparators.java

任务 10.2.6：按距中心的距离对点进行排序

```
class PointComparator implements Comparator<Point> {
  @Override
  public int compare( Point p1, Point p2 ) {
    double distanceToZeroPoint1 = p1.distanceSq( 0, 0 );
    double distanceToZeroPoint2 = p2.distanceSq( 0, 0 );

    return Double.compare( distanceToZeroPoint1, distanceToZeroPoint2 );
  }
}
```

列表 10.15 com/tutego/exercise/util/PointComparatorDemo.java

sort(...) 方法需要我们提供一个 Comparator。该 Comparator 是一个具有单个抽象方法 compare(...) 的函数式接口。

由于 Comparator 是一种通用数据类型，所以我们需要提供一个类型参数，这就是我们的 Point。为了实现 Comparator 接口，我们编写了一个 PointComparator 类，用于实现 compare(Point p1, Point p2)。在方法的主体中，我们首先生成从第一个点到零点的距离，然后是第二个点到零点的距离。严格来说，我们并没有真正计算距离，而是计算距离的平方，但这对于比较来说完全没有问题，而且速度更高一些，因为平方根并不是我们真正需要的。

运用这两个距离，我们只需要为 compare(...) 方法提供适当的返回——负数、正数或 0。为此我们使用三方比较函数 Double.compare(...)。

我们可以将 Comparator 作为 sort(...) 的第二个参数传递：

```
Arrays.sort( points, new PointComparator() );
```

任务 10.2.7：查找附近的商店

```java
class Store {
  String name;
  Point location;

  Store( String name, int x, int y ) {
    this.name = name;
    this.location = new Point( x, y );
  }

  @Override
  public String toString() {
    return String.format( "Store [name=%s, location=%s]", name, location );
  }
}
public class StoreFinder {

  static List<Store> findStoresAround( Collection<Store> stores,
      Point center ) {
    List<Store> result = new ArrayList<>( stores );

    class StoreDistanceComparator implements Comparator<Store> {
      @Override
      public int compare( Store s1, Store s2 ) {
        double dist1ToCenter = s1.location.distance( center );
        double dist2ToCenter = s2.location.distance( center );
        return Double.compare( dist1ToCenter, dist2ToCenter );
      }
    }

    result.sort( new StoreDistanceComparator() );
    return result;
  }
```

```java
public static void main( String[] args ) {
  Store s1 = new Store( "ALDI", 10, 10 );
  Store s2 = new Store( "LIDL", 90, 80 );
  Store s3 = new Store( "REWE", 51, 51 );
  List<Store> list = Arrays.asList( s1, s2, s3 );
  System.out.println( list );
  List<Store> around = findStoresAround( list, new Point( 50, 50 ) );
  System.out.println( around );
  }
}
```

列表 10.16 com/tutego/exercise/oop/StoreFinder.java

首先，我们使用两个对象变量 name 和 location 对 Store 类进行建模。为了方便起见，我们为类提供了一个参数化构造函数，该构造函数接受名称和 x-y 坐标并将其传递给内部状态。toString( ) 方法返回带有名称和位置的表示。

下一个类 StoreFinder 具有所需的方法 findStoresAround(...) 和带有演示的 main(...) 方法。

原本的 findStoresAround(...) 方法使用了一个特殊的技巧，使实现更加紧凑。首先看一下通用解决方案：我们使用 List 和 Comparator，由此可以使用 Comparator 对象对列表进行排序。Comparator 只需使用点之间的距离作为排序标准。在这里我们可以让自己轻松一点，因为 java.awt.Point 类有一个 distance(...) 方法，可以通过它轻松计算点之间的距离。

在 findStoresAround(...) 的第一步中，我们将 Collection 中的 Store 对象放入 ArrayList。这是排序的前提条件，因为我们无法对 Collection 进行排序，只能对列表进行排序。此外，该任务并没有明确表明允许我们修改 Collection。因此，我们在这里保守一些，不要修改传入的 Collection，如果 Collection 是不可变的，则无法进行修改。

现在我们使用 Java 语言的特性，即可以在方法中声明类。我们称之为本地内部类。本地内部类的优点是它们可以从环境中访问（显式或隐式 final）变量。我们的 Comparator 需要这个，因为如果要判断两个 Store 对象中哪个更靠近中心，则必须从第一个 Store 到中心进行比较，然后从第二个 Store 到中心进行比较。如果不想使用本地内部类，则必须为 Comparator 实现提供一个参数化构造函数，以便可以从外部获得 center 进入 Comparator 实现。

compare(...) 方法内部计算两个商店到 center 的距离。这会产生两个浮点数，然后我们使用已知的 Double.compare(...) 方法将其转换为负数、正数或 0。如果我们有 Comparator，则可以使用它对列表进行排序并返回列表。

测试 10.3.1：拆箱时的 null 引用的处理
第一条语句无法编译，但是可以翻译以下代码：

```
Integer int1 = null;
int int2 = int1;
int i=(Integer) null;
```

但是，在执行时会出现 NullPointerException。其原因在于拆箱。Java 编译器会自动调用合适的方法从包装对象中获取原始值。对于 Integer 对象，编译器会自动在字节码中设置 intValue( ) 方法。

在 switch 示例中也会出现 NullPointerException。Java 编译器将自动拆箱并调用 charValue( )——这在运行时不会成功。switch 对可以为 null 的包装器没有进行特殊处理。

Map 是连接键值对的关联映射。get(...) 方法具有"如果键没有关联值则返回 null"的属性。我们的示例就是这样的情况。对于不正确的键，我们查询关联映射，因为没有关联值，所以返回 null。编译器会自动拆箱并调用 intValue( ) 方法，在运行时导致 NullPointerException。解决这个问题的方法是，每当 null 表示缺少返回时，就在代码中显式包括一个 null 检查。更稳妥的做法如下：

```
Integer maybeShips = map.get( "number_of_ships" );
if ( maybeShips != null ) {
  int ships = maybeShips;
}
```

总而言之：没有从 null 到 0 或 false 的自动转换。

测试 10.3.2：拆箱时的意外
该程序的输出在注释中注明。

```
Integer i11 = 1;
Integer i12 = 1;
System.out.println( i11 == i12 ); // true
System.out.println( i11 <= i12 ); // true
System.out.println( i11 >= i12 ); // true

Integer i21 = 1000;
Integer i22 = 1000;
```

```
System.out.println( i21 == i22 ); // false
System.out.println( i21 <= i22 ); // true
System.out.println( i21 >= i22 ); // true
```

乍一看，令人惊讶的是，在一种情况下，== 运算符的结果为 true，然后突然结果为 false。有三件事我们必须知道：

1. 关系运算符 <、>、<=、>= 强制从包装对象中获取值并进行比较。但是，比较运算符 == 不执行任何拆箱，而只是比较两个引用，从而进行同一性比较，即代码不比较数字 1 和 1 以及 1 000 和 1 000，而是比较两个 Integer 对象的引用。问题在于为什么这两个 Integer 对象在 1 处相同而在 1 000 处不相同。我们现在就来研究一下……
2. 编译器不使用 new 创建包装对象，而是使用工厂方法 valueOf(…)。
3. Integer 类在内部对 -128~+127 范围内的所有 Integer 对象使用缓存。因此，valueOf(…) 方法返回现有整数对象，正好是指定的数值范围内的整数。所有超出数值范围的内容总是作为新对象被创建并返回。因此，调用 valueOf(1000) 会导致两个不同的 Integer 对象，这两个对象当然不相同。

任务 10.4.1：糖果的枚举

```
enum CandyType {
    CARAMELS,
    CHOCOLATE,
    GUMMIES,
    LICORICE,
    LOLLIPOPS,
    CHEWING_GUMS,
    COTTON_CANDY
}

static Optional<CandyType> fromName( String input ) {
    try {
        input = input.trim().toUpperCase().replace( ' ', '_' );
        return Optional.of( CandyType.valueOf( input ) );
    }
    catch ( IllegalArgumentException e ) {
        return Optional.empty();
```

```
  }
}

public static void main( String[] args ) {
  System.out.println( "Name a candy" );
  String input = new Scanner( System.in ).nextLine();
  fromName( input ).ifPresentOrElse( System.out::println, () ->
    System.out.println("Unknown") );
}
```

列表 10.17 com/tutego/exercise/lang/AskForCandy.java

新的枚举类型 CandyType 由几个常量组成，这些常量在 Java 中通常都大写。由于标识符名称中没有空格，所以我们像使用常量一样添加下划线。

fromName(String) 方法稍后接收用户输入并返回相应的 CandyType。输入可能有不需要的前、后空格，我们将它们删除。由于输入不区分大小写，所以我们首先将其转换为大写并用下划线替换空格——在最好的情况下，这对应常量的名称。编译器从每个枚举类型中生成一个具有静态方法 valueOf(String) 的类。它帮助我们为一个字符串提供相应的枚举类型。无法赋值时会出现问题：valueOf( ) 会抛出异常。我们捕获它们并返回 Optional.empty( )。如果 valueOf( ) 返回一个结果，则我们将它包装在一个 Optional 中。

任务 10.4.2：提供随机糖果

```
enum CandyType {
  CARAMELS,
  CHOCOLATE,
  GUMMIES,
  LICORICE,
  LOLLIPOPS,
  CHEWING_GUMS,
  COTTON_CANDY;

  public static Optional<CandyType> fromName( String input ) {
    try {
      input = input.trim().toUpperCase().replace( ' ', '_' );
      return Optional.of( valueOf( input ) );
    }
```

```
    catch ( IllegalArgumentException e ) {
      return Optional.empty();
    }
  }

  public static CandyType random() {
    return values()[ (int) (Math.random() * values().length) ];
  }

  // private static CandyType[] VALUES = values();
  // public static CandyType random() {
  //   return VALUES[ (int) (Math.random() * VALUES.length) ];
  // }
}
```

列表 10.18 com/tutego/exercise/lang/RandomCandy.java

如果我们在枚举类型中放置方法或其他变量，则必须在最后一个枚举元素之后放置一个分号。

我们可以将方法 fromName(...) 一对一地复制到枚举类型中，根本不需要进行任何更改。然而，我们可以省略对 valueOf(...) 的 CandyType 认证，因为 valueOf(...) 现在是其自身数据类型的一部分。

除了 valueOf(...) 之外，还有由编译器自动生成的第二个方法。values( ) 方法返回一个包含所有枚举元素的数组。我们可以从中取出一个随机元素，这里实现的是 random( ) 方法。

我们可以以更高的性能实现本身的 random( ) 方法。这是由于 values( ) 被调用了两次，这会产生一定的运行时成本，因为总是返回一个新数组。我们可以通过让本身的私有静态变量引用数组中的常量来简化代码。这样以后可以直接访问数组，而不必在运行时一次又一次地创建数组。

任务 10.4.3：用成瘾因素标记糖果

next( ) 方法可以用不同的方式实现。这里我们介绍三种不同的变体。第一种变体是最简单的。

```
this-Abfrage in next()

enum CandyType {
```

```java
  CARAMELS       ( 9 ),
  CHOCOLATE      ( 5 ),
  GUMMIES        ( 4 ),
  LICORICE       ( 3 ),
  LOLLIPOPS      ( 2 ),
  CHEWING_GUMS   ( 3 ),
  COTTON_CANDY   ( 1 );

  private final int addictiveQuality;

  CandyType( int addictiveQuality ) {
    this.addictiveQuality = addictiveQuality;
  }

  public int addictiveQuality() {
    return addictiveQuality;
  }

  public CandyType next() {
    switch ( this ) {
      case GUMMIES: return CHOCOLATE;
      case LOLLIPOPS: return Math.random() > 0.5 ? LICORICE : CHEWING_GUMS;
      case COTTON_CANDY: return LOLLIPOPS;
      case LICORICE:
      case CHEWING_GUMS: return GUMMIES;
      case CHOCOLATE:
      default: return CARAMELS;
    }
  }
```

列表 10.19 com/tutego/exercise/lang/AddictiveQualityCandy.java

第一步，我们将成瘾因素的值放在圆括号内的枚举元素后面。这个整数被传递给自己的构造函数，这个构造函数是隐式私有的，因为它是由 Java 编译器重写的。构造函数获取整数并将其保存在一个私有变量中，可以通过公共方法 addictiveQuality() 访问。因为没有相应的 Setter，而且枚举元素不是 JavaBean，所以省略了前缀 get。

next( ) 方法是每个枚举元素上的对象方法，因此 this 引用是可用的。this 指向当前的枚举元素，我们可以用 switch 语句对其进行检查。根据类型，我们通过 return 语句返回下一个糖果。而在 LOLLIPOPS 这里我们有一个特殊情况：随机返回 LICORICE 或 CHEWING_GUMS。

数组解决方案

作为开发者，当我们编写源代码并注意到某些结构模式时，这表明可能可以简化，特别是存在映射时（就如当前任务中）。next( ) 是一个函数，即值"进来"和值"出去"。我们的例子中的类型如下：

```
next: CandyType ↦ CandyType
```

函数参数是枚举元素（通过 this），但由于它们具有关联的序数，即在枚举类型中的位置，所以也可以理解为从整数到 CandyType 的映射：

```
next: int ↦ CandyType
```

这种映射可以很容易地用关联数据结构来实现，其优点是枚举元素的序数从 0 开始，并且数字不断增加。然后，可以使用数组，这是第二个建议的解决方案：

```java
private static CandyType[] NEXT = {
  // CARAMELS, CHOCOLATE, GUMMIES, LICORICE, LOLLIPOPS, CHEWING_GUMS,
  // COTTON_CANDY
  CARAMELS, CARAMELS, CHOCOLATE, GUMMIES, null, GUMMIES, LOLLIPOPS
};

public CandyType next() {
  if ( this == LOLLIPOPS )
    return Math.random() > 0.5 ? LICORICE : CHEWING_GUMS;
  return NEXT[ ordinal() ];
}
```

列表 10.20 com/tutego/exercise/lang/AddictiveQualityCandy.java

该程序包含一个数组 NEXT，该数组分别包含接下来的糖果。next( ) 方法询问序数，然后跳转到数组。如果增加了新的枚举元素，那么我们还得对数组进行适配。

唯一的问题是 LOLLIPOPS，程序以特殊处理方式检查它。在数组中，这个位置为 null，因为这个元素从未被访问过。

给进阶者的 Lambda 解决方案

这个方案还有些不太好的地方，即一方面是数组之间的混合，另一方面是 next( ) 内的特殊处理。因此，最后我们来学习非常高级的第三种变体，它建立在一系列 Java 选项之上：

```
interface CandyTypeSupplier extends Supplier<CandyType> {}

private static CandyTypeSupplier[] NEXT = {
  () -> CARAMELS, () -> CARAMELS, () -> CHOCOLATE, () -> GUMMIES,
  () -> Math.random() > 0.5 ? LICORICE : CHEWING_GUMS,
  () -> GUMMIES, () -> LOLLIPOPS
};

public CandyType next() {
  return NEXT[ ordinal() ].get();
}
```

列表 10.21 com/tutego/exercise/lang/AddictiveQualityCandy.java

核心是一个数组，但它不再包含 CandyType 对象，而是 CandyType 对象的生产者。Java 有一个生产者的接口：Supplier。Supplier 是一个通用类型，由于通用类型和数组不匹配，所以我们首先创建一个特殊类型 CandyTypeSupplier，它是 CandyType 的 Supplier。

数组 NEXT 的类型是 CandyTypeSupplier[ ]。该数组使用一系列 Supplier-Lambda 表达式进行初始化。在一般情况下，这些 Supplier 对象返回下一个 CandyType。在特殊情况下，LOLLIPOPS 使用条件运算符，随机返回 LICORICE 或 CHEWING_GUMS。

如果数组包含 Supplier 元素，则 next( ) 可以：

1. 查询枚举元素的序号；
2. 用序号进入数组，获取 Supplier；
3. 要求 Supplier 给出结果。

重写抽象方法的变体

还有另一种可能性，这里仅简要概述。next( ) 方法可以被抽象地声明，并被各枚举元素重写，以用下一个糖果进行答复。我们在下一个任务中可以看到更多关于这种重写方法的可能性。

任务 10.4.4：通过枚举实现的接口

```java
enum Distances implements Distance {
  EUCLIDEAN;

  @Override
  public double distance( double x1, double y1, double x2, double y2 ) {
    return Math.sqrt( (x1 - x2) * (x1 - x2) + (y1 - y2) * (y1 - y2) );
  }
  @Override
  public double distance( double x1, double y1, double z1, double x2,
      double y2, double z2 ) {
    return Math.sqrt( (x1 - x2) * (x1 - x2) + (y1 - y2) * (y1 - y2) +
       (z1 - z2) * (z1 - z2) );
  }
}
```

列表 10.22 com/tutego/exercise/lang/DistanceImplementations.java

我们从枚举类型 Distances 开始，并在其中放入一个常量 EUCLIDEAN。现在 Distances 必须实现接口 Distance。在第一个子任务中，Distances 只有一个常量 EUCLIDEAN。如果 Distances 实现了接口，则实现就可以直接放在枚举类型的主体中，那么实现适用于所有枚举元素。由于我们只有一个元素 EUCLIDEAN，实现 distance(...) 正好可以实现这一个距离度量，所以它不需要查询该算法是否可能适用于另一个常量。

```java
enum Distances implements Distance {
  EUCLIDEAN {
    @Override
    public double distance( double x1, double y1, double x2, double y2 ) {
      return Math.sqrt( (x1 - x2) * (x1 - x2) + (y1 - y2) * (y1 - y2) );
    }

    @Override
    public double distance( double x1, double y1, double z1, double x2,
        double y2, double z2 ) {
      return Math.sqrt( (x1 - x2) * (x1 - x2) + (y1 - y2) * (y1 - y2) +
         (z1 - z2) * (z1 - z2) );
```

```
      }
    },
    MANHATTAN {
      @Override
      public double distance( double x1, double y1, double x2, double y2 ) {
        return Math.abs( x1 - x2 ) + Math.abs( y1 - y2 );
      }

      @Override
      public double distance( double x1, double y1, double z1, double x2,
          double y2, double z2 ) {
        return Math.abs( x1 - x2 ) + Math.abs( y1 - y2 ) + Math.abs( z1 - z2 );
      }
    }
}
```

列表 10.23 com/tutego/exercise/lang/DistanceImplementations.java

在第二个解决方案中，枚举类型 Distances 也实现了接口，只是其中有两个常量，EUCLIDEAN 和 MANHATTAN。

从接口 Distance 实现这两种方法时，解决方案所采取的方法略有不同。现在，该实现与枚举元素合并，而不是所有常量的通用实现。其语法与匿名内层类的语法类似。常量名后面是大括号中的主体，里面是两个被重写的方法。MANHATTAN{...} 后面不需要分号（见图 10.4）。

```
                          «interface»
                           Distance
distance( x1: double, y1: double, x2: double, y2: double ): double
distance( x1: double, y1: double, z1: double, x2: double, y2: double, z2: double ): double

                         «enumeration»
                           Distances
                           EUCLIDEAN
```

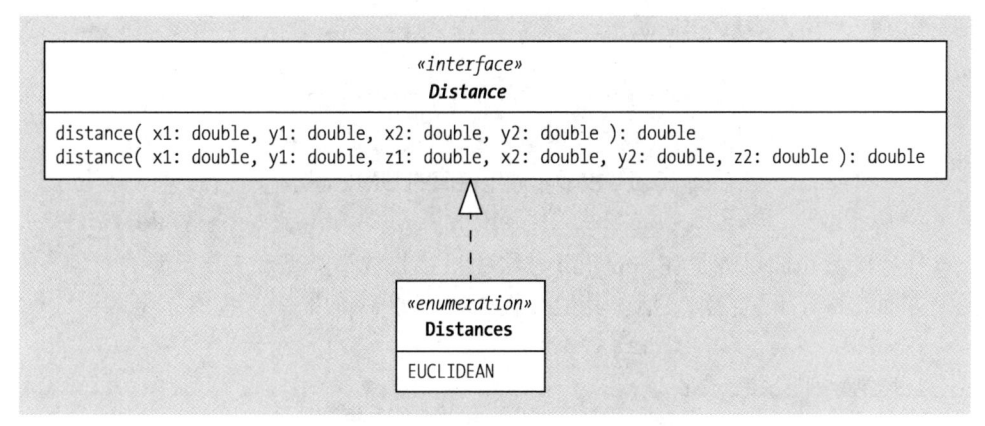

图 10.4 枚举类型的 UML 图示

测试 10.4.5：通报舰和双桅横帆船

该程序不能编译，因此不能执行。编译器错误的唯一原因是可见的构造函数 ShipType。枚举类型可以有构造函数，但它们总是私有的。如果我们不写可见性修饰符，则默认为 private；我们也可以自己添加 private，但没必要。在任何情况下，构造函数都不能是公共的，因为不能从外部创建新的枚举元素。

枚举类型可以声明一个 main(...) 方法，这样的程序也可以执行。编译器无论如何都会将枚举类型转换为类，并且 enum 可以具有静态方法。因此，枚举类型对于运行时环境来说并没有什么特别之处，它只是一个具有一些常量并且派生自超类 Enum 的类。

如果我们删除构造函数的可见性并运行程序，输出将是"Aviso Golden Hind"。

任务 10.4.6：统一枚举

第一步，我们引入新接口 Job，两种枚举类型都可以实现它。Job 没有规定任何方法，它是一个经典的标记接口，但原则上可以规定自己的方法（见图 10.5）。

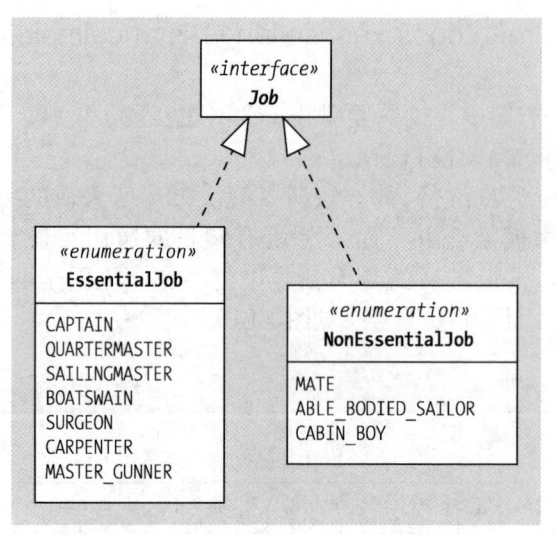

图 10.5 枚举和通用接口的 UML 图示

任务中真正的挑战是在 apply(...) 方法中只接收枚举类型和 Job 类型的对象。在类型方面，Java 不是特别灵活。其他编程语言，如 TypeScript，提供了更多：

1. 联合类型：A 型或 B 型；
2. 交叉类型：A 型和 B 型。

Java 中有两个地方出现了这些联合类型和交叉类型。

1. 联合类型：不同的异常类型通过 multi-catch 来处理是一样的，可以写为：E1 | E2 | E3，即 E1 或 E2 或 E3。
2. 交叉类型：通过泛型类型，如 <T extends A & B & C>。

在我们的例子中，我们不需要联合类型，而是交叉类型，因为 apply(...) 方法只能接受同时是 Jobs 类型和 Enum 类型的对象。这也是方法的声明方式。

```java
interface Job {
}

enum EssentialJob implements Job {
  CAPTAIN, QUARTERMASTER, SAILINGMASTER, BOATSWAIN,
  SURGEON, CARPENTER, MASTER_GUNNER
}

enum NonEssentialJob implements Job {
  MATE, ABLE_BODIED_SAILOR, CABIN_BOY
}

public class PirateJobs {
  public static <JOB extends Enum<JOB> & Job> void apply( JOB job ) {
    System.out.println( job.name() );
    System.out.println( job == EssentialJob.BOATSWAIN );
  }

  public static void main( String[] args ) {
    apply( EssentialJob.BOATSWAIN );
    apply( NonEssentialJob.CABIN_BOY );
//    apply( new Job(){} );
  }
}
```

列表 10.24 com/tutego/exercise/lang/PirateJobs.java

声明 <JOB extends Enum<JOB> & Job> 表示类型变量 JOB 是一个 Enum 和一个

Job。原则上，有几种类型可以用 & 连接，但首先必须有一个类名，后跟接口。在 apply(...) 方法中，如果我们尝试仅传递 Job 的实现，则会导致编译器错误：

```
apply( new Job(){} ); // no instance(s) of type variable(s) JOB exist
                     // so that Job conforms to Enum<JOB>
```

泛型类型变量通常用单个大写字母编写，但此处使用多个大写字母应该比仅使用 J 更好地提高可读性并阐明函数。

我们必须知道什么适用于解决方案，什么不适用于解决方案。我们通过泛型声明得到一个 Enum，这意味着一个 Enum 所具有的所有方法都可以使用，如 name( ) 和 ordinal( )。与 == 运算符的比较也可以顺利进行，但是 switch-case 无法运行。如果在接口中声明了方法，则也可以调用这些方法。

第 11 章
高级字符串处理

在另一章中处理了与字符和字符串相关的基本数据类型之后,我们现在要讨论高级字符串处理。本章的主题是格式化输出、正则表达式和字符串拆分。

本章使用的数据类型如下:

- java.util.Formatter (https://docs.oracle.com/en/java/javase/11/docs/api/java.base/java/util/Formatter.html)
- java.lang.String (https://docs.oracle.com/en/java/javase/11/docs/api/java.base/java/lang/String.html)
- java.util.regex.Pattern (https://docs.oracle.com/en/java/javase/11/docs/api/java.base/java/util/regex/Pattern.html)
- java.util.regex.Matcher (https://docs.oracle.com/en/java/javase/11/docs/api/java.base/java/util/regex/Matcher.html)
- java.util.Scanner (https://docs.oracle.com/en/java/javase/11/docs/api/java.base/java/util/Scanner.html)

11.1 格式化字符串

在 Java 中,有多种方法可以将字符串、数字和时间数据放入一个字符串。java.text 包含了 MessageFormat,DateFormat 和 DecimalFormat 类,以及 Formatter 类和 String 中的方法 String.format(...)。接下来的任务可以通过 Formatter 的格式化字符串紧凑地解决。

11.1.1 创建 ASCII 表格 ★

Bonny Brain 在她的手机上安装了一个新的应用程序,可以显示 ASCII 字母表:

```
$ ascii
Usage: ascii [-adxohv] [-t] [char-alias...]
   -t = one-line output -a = vertical format-
   -d = Decimal table -o = octal table -x = hex table -b binary table
   -h = This help screen -v = version information
Prints all aliases of an ASCII character. Args may be chars, C \-escapes,
English names, ^-escapes, ASCII mnemonics, or numerics in decimal/octal/hex.

Dec Hex      Dec Hex      Dec Hex    Dec Hex    Dec Hex    Dec Hex    Dec Hex    Dec Hex
  0 00 NUL   16 10 DLE    32 20      48 30 0    64 40 @    80 50 P    96 60 `    112 70 p
  1 01 SOH   17 11 DC1    33 21 !    49 31 1    65 41 A    81 51 Q    97 61 a    113 71 q
  2 02 STX   18 12 DC2    34 22 "    50 32 2    66 42 B    82 52 R    98 62 b    114 72 r
  3 03 ETX   19 13 DC3    35 23 #    51 33 3    67 43 C    83 53 S    99 63 c    115 73 s
  4 04 EOT   20 14 DC4    36 24 $    52 34 4    68 44 D    84 54 T   100 64 d    116 74 t
  5 05 ENQ   21 15 NAK    37 25 %    53 35 5    69 45 E    85 55 U   101 65 e    117 75 u
  6 06 ACK   22 16 SYN    38 26 &    54 36 6    70 46 F    86 56 V   102 66 f    118 76 v
  7 07 BEL   23 17 ETB    39 27 '    55 37 7    71 47 G    87 57 W   103 67 g    119 77 w
  8 08 BS    24 18 CAN    40 28 (    56 38 8    72 48 H    88 58 X   104 68 h    120 78 x
  9 09 HT    25 19 EM     41 29 )    57 39 9    73 49 I    89 59 Y   105 69 i    121 79 y
 10 0A LF    26 1A SUB    42 2A *    58 3A :    74 4A J    90 5A Z   106 6A j    122 7A z
 11 0B VT    27 1B ESC    43 2B +    59 3B ;    75 4B K    91 5B [   107 6B k    123 7B {
 12 0C FF    28 1C FS     44 2C ,    60 3C <    76 4C L    92 5C \   108 6C l    124 7C |
 13 0D CR    29 1D GS     45 2D -    61 3D =    77 4D M    93 5D ]   109 6D m    125 7D }
 14 0E SO    30 1E RS     46 2E .    62 3E >    78 4E N    94 5E ^   110 6E n    126 7E ~
 15 0F SI    31 1F US     47 2F /    63 3F ?    79 4F O    95 5F _   111 6F o    127 7F DEL
```

但是，她的手机没有那么宽的屏幕，而且前两个代码块反正都不是可见字符。

任务：

- 编写一个程序，用与 Unix 程序 ascii 相同的格式输出从位置 32 到位置 127 的所有 ASCII 字符。
- 在位置 127 处写入 DEL。

11.1.2 对齐输出 ★

CiaoCiao 船长需要以下格式的表做报表：

```
Dory Dab      paid
Bob Banjo     paid
Cod Buri      paid
Bugsy not     paid
```

任务：
- 编写方法 printList(String[ ] names, boolean[ ]paid) 将报表输出到屏幕上。第一个字符串数组包含所有姓名，第二个字符串数组包含有关此人是否已付款的信息。
- 所有姓名的长度可以不同，但第二列中的文本应对齐。
- 第一列中最长的字符串离第二列的四个空格远。
- 如果传递数组为 null，则出现 NullPointerException。

11.2 正则表达式和模式识别

正则表达式对许多人来说是福也是祸。当使用不当时，它们会导致程序以后不再可读；当正确使用时，它们会大大缩短程序并有助于提高清晰度。

接下来的任务旨在表明，我们可以使用正则表达式来轻松测试以下内容。

1. 字符串是否完全"匹配"正则表达式。
2. 是否存在子字符串，如果存在，则找出位置然后替换它。之后我们还将使用正则表达式来指定分隔符并拆分字符串。

11.2.1 测试：定义正则表达式 ★

能够匹配或找到以下内容的正则表达式是什么样子的？
- 正好由 10 个数字构成的字符串。
- 由 5~10 个数字和字母构成的字符串。
- 像句子一样，由"."" ！"或"？"结尾的字符串。
- 不包含数字的非空字符串。
- 包含官衔或姓名头衔的字符串：Prof.、Dr. med.、Dr. h.c.。

11.2.2 确定社交媒体上的人气 ★

CiaoCiao 船长在社交媒体上当然很活跃，他的标识符是 #CaptainCiaoCiao 和 @CaptainCiaoCiao。

CiaoCiao 船长想要知道他有多受欢迎。

任务：

给定一个带有信息的汇总文本，#CaptainCiaoCiao 或 @CaptainCiaoCiao 出现的频率如何？

举例：

以下输入的结果为 2。

```
Make me a baby #CaptainCiaoCiao
Hey @CaptainCiaoCiao, where is the recruitment test?
What is a hacker's favorite pop group? The Black IP's.
```

11.2.3　识别被扫描的数值★

Bonny Brain 收到扫描的需要进行电子处理的数字列表。她通过 OCR 识别发送扫描，最后得到 ASCII 文本。OCR 标识符中的数字始终如下所示。

数字 0 到 9 的表示

```
 000   11   22  333   4   4  5555    6   77777  888    9999
0   0  111   2    2   3   4  5       6       7  8   8  9   9
0   0   11   2   33    4444  555   6666      7   888    9999
00  0   11   2    3       4    5  6   6      7  8   8      9
 000  1111 2222 333       4  555   666       7   888       9
```

任务：

▶ 给定扫描中的一行，其中的数字采用所示格式。将数字转换为整数。

▶ 最后一位数字后可能缺少空格，大字符之间可能有多个空格。

举例：结果 472242：

```
String ocr = "4   4  77777   11      11     4   4    22\n" +
             "4   4      7  111     111     4   4   2   2\n" +
             "4444       7   11      11     4444       2\n" +
             "    4      7   11      11        4       2\n" +
             "    4      7  1111    1111       4    2222";
```

如果你想玩转字符串，那么可以在 https://patorjk.com/software/taag/#p=display&f=Alphabet&t=0123456789 上查看。

11.2.4 小声点！消除尖叫的文本（Java 9）★

CiaoCiao 船长经常收到信件，寄信人常用大写字母喊叫——船长的眼睛很不舒服。

任务：

编写方法 String silentShoutingWords(String)，将所有超过 3 个字母的大写单词转换为小写单词。

举例：

silentShoutingWords("AY Captain! Smutje MUSS WEG!") →
"AY Captain! Smutje muss weg!"

> **小提示：**
> 使用合适的 Java 9 方法（如果可能），能够用一行代码解决任务。在 Java 8 中，该任务的解决方式可能有所不同。

11.2.5 识别数字并将它们转换成单词 ★★

给出一个带数字的英文句子，如 "99 bottles of beer make Captain CiaoCiao happy for 10 years"。所有数字都应该用英文"写出"——即"99"为"ninety-nine"，"10"为"ten"——并整合到文本中。

任务：

- 编写一个方法，识别文本中的所有数字，并将其转换为文字。
- 可以在 Stack Overflow (https://stackoverflow.com/questions/3911966/how-to-convert-number-to-words-in-java) 中找到"朗读"方法。

举例：

"99 bottles of beer make Captain CiaoCiao happy for 10 years" →
"ninety-nine bottles of beer make Captain CiaoCiao happy for ten years."

> **小提示：**
> 使用 Pattern 和 Matcher，不仅可以进行简单的搜索和替换，而且类型也提供了更多有趣的可能性。appendReplacement(...) 和 appendTail(...) 方法对于 Matcher 来说很有趣。

11.2.6 将 AM 和 PM 时间转换为 24 小时制 ★

Bonny Brain 经常收到带有 AM 和 PM 时间的英语消息。

```
We raid the port at 11:00 PM and meet at the entertainment park at 1:30 a.m.
```

Bonny Brain 不喜欢这样，她只想用 24 小时制的军用时间。

任务：

编写一个转换器，将带有 AM/PM（不区分大小写，可带有句号）的字符串转换为军用时间。提醒一下，12:00 AM 是 00:00，12:00 PM 是 12:00。

举例：

- ▶ "Port: 11:00 PM, Entertainment park: 1:30 a.m.!" → "Port: 2300 Clock, Entertainment park: 0130 Clock!"
- ▶ "Get up: 12:00 AM, Bake cake: 12 PM." → "Get up: 0000 Clock, Bake cake: 1200 Clock."

11.3 将字符串拆分为标记

分解——也称为标记化——与创建和格式化相反。字符串被拆分为子字符串，用分隔符确定分割点。Java 提供了各种用于标记字符串和输入的类。分隔符可以是符号或符号串，也可以用正则表达式描述。String 类的方法 split(...) 与 Scanner 一样适用于正则表达式，而 StringTokenizer 类不适用于正则表达式。

11.3.1 使用 StringTokenizer 拆分地址行 ★

CiaoCiao 船长的软件必须提取由 3~4 行组成的地址（见表 11.1）。

表 11.1 行的内容

行	内容	是否可选
1	姓名	否
2	街道	否
3	城市	否
4	国家	是

各行之间用换行符隔开，共有 4 个有效的分隔符号或分隔序列（见表 11.2）。

表 11.2 换行

字符（缩写）	十进制	十六进制	转移序列
LF	10	0A	\n
CR	13	0D	\r
CR LF	13 10	0D 0A	\r\n
LF CR	10 13	0A 0D	\n\r

LF 是换行（line feed）的缩写，CR 是回车（carriage return）的缩写。使用旧的电传打字机时，回车把机器推到第一列，换行把纸向上推。

传统上，DOS 和 Microsoft Windows 使用 \r\n 组合，而 UNIX 系统使用 \n。

任务：

- 将一个由换行符分隔的字符串分成 4 行，并将这几行分配给变量 name，street，city 和 country。
- 如果没有给出带有国家名称的第 4 行，则 country 应等于 "Drusselstein"。
- 将该行重新组合为由分号分隔的 CSV 行。

举例：

- "Boots and Bootles\n21 Pickle Street\n424242 Douglas\nArendelle"
  → "Boots and Bootles;21 Pickle Street;424242 Douglas;Arendelle"
- "Doofenshmirtz Evil Inc.\nStrudelkuschel 4427\nDanville"
  → "Doofenshmirtz Evil Inc.;Strudelkuschel 4427;Gimmelshtump;Drusselstein"

11.3.2 将句子拆分为单词并反置★

Bonny Brain 正在等消息，但传输出现了问题——所有的单词都被颠倒了！

任务：

- 将字符串拆分为单词。单词的分隔符是空格和标点符号。
- 把所有单词逐一颠倒字母顺序。
- 用空格分隔，逐一输出单词。忽略标点符号和其他分隔符。

举例：

"erehW did eht etarip esahcrup sih kooh? tA eht dnah-dnoces pohs!" →
"Where did the pirate purchase his hook At the hand second shop"

11.3.3 检查数字之间的关系 ★

CiaoCiao 船长练习射箭，他将分数从 0 到 10 输入到一个列表。他还会记录，成绩是变得更好还是更糟，或者分数是否保持不变。看起来像这样：

```
1 < 2 > 1 < 10 = 10 > 2
```

小金鱼的任务是检查关系字符 <、> 和 =。

任务：

编写一个程序，获取示例中创建的字符串，如果所有关系字符都正确则返回 true，否则返回 false。

举例：

- 1 < 2 > 1 < 10 = 10 > 2 → true
- 1 < 1 → false
- 1 < → false
- 1 → true

11.3.4 将 A1 表示法转换为列和行 ★★

CiaoCiao 船长在记录他的战利品，并使用了表格。他与同事讨论数值，并使用列和行的索引来处理单元格。例如他说的 4-16，表示的是第 4 列，第 16 行。现在他听说有一种全新的单元格命名方式——A1 表示法，一个名为 ECKSEL 的新型软件就是用的这种表示法。根据以下模式，我们用 A~Z 的字母对列进行编码：

A, B, …, Z, AA, …, AZ, BA, …, ZZ, AAA, AAB, …

行继续用数字表示。A2 就是单元格 1-2。

由于 CiaoCiao 船长使用 A1 表示法有困难，所以要将信息重新转换为数字标记的列和行。

任务：

编写方法 parseA1Notation(String)，得到一个使用 A1 表示法的 String，并返回一个有两个元素的数组，其中位置 0 是列，位置 1 是行。

举例：

- parseA1Notation("A1") → [1, 1]
- parseA1Notation("Z2") → [26, 2]
- parseA1Notation("AA34") → [27, 34]
- parseA1Notation("BZ") → [0, 0]
- parseA1Notation("34") → [0, 0]
- parseA1Notation(" ") → [0, 0]
- parseA1Notation("") → [0, 0]

11.3.5 解析含有坐标的简单 CSV 文件 ★

Bonny Brain 在 CSV 文件 coordinates.csv 中标记了有战利品的地点，其中坐标是用逗号分隔的浮点数。

文件看起来像这样：

```
20.091612,-155.676695
23.087301,-73.643472
21.305452,-71.690421
```

列表 11.1 com/tutego/exercise/string/coordinates.csv

任务：

- 手动创建一个 CSV 文件。它应该包含多行坐标，坐标用逗号分开。
- Java 程序应读取 CSV 文件并在屏幕上输出 SVG 多边形的 HTML 文件。
- 使用 Scanner 解析文件。注意使用 useLocale(Locale.ENGLISH) 初始化 Scanner。

举例：
上面的块应出现：

```
<svg height="210" width="500">
<polygon points="20.091612,-155.676695 23.087301,-73.643472 21.305452,
-71.690421 " style="fill:lime;stroke:purple;stroke-width:1" />
</svg>
```

11.3.6　使用游程编码无损压缩字符串★★★

为了减小数据量，文件经常被压缩。有不同的压缩算法：有些是有损的，如删除元音字母，有些则是无损的，如 ZIP。有损压缩常用于图像中，JPEG 算法就是一个好例子。根据压缩程度，图像质量会下降。JPEG 算法中非常高的压缩率会导致图像具有较强的伪影。

游程编码是一种简单的无损压缩算法。其原理是将相同的符号序列组合，以便只写数字和符号。例如，图形格式 GIF 就使用了这种压缩算法。因此，具有许多单色线的图像也小于其中每个像素具有不同颜色的图像。

下一个任务与游程编码有关。假设一个字符串由一系列"."（句号）和"–"（减号）组成。例如：

--....--------..-

为了减小字符串的长度，我们可以先写符号，再写符号的数量。由 17 个字符组成的字符串可以缩短为下面由 9 个字符组成的字符串：

-2.4-8.2-

任务：
- 创建新类 SimpleStringCompressor。
- 编写静态方法 String compress(String)，根据所述算法对"."和"-"的序列进行编码。首先是字符，然后是数字。
- 编写一个解码器 String decompress(String)，将压缩的字符串再次解压。decompress(compress(input)) 等于 input。

拓展：
- 该程序应该能够处理所有非数字。
- 优化程序，以便在字符恰好出现一次时省略数字。

11.4 字符编码和 Unicode 排序算法

通过网络和文件系统，所有内容都存储为字节。一个字节允许 256 个不同的值，这对于世界上所有的字符来说是不够的。因此，存在可以以特定方式对世界上的所有字符进行编码的字符编码（英语 character encoding）。字符编码不尽相同。有时字符映射到固定数量的字节，有时字符映射到不同数量的字节。也许某些字符根本无法识别。Java 支持任何字符编码，但如今最重要的字符编码是 UTF-8 编码。

11.4.1 测试: Unicode 字符编码 ★

UTF-8 编码的特点是什么？

11.4.2 测试: 使用和不使用 Collator 的字符串排序 ★

与 Comparator 比较后，输出为正、负还是 0？

```
Comparator<String> comparator = Comparator.naturalOrder();
System.out.println( comparator.compare( "a", "ä" ) );
System.out.println( comparator.compare( "ä", "z" ) );

Comparator<Object> collator = Collator.getInstance( Locale.GERMAN );
System.out.println( collator.compare( "a", "ä" ) );
System.out.println( collator.compare( "ä", "z" ) );
```

11.5 建议解决方案

任务 11.1.1: 创建 ASCII 表格

```
System.out.println(
    "Dec Hex    Dec Hex    Dec Hex    Dec Hex    Dec Hex    Dec Hex" );

for ( int row = 0; row < 16; row++ ) {
  for ( int asciiCode = 32 + row; asciiCode <= 127; asciiCode += 16 ) {
    System.out.printf( "%1$3d%1$X%2$s ", asciiCode,
        asciiCode == 127 ? "DEL" : Character.toString( asciiCode ) );
  }
  System.out.println();
}
```

列表 11.2 com/tutego/exercise/string/PrintAsciiTable.java

首先程序写入表行，原则上我们可以通过一个循环动态生成，但为了方便，静态写出表头。

要生成的表有 16 行，由一个循环生成。原则上我们也可以从开始和结束值以及列数（在我们的例子中是 6 列）中动态计算出行数。然而我们知道，如果从位置 32 开始，在位置 127 结束，有 6 列，那么我们需要 16 行。

内循环写入给定行的所有列。左上角是第一个元素（空格）。字符往右不是增加 1，而是增加 16，这是循环计数器。下一行我们不从 32 开始，而是从 33 开始，模式如下：内循环的起始值为 32 + row，即 32 加上行号。总的来说，当 ASCII 码达到 127 时，循环结束。

字符必须在内循环的主体中输出。基本上，每个字符都作为一个字符串输出。条件运算符检查位置 127 处的 DEL 字符——所有其他字符都通过 Character 方法转换为长度为 1 的字符串。格式字符串包含三个部分：前两部分使用第一个格式参数，首先将字符的位置写成十进制数字，然后将数字写成十六进制格式。整数要在左边用空格填充。我们不必在十六进制数中包含任何宽度信息，因为它从 32 开始时总是使用两个数字。第三块代码块包含作为字符串的字符和第二个格式参数。在行的末尾，我们放置一个换行符。

PrintAsciiTable 的输出：

```
Dec Hex    Dec Hex    Dec Hex    Dec Hex    Dec Hex    Dec Hex
 32  20     48  30 0   64  40 @   80  50 P   96  60 `  112  70 p
 33  21 !   49  31 1   65  41 A   81  51 Q   97  61 a  113  71 q
 34  22 "   50  32 2   66  42 B   82  52 R   98  62 b  114  72 r
 35  23 #   51  33 3   67  43 C   83  53 S   99  63 c  115  73 s
 36  24 $   52  34 4   68  44 D   84  54 T  100  64 d  116  74 t
 37  25 %   53  35 5   69  45 E   85  55 U  101  65 e  117  75 u
 38  26 &   54  36 6   70  46 F   86  56 V  102  66 f  118  76 v
 39  27 '   55  37 7   71  47 G   87  57 W  103  67 g  119  77 w
 40  28 (   56  38 8   72  48 H   88  58 X  104  68 h  120  78 x
 41  29 )   57  39 9   73  49 I   89  59 Y  105  69 i  121  79 y
 42  2A *   58  3A :   74  4A J   90  5A Z  106  6A j  122  7A z
 43  2B +   59  3B ;   75  4B K   91  5B [  107  6B k  123  7B {
 44  2C ,   60  3C <   76  4C L   92  5C \  108  6C l  124  7C |
 45  2D -   61  3D =   77  4D M   93  5D ]  109  6D m  125  7D }
 46  2E .   62  3E >   78  4E N   94  5E ^  110  6E n  126  7E ~
 47  2F /   63  3F ?   79  4F O   95  5F _  111  6F o  127  7F DEL
```

任务 11.1.2：对齐输出

```java
public static void printList( String[] names, boolean[] paid ) {

  if ( names.length != paid.length )
    throw new IllegalArgumentException(
      "Number of names and paid entries are not the same, but " +
      names.length + " and " + paid.length );

  int maxColumnLength = 0;
  for ( String name : names )
    maxColumnLength = Math.max( maxColumnLength, name.length() );

  String format = "%-" + maxColumnLength + "s%spaid%n";

  for ( int i = 0; i < names.length; i++ ) {
    System.out.printf( format, names[ i ], paid[ i ] ? "" : "not " );
  }
}
```

列表 11.3 com/tutego/exercise/string/PaidOrNotPaid.java

首先，该方法检查两个数组是否有相同数量的元素，如果没有，则会出现 IllegalArgumentException。如果数组为 null，则访问 length 会产生所需的 NullPointerException。

由于事先不清楚左边第一列有多宽，所以我们必须遍历所有字符串并确定最大长度。利用最大值 maxColumnLength 我们可以创建一个格式字符串。格式字符串得到一个格式指定符，它决定了一个字符串的宽度，由空格填充。格式字符串有一个前导减号，这会产生一个左对齐的字符串，右侧填充空格，最大长度为 maxColumnLength。此外格式字符串离右列 4 个空格远。

右边一栏包含"paid"或"not paid"。这意味着字符串"paid"总是出现，只有单词"not"需要根据 boolean 值设置。这由条件运算符完成，它要么返回一个空字符串，要么返回字符串"not"作为格式字符串的格式参数。

测试 11.2.1：定义正则表达式

```java
// A string of exactly 10 digits

Pattern p12 = Pattern.compile( "\\d{10}" );
```

```java
Matcher m12 = p12.matcher( "0123456789" );
System.out.println( m12.matches() );          // true
Pattern p11 = Pattern.compile( "\\d{10}" );
Matcher m11 = p11.matcher( "1" );
System.out.println( m11.matches() );          // false
Pattern p10 = Pattern.compile( "\\d{10}" );
Matcher m10 = p10.matcher( "abcdefghij" );
System.out.println( m10.matches() );          // false

// A string of 5 to 10 numbers and letters.

Pattern p9 = Pattern.compile( "\\d{5,10}" );
Matcher m9 = p9.matcher( "01234567" );
System.out.println( m9.matches() );           // true
Pattern p8 = Pattern.compile( "\\d{5,10}" );
Matcher m8 = p8.matcher( "0" );
System.out.println( m8.matches() );           // false
Pattern p7 = Pattern.compile( "\\d{5,10}" );
Matcher m7 = p7.matcher( "01234567890123" );
System.out.println( m7.matches() );           // false

// A string that ends with `.`, `!` or `?`, like a sentence.

Pattern p6 = Pattern.compile( ".*?[.!?]" );
Matcher m6 = p6.matcher( "Ja? Ja!" );
System.out.println( m6.matches() );           // true
Pattern p5 = Pattern.compile( ".*?[.!?]" );
Matcher m5 = p5.matcher( "Nein?" );
System.out.println( m5.matches() );           // true
Pattern p4 = Pattern.compile( ".*?[.!?]" );
Matcher m4 = p4.matcher( "Ok." );
System.out.println( m4.matches() );           // true
Pattern p3 = Pattern.compile( ".*?[.!?]" );
Matcher m3 = p3.matcher( "No" );
System.out.println( m3.matches() );           // true
```

```java
// A string that contains no digits.

Pattern p2 = Pattern.compile( "\\D*" );
Matcher m2 = p2.matcher( "Ciao" );
System.out.println( m2.matches() );                // true
Pattern p1 = Pattern.compile( "\\D*" );
Matcher m1 = p1.matcher( "Cia0" );
System.out.println( m1.matches() );                // false
Pattern p = Pattern.compile( "\\D*" );
Matcher m = p.matcher( "" );
System.out.println( m.matches() );                 // false

// The official title, Prof., Dr., Dr. med., Dr. h.c.

Pattern pattern = Pattern.compile(
  "(Prof\\.|Dr\\. med\\.|Dr\\. h\\.c\\.|Dr\\.)\\s" );
System.out.println( pattern.matcher(
  "Hallo Herr Dr. Miles" ).find() );               // true
System.out.println( pattern.matcher(
  "Nix mit Dr. h.c. Thai med." ).find() );         // true
System.out.println( pattern.matcher( "Megan Dr.Thai" ).find() );   // false
```

列表 11.4 com/tutego/exercise/string/RegexExamples.java

由于最后一种情况是查找而不是搜索，所以使用了 Matcher 的 find( ) 方法。原则上，存在性测试也可以通过 .*SUCHE.* 和 matches(...) 表达，但是匹配会让正则表达式引擎做更多的工作，而不是仅提供第一个发现，不需要一直寻找到最后。

任务 11.2.2：确定社交媒体上的人气

```java
String text = "Mach mir ein Baby #CaptainCiaoCiao\n" +
              "Hey @CaptainCiaoCiao, wo ist der Einstellungstest?\n" +
              "What is a hacker´s favorite pop group? The Black IP's.";

Pattern pattern = Pattern.compile( "[#@]CaptainCiaoCiao" );
Matcher matcher = pattern.matcher( text );
```

```
int count = 0;
while ( matcher.find() )
  count++;

System.out.println( count );
```
列表 11.5 com/tutego/exercise/string/Popularity.java

对于 Pattern 或 Match 类型，Java 不提供任何用于返回发现次数的直接选项。因此，我们必须走些弯路。在创建了 Pattern 对象并查询了 Matcher 之后，我们使用 find( ) 方法遍历字符串，直到没有更多发现。遍历字符串时，我们计算一个变量，以便在结束时知道有多少个发现。

在 Java 9 中，这个问题可以用一行解决，因为 matcher( ) 方法的 results( ) 方法返回一个 Stream<MatchResult>，而对于 Stream 对象，方法 count( ) 计算出现的次数：

```
System.out.println( pattern.matcher( text ).results().count() );
```

任务 11.2.3：识别被扫描的数值

```
private final static String[] searches = {
  "000", "11", "22", "333", "44", "55555", "6", "77777", "888", "9999" };

private static int parseOcrNumbers( String string ) {
  String line = new Scanner( string ).nextLine().replaceAll( "\\s+", "" );

  for ( int i = 0; i < searches.length; i++ )
    line = line.replaceAll( searches[ i ], "" + i );

  return Integer.parseInt( line );
}
```
列表 11.6 com/tutego/exercise/string/OcrNumbers.java

如果我们仔细观察大数字，则很快就会意识到每个大数字都包含该数字本身。大 0 包含 0，大 1 包含 1，依此类推。因此，我们不必提取多行，取任意一行就够了。这里我们就取第一行。

提取第一行后，我们可以搜索构成每个数字的子字符串。空格有点烦人，因此第一步将它们删除。从第一行创建一个新 String，其中所有空格都已删除，然后使每个大字符的数字彼此相邻。

例如一行以 000 开头,我们知道,结果中的第一个数字肯定是 0。我们可以使用 replaceAll(…) 将序列 000 替换为 0。如果一行中有两个 0 紧挨在一起,则 000000 变为 00。

由于不仅三个 0 必须用一个 0 替换,而且两个 1 也需要用一个 1 替换,并且有十种不同的替换,我们预先将各字符串存储在一个数组中。循环遍历数组,并且在主体中重复调用 replaceAll(...),它将搜索中的所有子字符串替换为循环索引,例如 000 变为 +0,即 0。最后,我们将数字转换为一个整数并返回结果。

如果传入的字符串为 null、空或包含陌生字母,则会引发异常。这没问题。

任务 11.2.4:小声点!消除尖叫的文本 (Java 9)

```java
public static String silentShoutingWords( String string ) {
  return Pattern.compile( "\\p{javaUpperCase}{3,}" )
                .matcher( string )
                .replaceAll( matchResult -> matchResult.group().toLowerCase() );
}
```

列表 11.7 com/tutego/exercise/string/DoNotShout.java

建议的解决方案分三个步骤进行:创建 Patterns 对象、匹配字符串、用小写字符串替换匹配组。正则表达式字符串必须描述一系列大写字母。在整个 Unicode 字母表上,大写字母是由 \p{javaUpperCase} 决定的。我们希望至少有三个大写字母连在一起,{3,} 可以解决这个问题。是否将模式预编译在静态变量中,完全取决于该方法被调用的频率。一般来说,将 Pattern 对象保存在内存中是一个很好的策略,因为翻译总是会花费一些运行时间。另外,如果引用的对象很少需要用到,则不必这样做。

compile(...) 返回一个 Pattern 对象,matcher(...) 方法返回一个 Matcher 对象。这里我们要使用 replaceAll(Function<MatchResult, String>) 方法,该方法自 Java 9 起可以获得。该参数类型需要一个将 MatchResult 映射为 String 的函数。我们的函数访问该组,将字符串转换为小写并返回。replaceAll(...) 查找具有所选大写字母的所有位置并多次调用此 Function。

任务 11.2.5:识别数字并将它们转换成单词

```java
String text = "99 bottles of beer make me happy for 10 years";

Matcher match = Pattern.compile( "\\d+" ).matcher( text );
StringBuffer result = new StringBuffer();
```

```
    while ( match.find() )
      match.appendReplacement(
          result, EnglishNumberToWords.convert( Long.parseLong( match.group() ) ) );

    match.appendTail( result );

    System.out.println( result );
```
列表 11.8 com/tutego/exercise/string/SpellEnglishNumberInFull.java

嵌入的类 EnglishNumberToWords 占据源代码的最大部分。原本的实现是比较窄的。首先我们使用 \\d 创建一个 Pattern 对象，它帮助我们找到所有数字。我们之后会在 StringBuffer 这个容器中找到结果。find( ) 方法从一个发现引到下一个发现。Matcher 对象允许我们使用 appendReplacement(...) 方法将发现的前面所有字符写入容器 results，然后将找到的数字转换后附加到末尾。match.group( ) 从发现中提取字符串；我们将其转换为 long 并提供给帮助类 EnglishNumberToWords 的 convert(...) 方法。如果 find( ) 最后没有返回结果，则我们仍然需要将字符串的其余部分写入容器。因此，在循环结束时，会调用 appendTail(...)。

任务 11.2.6：将 AM 和 PM 时间转换为 24 小时制

```
private static final Pattern AM_PM_PATTERN =
    Pattern.compile( "(?<hours>\\d\\d?)" +            // hours
                     "(?::(?<minutes>\\d\\d))?" +     // minutes
                     "\\s?" +                          // optional whitespace
                     "(?<ampm>[ap])[.]?m[.]?",        // AM/PM
                     Pattern.CASE_INSENSITIVE );

public static String convertToMilitaryTime( String string ) {
  StringBuffer result = new StringBuffer( string.length() );
  Matcher matcher = AM_PM_PATTERN.matcher( string );

  while ( matcher.find() ) {
    int hours = Integer.parseInt( matcher.group( "hours" ) );
    int minutes = matcher.group( "minutes" ) == null ?
                  0 :
                  Integer.parseInt( matcher.group( "minutes" ) );
    boolean isTimeInPm = "pP".contains( matcher.group( "ampm" ) );
```

```
      if ( isTimeInPm && hours < 12 ) hours += 12;
      else if ( !isTimeInPm && hours == 12 ) hours -= 12;
      matcher.appendReplacement( result, String.format(
        "%02d%02d Uhr", hours, minutes ) );
    }

    matcher.appendTail( result );
    return result.toString();
  }
```

列表 11.9 com/tutego/exercise/string/AmPmToMilitaryTime.java

该程序的核心是一个捕捉时间的正则表达式。这个正则表达式由四部分组成，在代码中也分为四行。第一部分捕获小时，第二部分捕获分钟，第三部分是时间和最后一部分 AM/PM 之间的可选空白。

1. 小时至少包含一个整数，其中第二个整数是可选的，例如 1 AM。原则上，我们可以把表达式写得更精确一些，这样像 99 AM 这样的内容就不会被识别，但我们在这里不做这种检查。小时本身在括号内，是一个名为 ?<hours> 的组。所有正则表达式组都可以被命名，这样我们以后可以通过这个名字更容易地访问它们，而不必使用组的索引。
2. 分钟部分是可选的，即整体用括号括起来，末尾有问号。内部以 ?: 开头，这是对正则表达式的一个小调整，以便以后无法通过 API 访问该组。如果小时和分钟同时给出，则用冒号分开。分钟本身也是一个命名的组，它们由两个十进制数字组成。同样，我们没有对可能的有效范围进行任何检查。
3. 第三部分是可选的空白。
4. 最后一部分必须捕捉 AM/PM 的不同拼写。句点可以放在两个符号之间，甚至可能错误地只放在一个字母之后，例如 A.M 或 AM.。为了不必指定大小写，我们给出一个特殊的模式标志，检查时不区分大小写。这样我们写 AM，am，Am 或 pM 都一样。

convertToMilitaryTime(String) 方法将带有时间信息的 String 作为参数，由于我们使用的是 Matcher 方法，所以需要创建一个 StringBuffer 类型的容器。从 Java 9 开始，也可以使用 StringBuilder。由于我们已经知道结果会有多大，所以直接创建 StringBuffer 的容量，即传递的字符串的长度。

Pattern 对象已被存储为常量，matcher(...) 方法将 Pattern 与方法参数 string 关联。结果是一个 Matcher，find() 方法从一个发现导航到另一个发现。在 while 循环的主体中，我们有一个可以提取的发现。首先，我们访问小时组并将其转换为整数。转换整数不会抛出异常，因为我们的正则表达式确保只出现数字。分钟的特殊之处在于，它们可以缺失。因此，我们必须回到 minute 组，询问它是否存在。如果不存在，则我们将变量 minutes 设置为 0，否则将包含分钟的字符串转换为整数并将其赋给变量 minutes。

现在我们评估组 ampm 并声明一个变量 isTimeInPm，当时间为 PM 时变量为 true，当时间为 AM 时，变量为 false。这个变量有助于转换。如果 isTimeInPm 为 true，那么就是 "post meridiem"，即在中午之后，必须加上 12 小时。可能出现这样的情况，23 PM 被错误地输入文本。在这种情况下，我们要纠正这个错误，不要再加上 12。此外，如果小时的时间等于 12 点，我们也不做任何更正。下一个检查针对 12:xx，它要变成 00xx 点钟。如果 isTimeInPm 等于 false，那么它就是 "ante meridiem" 的时间，也就是上午，我们要减去 12。

在对两个变量 hours 和 minutes 赋值之后，我们生成一个带有小时和分钟的字符串，并使用 String.format(...) 获取用 0 填充的只有单个数字的时间。结果被放置在 StringBuffer 中并重复循环。

在循环结束时，必须将最后一次发现的后面的剩余部分复制到 StringBuffer 的末尾，然后将 StringBuffer 转换为 String 并返回，从而结束该方法。

任务 11.3.1：使用 StringTokenizer 拆分地址行

```
// String address = "Boots and Bootles\n21 Pickle Street\r\n424242
// Douglas\rArendelle";
String address = "Doofenshmirtz Evil Inc.\nStrudelkuschel 4427\nGimmelshtump";
StringTokenizer lines = new StringTokenizer( address, "\n\r" );
String name = lines.nextToken();
String street = lines.nextToken();
String city = lines.nextToken();
final String DEFAULT_COUNTRY = "Drusselstein";
String country = lines.hasMoreTokens() ? lines.nextToken() :
   DEFAULT_COUNTRY;

System.out.println( name + ";" + street + ";" + city + ";" + country );
```

列表 11.10 com/tutego/exercise/string/SplitAddressLines.java

任务的重点是 StringTokenizer 类，在以下情况下它很有用。

1. 不像 split(...) 那样提前提取（所有）标记，而是逐步提取。

2.分隔符由单个字符组成,而不是由字符串组成。

以同样的方式,我们建立一个 StringTokenizer 实例,别忘了,这里提到的两个字符不是放在一起的分隔符,而是两个独立的字符,是任何组合中标记的分隔符。

通过 nextToken( ) 方法,我们询问了三次行,由于不知道是否有第四行,我们用 hasMoreTokens( ) 向前看。如果有一个标记存在,我们就使用它,否则就选择所需的默认国家。

原则上,由于 StringTokenizer 是一个 Enumeration<Object>,所以我们本来也可以使用 hasMoreElements( ) 和 nextElement( ),但后一种方法的返回类型(Object)不太合适。

任务 11.3.2:将句子拆分为单词并反置

```
public static void printAllWords( String string ) {
  String[] words = string.split( "(\\p{Punct}|\\s)+" );
  for ( String word : words )
    System.out.printf( "%s ", new StringBuilder( word ).reverse() );
}
```

列表 11.11 com/tutego/exercise/string/PrintReverseWords.java

printAllWords(String) 方法的核心是正则表达式 (\\p{Punct}|\\s)+。它能捕捉到一连串标点符号、括号等和分隔单词的空白。我们使用预定义的字符类,\p{Point} 用于

!"#$%&'()*+,-./:;<=>?@[\]^_`{|}~

\s 用于空白。反斜杠需由我们自己用反斜杠掩盖。由于 \p{Punct} 或 \s 都是分隔符,所以我们在它们之间加一个|。由于这些符号的序列是一个很大的分隔符,所以我们将它们放在一个组中,后跟一个加号。例如,在示例字符串中?是两个字母的分隔符。

这个正则表达式进入 split(...) 方法,响应是一个单词数组。我们使用扩展的 for 循环遍历这个数组。反转字符串由 StringBuilder 的 reverse(...) 方法处理。最后我们在屏幕上输出用空格隔开的结果。

任务 11.3.3:检查数字之间的关系

```
private static boolean checkRelation(
    int number1, String relationalOperator, int number2 ) {
  switch ( relationalOperator ) {
    case ">": return number1 > number2;
```

```java
      case "<": return number1 < number2;
      case "=": return number1 == number2;
      default: return false;
    }
  }

  public static boolean checkRelation( String string ) {
    Scanner scanner = new Scanner( string );
    int number1 = scanner.nextInt();

    while ( scanner.hasNext() ) {
      String relationalOperator = scanner.next();
      int number2 = scanner.nextInt();
      if ( checkRelation( number1, relationalOperator, number2 ) )
        number1 = number2;
      else
        return false;
    }

    return true;
  }
```
列表 11.12 com/tutego/exercise/string/RelationChecker.java

原本的方法 checkRelation(String) 获取字符串并检查其关系。但是，该方法使用自己的私有方法 checkRelation(int number1, String relation, int number2)，因此我们想以该方法开始。checkRelation(...) 得到一个数字、一个比较运算符和另一个数字。它检查两个数字的比较运算符是否给出一个真实的结果。如果结果正确，则答案为 true；如果结果错误，则答案为 false，就像错误插入符号一样，因为我们只评估 <、> 和 =。

checkRelation(...) 方法使用传递的字符串创建 Scanner，并使用 nextInt( )、hasNext( ) 和 next( ) 的组合来处理来自 Scanner 的标记。开头必须有一个数字，这意味着我们可以用第一个数字初始化一个变量 number1。数据流可能现在是空的，但如果 Scanner 接下来要拥有符号，那它就是我们之后要参考的比较运算符。在比较运算符之后是第二个整数，我们也将其读入并存储在 number2 中。现在我们调用自己的 checkRelation(...) 方法，如果比较无误，则该方法返回 true。然后，number2 将成为新的 number1，这样在下一次循环运行中 number2 将被分配给它后面的数字。如果 checkRelation(...) 返回 false，那么我们可以中止该方法，因为此时的比较是错误的。如果没有脱离循环，则所有的比较都是正确的，该方法以 return true 结束。

任务 11.3.4：将 A1 表示法转换为列和行

```
private static final int NUMBER_OF_LETTERS = 26;

private static int parseColumnIndex( String string ) {
  int result = 0;
  for ( int i = 0;i< string.length(); i++ ) {
    // Map A..Z to 1..26
    int val = Character.getNumericValue( string.charAt(i))- 9;
    result = NUMBER_OF_LETTERS * result + val;
  }
  return result;
}

public static int[] parseA1Notation( String cell ) {
  Matcher matcher = Pattern.compile( "([A-Z]+)(\\d+)" ).matcher( cell );
  if ( ! matcher.find() || matcher.groupCount() != 2 )
    return new int[]{ 0, 0 };
  int column = parseColumnIndex( matcher.group( 1 ) );
  int row    = Integer.parseInt( matcher.group( 2 ) );
  return new int[]{ column, row };
}
```

列表 11.13 com/tutego/exercise/string/A1Notation.java

我们以任务中提到的单元格 AA34 为例。第一步，我们需要将列与行分开。这里的列是 AA，行是 34。然后，我们必须将列 AA 转换成数字表示，即 27。这两个步骤是通过两种不同的方法进行的。主方法 parseA1Notation(String) 首先提取行和列，然后调用内部方法 parseColumnIndex(String)，将 A1 表示法的列转换为数值。

我们从 parseColumnIndex(String) 方法开始。这里举几个例子，以便计算模式更容易阅读（见表 11.3）。

表 11.3　A1 表示法的计算

符号序列	计算	结果
A	1×26^0	1
Z	26×26^0	26
AA	$1 \times 26^1 + 1 \times 26^0$	27
IV	$9 \times 26^1 + 22 \times 26^0$	256
AAA	$1 \times 26^2 + 1 \times 26^1 + 1 \times 26^0$	703

我们可以读到以下内容：

- 每个字母都被转移到一个数字上——从 A 到 1，从 B 到 2，直到最后从 Z 到 26。
- 这个例子是一个位值系统。它类似十进制系统，但这里用因子 26 作为乘数。

为了将这一切转化为一种算法，我们使用霍纳方案。用一个例子来说明这一点：

```
WDE = 23×26² + 4×26¹ + 5×26⁰ = ((23×26) + 4)×26 + 5
```

霍纳方案对我们很重要，因为我们不再需要计算幂。我们向右移动一个位置，将旧结果乘以 26，然后对位置重复该方案。这正是 parseColumnIndex(String) 方法所做的。一个循环遍历所有字符，提取它们并使用 Character.getNumericValue(char) 查询数字表示。这不仅是对数字的定义，也是对字母的定义。字母 'a' 的结果为 10，与 'A' 相同。'Z' 则等于 35。如果我们从中减去 9，会得到一个 1~26 的数值范围。我们将旧结果乘以 26，然后加上字母的数字表示。下一步是计算下一个字符的新数值，将上一个结果乘以 26，再次加上上一个字母的数值。这完全是按照我们的计划进行计算的。

方法 parseA1Notation(String) 的工作很少。首先，我们编译一个提取列和行的模式——由于列只由字母组成，而行由数字组成，所以可以通过正则表达式中的组轻松捕获。如果字符串是错误的，而且我们没有两个发现，则会返回一个 {0, 0} 的数组，表示输入有误。如果有两个匹配组，则我们从第一个匹配组中获取列信息，并用自己的方法 parseColumnIndex(String) 将其转换为一个整数。根据正则表达式，第二个字符串是一串有效的数字，Integer.parseInt(String) 将其转换为一个 int 类型的值。数字的列和行被放置在一个小数组中，然后返回给调用者。

任务 11.3.5：解析含有坐标的简单 CSV 文件

```
String filename = "coordinates.csv";
try ( InputStream is =
  GenerateSvgFromCsvCoordinates.class.getResourceAsStream( filename );
      Scanner scanner = new Scanner( is, StandardCharsets.ISO_8859_1.
name() ) ) {
  scanner.useDelimiter( ",|\\s+" ).useLocale( Locale.ENGLISH );

  StringBuilder svg = new StringBuilder( 1024 );
  svg.append( "<svg height=\"210\" width=\"500\">\n<polygon points=\"" );

  while ( scanner.hasNextDouble() ) {
    double x = scanner.nextDouble();

    if ( ! scanner.hasNextDouble() )
      throw new IllegalStateException( "Missing second coordinate" );

    double y = scanner.nextDouble();
    svg.append( x ).append( "," ).append( y ).append( " " );
  }

   svg.append( "\" style=\"fill:lime;stroke:purple;stroke-width:1\" />\n</
svg>" );
  System.out.println( svg );
}
```

列表 11.14 com/tutego/exercise/string/GenerateSvgFromCsvCoordinates.java

该文件由整数序列组成，中间用分号或换行符隔开，一般来说就是由任意的空白隔开。我们需要找到一个标记器，并提供给它一个正则表达式来表示这些分隔符。我们想从文件中读取并使用正则表达式对其进行处理，Scanner 类是一个不错的选择。建议解决方案也是这么做的。

Scanner 连接到一个输入流，即我们要读取的文件。字符编码是显式设置的。构造函数 Scanner(InputStream source, String charsetName) 从类的引入开始就存在，构造函数 Scanner(InputStream source, Charset charset) 自 Java 10 起可以获得。

然后，Scanner 被初始化为一个使用分隔符的正则表达式。这些分隔符是由

Scanner 方法 useDelimiter(...) 设置的。设置 Locale.ENGLISH 很重要，因为在默认情况下，Scanner 被操作系统预先配置了 Locale。对于德语，Scanner 需要用逗号作为浮点数字的分隔符，但来源总是英文格式的数字。

Scanner 准备好后，程序可以产生输出。它以 SVG 容器和多边形开始标签开始。Scanner 方法 hasNext( ) 有助于对文件进行迭代。如果方法 hasNext( ) 返回一个标记，那么我们总是期望它成对出现。我们可以读入第一个整数，现在还必须有第二个整数。然而，如果 Scanner 不能给出一个新的标记，这就是一个错误，我们会抛出一个异常。如果第二个数字存在，则它也被读入。然后，该对标记可以进入 SVG 容器。

在循环结束时，我们关闭多边形标签，并将 SVG 元素输出到屏幕上。输出 append(double) 时，不必注意语言，因为格式自动采用英文。

任务 11.3.6：使用游程编码无损压缩字符串

```java
public static String compress( String string ) {

    if ( string.isEmpty() )
        return "";

    char lastChar = string.charAt( 0 );
    int count = 1;
    StringBuilder result = new StringBuilder( string.length() );

    for ( int i = 1; i < string.length(); i++ ) {
        char currentChar = string.charAt( i );
        if ( currentChar == lastChar )
            count++;
        else {
            result.append( lastChar );
            if ( count > 1 )
                result.append( count );
            count = 1;
            lastChar = currentChar;
        }
    }

    result.append( lastChar );
```

```java
    if ( count > 1 )
      result.append( count );

    return result.toString();
  }

  private static CharSequence decodeToken( String token ) {

    if ( token.isEmpty() )
      return "";

    if ( token.length() == 1 )
      return token;

    int length = Integer.parseInt( token.substring( 1 ) );
    StringBuilder result = new StringBuilder( length );
    for ( int i = 0; i < length; i++ )
      result.append( token.charAt( 0 ) );

    return result;
  }

  public static String decompress( String string ) {
    StringBuilder result = new StringBuilder( string.length() * 2 );
    Matcher pattern = Pattern.compile( "[.-](\\d*)" ).matcher( string );

    while ( pattern.find() )
      result.append( decodeToken( pattern.group() ) );

    return result.toString();
  }
}
```

列表 11.15 com/tutego/exercise/string/SimpleStringCompressor.java

第一步，我们要压缩字符串。为此首先查询字符串是否包含文本；如果不包含文本，那么我们很快就能完成任务。

为了可以看到文本中连续出现了多少个相同的字符，我们用一个变量 lastChar

第 11 章 高级字符串处理 | 335

来表示最后看到的字符，这样就可以将一个新字符与上一个字符进行比较。此外，我们在 count 中标记同样字符的数量。由于这个结果是新建立的，所以增加一个数据类型为 StringBuilder 的变量 result。

for 循环遍历每个字符，并将其存储在辅助变量 currentChar 中。现在有两种可能。当前读取的字符 currentChar 可以与 lastChar 中的前一个字符相同，也可以是不同的字符。我们必须处理这种差异。

第一种条件判断检查我们最后看到的字符是否与当前读取的字符匹配。如果匹配，那么我们不需要做任何事情，只需要增加计数器，然后继续回到循环中。如果新读取的字符与上一个字符不同，则本地压缩结束。基本上，我们首先将字符写入缓冲区。接下来我们需要处理计数。只有当我们数到一个以上的字符时，我们才把这个数字写进数据流；当我们正好只有一个字符时，根据任务不应把 1 写入缓冲区，而是什么都不写。完成配对后——字符和计数器——计数器必须再次被重置为 1。我们几乎已经完成了这个循环。当发现一个新的字符时，将 lastChar 设置为当前的字符 currentChar。

当我们进行循环时，在 lastChar 和 count 中还有一个字符。因此，我们在条件判断时执行与之前完全相同的查询，如果计数器的计数值大于 1，则将计数器附加到字符串中。

对于解包的方法，我们又回到了压缩后的模式上。字符串和数字总是以成对的形式出现，在特殊情况下该对是单独的，缺失数字。我们使用正则表达式遍历整个字符串并查看所有对。为了防止该方法变得过于庞大，我们使用一个名为 decodeToken(String) 的辅助方法，该方法接收一个配对并将其展开。

首先，该方法必须确定标记仅由一个字符组成还是由多个字符组成。如果该字符串只由一个字符组成，那么它一定是我们需要的符号，将它写进输出。如果字符串长度大于 1，那么从第二个位置开始有长度编码。我们通过 substring(1) 提取字符串，并将其转换为整数，这样我们的循环就可以在之后准确地生成这个数量的字符。

测试 11.4.1: Unicode 字符编码

当我们在源代码中编写字符串时，不用太担心编码的问题，因为我们可以直接用引号编写大量字符。但是，当这些字符串被写入一个文件时，我们需要注意编码，因为其他各方自然希望再次读取这个文件。

Unicode 字符总共需要 4 个字节。然而，如果该字符只能用一个字节编码，例如一个简单的 ASCII 字符，这会造成浪费。因此，人们对 Unicode 字符进行编码，以获得尽可能短的表述。常见的编码是 UTF-8 和 UTF-16，它们可以映射所有 Unicode 字符。但这不适用于 Latin-1，因为 Latin-1 只包括 8 个字节，而几十万个字符无法在 Latin-1 中映射。UTF-8 编码尽可能使用 1 个字节、2 个字节，否则使用 3 个或 4 个字节（见表 11.4）。

表 11.4　UTF-8 编码的位赋值

字节数量	位	第一个代码点	最后一个代码点	字节 1	字节 2	字节 3	字节 4
1	7	U+0000	U+007F	0xxxxxxx			
2	11	U+0080	U+07FF	110xxxxx	10xxxxxx		
3	16	U+0800	U+FFFF	1110xxxx	10xxxxxx	10xxxxxx	
5	21	U+10000	U+10FFFF	11110xxx	10xxxxxx	10xxxxxx	10xxxxxx

测试 11.4.2：使用和不使用 Collator 的字符串排序
输出如下：

```
Comparator<String> comparator = Comparator.naturalOrder();
System.out.println( comparator.compare( "a", "ä" ) );        // < 0
System.out.println( comparator.compare( "ä", "z" ) );        // > 0

Comparator<Object> collator = Collator.getInstance( Locale.GERMAN );
System.out.println( collator.compare( "a", "ä" ) );          // < 0
System.out.println( collator.compare( "ä", "z" ) );          // < 0
```

字符串的自然排序是按字典顺序排列的，也就是说，字符在 Unicode 字母表中的位置很重要。我们用一些字符来举例说明，见表 11.5。

表 11.5　一些字符及其在 Unicode 字母表的位置

字符	0	A	a	Ä	ß	ä
代码点（十进制）	48	65	97	196	223	228

从表 11.5 中可以看出，数字排在前面，然后是大写字母，接着是小写字母。变音在大写字母后面，不被纳入大小写字母之间的排序。

在德语中变音是常规字母，排序时不在 Z 的后面。标准 DIN 5007-1 在《字符序列的排序（ABC 规则）》中描述了两种排序方法：

▶ DIN 5007，变体 1（用于单词，如在词条中）。
　　-»ä« 和 »a« 一样。

- »ö« 和 »o« 一样。
- »ü« 和 »u« 一样。
- »ß« 和 »ss« 一样。

▶ DIN 5007，变体 2（对姓名列表进行特殊排序，如在电话簿中）。
- »ä« 和 »ae« 一样。
- »ö« 和 »oe« 一样。
- »ü« 和 »ue« 一样。
- »ß« 和 »ss« 一样。

其他语言也有类似的规则。词典顺序不允许这样做。因此，Unicode 排序算法描述了排序在不同国家语言中的样子。有关介绍，另请参阅 https://de.wikipedia.org/wiki/Unicode_Collation_Algorithm。

Collator 对象在 Java 中可用。它们被初始化为一个 Locale 对象。除了语言之外，还可以传递所谓的层。Java 文档在 *Collator strength value* 中给出了更多示例。

第 12 章
数学相关

在最开始的任务中就已经出现整数和浮点数了，我们用常见的数学运算符计算这些数字。在 Java 中并不是所有东西都适用运算符，因此 Math 类提供了更多的方法和常量，例如之前我们使用过的 Math.random( )。在本章接下来的任务中，我们特别关注各种舍入的问题，以及研究 Math 类的方法。此外，java.math 包提供了两个类，可以用它们表示任意大的数字——因此，也有这方面的任务。

本章使用的数据类型如下：

- java.lang.Math (https://docs.oracle.com/en/java/javase/11/docs/api/java.base/java/lang/Math.html)
- java.math.BigInteger (https://docs.oracle.com/en/java/javase/11/docs/api/java.base/java/math/BigInteger.html)
- java.math.BigDecimal (https://docs.oracle.com/en/java/javase/11/docs/api/java.base/java/math/BigDecimal.html)

12.1 Math 类

Math 类包含大量的数学函数，但当涉及将数字转换为字符串或解析字符串以便最终结果是原始类型时，重要的是还要看包装类或 Scanner 和 Formatter。

12.1.1 测试：π 乘以大拇指等于多少？ ★

对于数值的舍入，存在不同的方法和不同的任务。

- 一方面可以将浮点数转化为整数。
- 另一方面，可以减少浮点数的小数位数。

Java 库支持各种转换和舍入的方式,包括:

- 显示类型转换 (int) double → int;
- Math.floor(double) → double;
- Math.ceil(double) → double;
- Math.round(double) → long;
- Math.rint(double) → double;
- BigDecimal 和 setScale(...) → BigDecimal;
- NumberFormat,配置为 setMaximumFractionDigits(...),然后 format(...) → String;
- DecimalFormat,配置为 setRoundingMode(...),然后 format(...) → String;
- 带有格式化字符串的 Formatter,然后 format(...) → String。

其中四个方法来自 Math,但是处理非常大且精确的浮点数或字符串表示会涉及其他类。由于这些方法的结果略有不同,所以接下来的任务会再次明确这些差异。

任务:

将舍入后的结果填入表 12.1。

表 12.1

double- 值 d	(int) d	(int) floor(d)	(int) ceil(d)	round(d)	(int) rint(d)
-2.5					
-1.9					
-1.6					
-1.5					
-1.1					
1.1					
1.5					
1.6					
1.9					
2.5					

12.1.2 检查丁丁在舍入时是否作弊 ★

会计丁丁为 CiaoCiao 船长记录收支。她获取正、负浮点值，并将最后结算的总和写成一个舍入的整数。CiaoCiao 船长怀疑丁丁不诚实，她偷走了所有分值，而她本应该按照商业规定正确地舍入。提醒一下，如果剩余第一个小数位的数字是 0，1，2，3 或 4，则向下取整；如果是 5，6，7，8 或 9，则向上取整。

为了验证他的猜测，CiaoCiao 船长需要一个可以进行加法运算并检查不同舍入模式的程序。

任务：
- 给出一个浮点数（正数和负数）的数组，其总和是由丁丁转换的一个整数。
- CiaoCiao 船长想知道用哪种舍入的方法形成和的整数。因此，要对数组中的元素进行求和，并与丁丁计算的和进行比较。舍入是在数字相加后才进行的。
- 实现方法 RoundingMode detectRoundingMode(double[] numbers, int sum)，它获取一个带有数字的 double 数组和丁丁的和，并检查使用了哪种舍入模式。
  为了能够显示舍入的模式，引入一个枚举类型：
  ```
  enum RoundingMode {
      CAST, ROUND, FLOOR, CEIL, RINT, UNKNOWN;
  }
  ```
- 枚举元素代表不同类型的舍入：
  - (int)，即类型转换；
  - (int)Math.floor(double)；
  - (int)Math.ceil(double)；
  - (int)Math.rint(double)；
  - (int)Math.round(double)。
- 哪种舍入对 CiaoCiao 船长不利，但对丁丁有利？丁丁可以用哪种变体作弊？

举例：
调用可能是这样的：

```
double[] numbers = { 199.99 };
System.out.println( detectRoundingMode( numbers, 200 ) );
```

提示：
- java.math 包中的枚举类型 RoundingMode 对于我们的情况而言，不适用于这个任务。

▶ 很可能发生几种舍入模式都适合的情况——例如浮点值的总和本身会产生一个整数——那么该方法可以自由选择一个舍入模式。

12.2 大而精准的数字

java.math.BigInteger 和 java.math.BigDecimal 类可以用来表示任意大小的整数和浮点数。

12.2.1 计算一个大整数的算术平均值 ★

要计算两个数字的算术平均值，需要将它们相加并除以 2。当两个值之和不超过最大可表示数时，此方法很合适。如果结果中有多余部分，则结果是错误的。在计算机科学中，有一些算法也可以处理这个问题，但我们可以使用简单一些的方法，在每种情况下都采取数值范围更大的数据类型。如果要计算两个 int 变量的平均值，我们将这两个 int 转换为 long，将数字相加，做除法，再转换回 int。对于数据类型 long，没有更大的原始数据类型，但对象类型 BigInteger 适用于该情况。

任务：
计算两个 long 值的算术平均值，并且不会导致多余和错误的结果。结果应该也是 long 值。

12.2.2 电话里的逐个数字 ★

Bonny Brain 从一笔新交易中赚了很多钱。这个数字太大了，你不能通过电话直接说出来，必须分块传递。

任务：
编写新方法 BigInteger completeNumber(int...parts)，它得到一个可变数量的数字，并在最后返回大整数。

举例：
completeNumber(123, 22, 989, 77, 9) 返回值为 12322989779 的 BigInteger。

12.2.3 发展分数类并约分 ★★

Bonny Brain 尝试了一种新的朗姆酒配方。诸如 "1/4 升葡萄汁" 或 "1/2 升朗姆酒" 之类的分数在配方说明中多次出现。为了庆祝，她准备了 100 份，因此出现 "100/4 升" 之类的分数，可以约分以便 Bonny Brain 知道必须购买 25 升葡萄汁。

任务：

1. 创建新类 Fraction（见图 12.1）。
2. 应该有一个 Fraction(int numerator, int denominator) 构造函数将分子和分母存储在 public final 变量中。
   - 考虑是否存在我们应该报告异常的错误参数分配。
   - 创建的每个分数都应该自动约分。为此，使用 BigInteger 的 gcd(...) 方法，该方法计算最大公约数（英语：greatest common divisor）。提醒一下：分子和分母的最大公约数是两者都能被除的最大数字。我们可以将分子和分母都除以这个数字，从而约分。
   - 分子和分母可以是负数，但是我们可以反转符号，使它们都是正数。
   - 这些对象都应该是不可变的，因此变量可以为 public，因为它们在通过构造函数初始化后不应该被更改。换句话说，Fraction 类不包含 Setter。
3. 添加构造函数 Fraction(int value)，其中分母自动变为 1。
4. 实现一种方法来乘以分数并检测溢出。
5. 实现 reciprocal( ) 方法，该方法返回分数的倒数，即交换分子和分母。使用这种方法，可以实现分数的除法。
6. Fraction 应扩展 java.lang.Number 并实现所有规定的方法。
7. Fraction 应实现 Comparable，因为分数可以转换为小数，而小数有一个自然顺序。
8. Fraction 应该正确实现 equals(...) 和 hashCode( )。
9. 实现 toString( ) 方法，该方法返回最精简的值。

```
           «interface»    Number
           Comparable

                  «final»
                  Fraction
        +numerator: int «final»
        +denominator: int «final»
        ─────────── Operationen ───────────
        +Fraction(numerator: int, denominator: int)
        +Fraction(value: int)
        +reciprocal(): Fraction
        +multiply(other: Fraction): Fraction
        ─────────── Number ───────────
        +intValue(): int
        +longValue(): long
        +doubleValue(): double
        +floatValue(): float
        ─────────── Comparable ───────────
        +compareTo(other: Fraction): int
        ─────────── Object ───────────
        +equals(other: Object): boolean
        +hashCode(): int
        +toString(): String
```

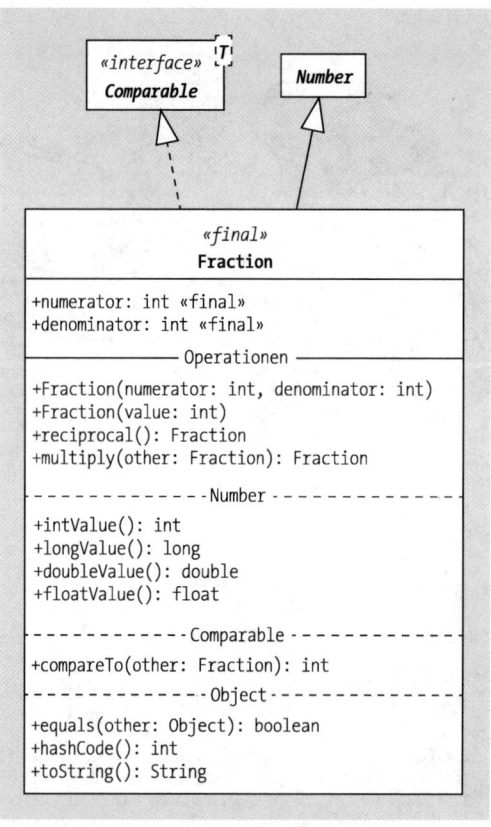

图 12.1 Fraction 的 UML 图示

12.3 建议解决方案

测试 12.1.1：π 乘以大拇指等于多少？
Math.round(double) 和 Math.rint(double) 对于"处在边缘"的数字的处理不同。

- ▶ round(double) 按照商业规定舍入。从表 12.2 中可以看出，round(-2.5)、round(-1.5)、round(1.5) 和 round(2.5) 向上取整；数字不断变大。如果总是只进行商业上的舍入，则会产生小误差，因为该方法不对称。为了公平起见，有些 0.5 也应该向下取整，这就是另一个方法的作用。

- ▶ 对于不以 0.5 结尾的数字，rint(double) 的操作类似 round(double)。但当数字以 0.5 结尾时，以下规则适用：要保留的最后一个数字成为偶数。这种行为被称为对称舍入（这也是数学角度、科学角度），因为它在一半的情况下向上或向下取舍。

表 12.2 浮点数 d 不同舍入的比较

double-值 d	(int) d	(int) floor(d)	(int) ceil(d)	round(d)	(int) rint(d)
-2.5	-2	-3	-2	-2	-2
-1.9	-1	-2	-1	-2	-2
-1.6	-1	-2	-1	-2	-2
-1.5	-1	-2	-1	-1	-2
-1.1	-1	-2	-1	-1	-1
1.1	1	1	2	1	1
1.5	1	1	2	2	2
1.6	1	1	2	2	2
1.9	1	1	2	2	2
2.5	2	2	3	3	2

舍入方法的总结见表 12.3 所示。

表 12.3 舍入方法的总结

方法	结果
类型转换 (int)d	截断浮点数的小数位
floor(d)	朝 -∞ 方向舍入到下一个较小的数字
ceil(d)	向 +∞ 方向舍入到下一个更大的数字
round(d)	根据商业规则对值进行舍入
rint(d)	对称 / 数学 / 科学地对 double 值进行舍入

任务 12.1.2：检查丁丁在舍入时是否作弊

现在看看哪个舍入对 CiaoCiao 船长不利，但对丁丁有利。舍入后的数值与总和之间的差额就是丁丁可以收入囊中的钱。例如总和是 222.22，而丁丁舍入到 222，就会有 0.22 的差额，CiaoCiao 船长就会失去这笔钱，而这笔钱进入丁丁的口袋（见表 12.4）。例子中的数字差是什么样的？

表 12.4 舍入的差异

值 d	d − (int)d	d − floor(d)	d − ceil(d)	d − round(d)	d − rint(d)
-2.5	-0.5	0.5	-0.5	-0.5	-0.5
-1.9	-0.9	0.1	-0.9	0.1	0.1
-1.6	-0.6	0.4	-0.6	0.4	0.4
-1.5	-0.5	0.5	-0.5	-0.5	0.5
-1.1	-0.1	0.9	-0.1	-0.1	-0.1
1.1	0.1	0.1	-0.9	0.1	0.1
1.5	0.5	0.5	-0.5	-0.5	-0.5
1.6	0.6	0.6	-0.4	-0.4	-0.4
1.9	0.9	0.9	-0.1	-0.1	-0.1
2.5	0.5	0.5	-0.5	-0.5	0.5
和	0	5	-5	-2	0

我们可以看到，对于所选的数字，如果丁丁将所有的总和向下舍入，她就能获益最大，因为那会使数字变小，而且她在每种情况下都能得到差额，无论数字是负数还是正数。

回到解决方案：

```java
public enum RoundingMode {
    CAST, ROUND, FLOOR, CEIL, RINT, UNKNOWN;
}
private static RoundingMode detectRoundingMode( double value, int rounded ) {
    return rounded == (int) value          ? RoundingMode.CAST :
           rounded == Math.round( value )  ? RoundingMode.ROUND :
           rounded == Math.floor( value )  ? RoundingMode.FLOOR :
           rounded == Math.ceil( value )   ? RoundingMode.CEIL :
           rounded == Math.rint( value )   ? RoundingMode.RINT :
           RoundingMode.UNKNOWN;
}
```

```java
public static RoundingMode detectRoundingMode( double[] numbers, int sum ) {
  double realSum = 0;
  for ( double number : numbers )
    realSum += number;
  return detectRoundingMode( realSum, sum );
}
```
列表 12.1 com/tutego/exercise/math/RoundingModeDetector.java

建议解决方案由两种方法组成。公共方法 detectRoundingMode(...) 将数组中的元素相加，并调用私有方法 detectRoundingMode(double, int) 来确定实际的舍入模式。

该方法按顺序将整数值与不同的舍入变体进行比较，如果匹配，则返回枚举元素。如果总数和舍入的值根本不匹配，则返回 RoundingMode.UNKNOWN。

任务 12.2.1：计算一个大整数的算术平均值

```java
private final static BigDecimal TWO = BigDecimal.valueOf( 2 );

public static long meanExact( long x, long y){
  BigInteger bigSum = BigInteger.valueOf( x ).add( BigInteger.valueOf( y ) );
  BigInteger bigMean = bigSum.divide( BigInteger.TWO );
  return bigMean.longValue();
}
```
列表 12.2 com/tutego/exercise/math/BigIntegerMean.java

第一步，我们用工厂方法 valueOf(long) 为参数 x 和 y 建立一个新的 BigInteger 类型的对象。第二步，形成总和。第三步，将总和除以 2。对于除法，我们还必须借助 BigInteger 对象作为除数。由于除数是常数，所以建议解决方案定义了自己的常数——BigInteger 类有常数 0，1 和 10，但没有常数 2。

在计算整数的平均值时，总是有一个舍入问题。两个偶数或两个奇数相加总是得到一个偶数，但一个偶数与一个奇数之和是奇数。如果奇数除以 2，就会有余数，问题是向上还是向下取整，将结果向 0 取整还是向正负无穷大取整——有很多可能性。

BigInteger 方法 divide(...) 的操作类似两个整数的除法，向 0 舍入。

最终结果是一个不大于 Long.MAX_VALUE 且不小于 Long.MIN_VALUE 的数字，以便用 longValue() 转换 BigInteger 中的数字时不会有损失。

任务 12.2.2：电话里的逐个数字

```java
static BigInteger completeNumber( int... parts ) {
  StringBuilder bigNumber = new StringBuilder( parts.length * 2 );
  for ( int part : parts )
    bigNumber.append( part );

  return new BigInteger( bigNumber.toString() );
}
```

列表 12.3 com/tutego/exercise/math/SequentialNumbersToOneNumber.java

我们可以在字符串或数学的帮助下完成这个任务。使用一个临时字符串可以轻易解决这个问题。

第一步，我们运行数组，将所有的数字逐一取出，并将它们追加到一个 StringBuilder 中。如果我们假设每个数字平均由两位数组成，就可以估计出结果大约是多少。因此，我们使用带有容量的 StringBuilder 的参数化构造函数。

附加所有数字后，StringBuilder 被转换为字符串并提供给 BigInteger 构造函数。这是字符串到 BigInteger 的实际转换的开始。

当然，任务也可以在没有临时 StringBuilder 的情况下完成。

我们以调用为例：

```java
completeNumber(123, 22, 989, 77, 9);
```

最后，如果我们希望 BigInteger 为 12 322 989 779，则可以先将 BigInteger 设为 123，然后将该数字乘以 100 再加 22 得到 12 322。下一步，我们将结果乘以 1 000 并加上 989。然后，我们再次将结果乘以 100 并加上 77，再将结果乘以 10 并加上 9。也就是说，我们总是将旧值乘以 10^n，其中 n 是下一个数字的位数。

任务 12.2.3：发展分数类并约分

```java
import java.math.BigInteger;

public final class Fraction extends Number implements Comparable<Fraction> {

  public final int numerator;
  public final int denominator;
```

```java
public Fraction( int numerator, int denominator ) {
  if ( denominator == 0 )
    throw new ArithmeticException( "denominator of a fraction can't be 0" );

  // denominator always positive
  if ( denominator < 0 ) {
    numerator   = -numerator;
    denominator = -denominator;
  }

  // shortcut if denominator == 1
  if ( denominator == 1 ) {
    this.numerator = numerator;
    this.denominator = 1;
  }
  else {
    // try to simplify every fraction
    int gcd = gcd( numerator, denominator );
    // might be 1, but divide anyway
    this.numerator = numerator / gcd;
    this.denominator = denominator / gcd;
  }
}

private static int gcd( int a, int b ) {
  return BigInteger.valueOf( a )
                   .gcd( BigInteger.valueOf( b ) )
                   .intValue();
}

public Fraction( int value ) {
  this( value, 1 );
}

public Fraction reciprocal() {
  return new Fraction( denominator, numerator );
```

```java
    }

    public Fraction multiply( Fraction other ) {
        return new Fraction( Math.multiplyExact( numerator, other.numerator ),
                             Math.multiplyExact( denominator, other.denominator ) );
    }

    @Override
    public int intValue() {
        return numerator / denominator;
    }

    @Override
    public long longValue() {
        return (long) numerator / denominator;
    }

    @Override
    public double doubleValue() {
        return (double) numerator / denominator;
    }

    @Override
    public float floatValue() {
        return (float) numerator / denominator;
    }

    @Override
    public int compareTo( Fraction other ) {
        return Double.compare( doubleValue(), other.doubleValue() );
    }

    @Override
    public boolean equals( Object other ) {
        if ( other == this )
            return true;
```

```java
    if ( ! (other instanceof Fraction) )
      return false;

    Fraction otherFraction = (Fraction) other;
    return      numerator == otherFraction.numerator
           && denominator == otherFraction.denominator;
  }

  @Override
  public int hashCode() {
    return numerator + Integer.reverse( denominator );
  }

  @Override
  public String toString() {
    return numerator == 0 ? "0" :
           denominator == 1 ? "" + numerator :
           numerator + " / " + denominator;
  }
}
```

列表 12.4 com/tutego/exercise/math/Fraction.java

我们从构造函数 Fraction 开始，它接收分子和分母。分母不能为 0，否则抛出异常。原则上我们可以构建自己的 Exception 类，但 ArithmeticException 已经很合适了。

分子和分母可以为正数或负数，有四种情况：

- numerator > 0, denominator > 0;
- numerator < 0, denominator > 0;
- numerator > 0, denominator < 0;
- numerator < 0, denominator < 0。

我们要考虑两种情况：

- 如果分子和分母都是负数，那么我们可以把符号颠倒，使它们都是正数。
- 如果分母是负数，分子是正数，那么我们可以把符号移到分子上。

第 12 章 数学相关 | 351

这两种情况都可以通过条件判断来处理。如果分母为负，那么我们将两个符号颠倒，然后负分母变为正分母。如果分子也为负，则分子变为正，这样负分子和负分母都变为正。如果分母为负而分子为正，那么我们将符号移至分子，因为分子要变为负。

　　分子和分母现在已经准备好了，如果分母是 1，那么分数不需要约分，我们省略下面的工作并退出构造函数，否则在 else 块中继续。

　　构造函数的最后一部分处理约分。任务描述中简要解释了该如何进行：我们需要最大公约数。构造函数在这里委托给自己的方法 gcd(int, int)，它首先为两个数字构建一个 BigInteger，计算最大公约数，然后将其作为整数返回。在我们的方案中，参数类型是 int，因此除数肯定会比较小，我们用 intValue( ) 从 BigInteger 读取。在构造函数询问最大公约数后，我们用它来除分子和分母，从而初始化我们的对象变量。原则上，gcd 也可以是 1，这样就不需要除法了，但我们在这里保留了这个特殊的条件判断，因为现在除以 1 也不费事。

　　第二个构造函数只取一个分子，在这种情况下，分母是 1。我们委托给我们自己的构造函数，但原则上可以自己保存，因为我们不需要对负分母进行特殊处理，并且分母也不为 0。

　　两个方法中的第一个 reciprocal( ) 通过使分母变成分子，分子变成分母的方式创建一个新的 Fraction 对象。multiply(…) 方法将自己的分子与传递对象的分子相乘，并对称地对分母做同样的处理。乘法很快就会生成大数字，并且可能超出 int 类型的取值范围，因此 Math.multiplyExact(…) 确保乘积适用于 int 类型，否则抛出异常。

　　下一个方法来自基本类型 Number。我们用分子除以分母，并在各方法中返回结果。

　　compareTo(…) 方法来自接口 Comparable。我们直接计算商，并将我们的商与传递的分数进行比较。

　　下一步，我们重写 equals(…) 和 hashCode( ) 方法。如果分子或分母发生变化，则一个好的哈希码将返回一个不同的哈希码。hashCode( ) 的实现是通过翻转分母的位数来实现的，因此如果分子和分母所需的位数加起来不超过 32 位（int 类型的位数），那么我们可以通过不同的哈希码来检测每个变化。

　　最后一个方法是 toString( )。如果分子是 0，那么我们甚至不需要考虑分母，并返回字符串 0。如果分母是 1，那么我们只能返回分子。否则，我们将返回分子和分母，两者之间用一个分数线隔开。

编后语

祝贺那些花时间完成任务、研究建议解决方案并坚持到最后的读者。虽然路途遥远，但现在他们已经为一个有前途的 Java 事业奠定了基础。但当然，这本书之后并没有停止。那些成功的人一遍又一遍地重复以下三个步骤。

1. 阅读书籍，学习博客条目，观看学习视频。
2. 自己编程并对建议解决方案提出批评性质疑。
3. 研究其他人的源代码，识别和学习模式。

此外，还有一些网站和平台会定期发布新任务。一小部分免费网站如下。

- Code Golf Stack Exchange。
  Code Golf Stack Exchange 是一个面向编程竞赛的网站，旨在将编程作为一种娱乐活动，这是它官方介绍中的说法。有些任务也会用 Java 来完成，而许多任务则使用一些非常奇特的编程语言来完成，这些编程语言只是因为其紧凑的编写风格而被创造出来的 (https://codegolf.stackexchange.com/questions)。
- Project Euler。
  "Project Euler 是一系列具有挑战性的数学或编程问题，要解决这些问题不仅需要数学见解。"许多问题都来自数学领域，但是开发者们必须借助精心设计的算法来解决它们 (https://projecteuler.net/)。
- Daily Programmer。
  Reddit 是一个"互联网的首页"，由一系列称为"Subreddits"的论坛组成。其中一个 Subreddit 是 Daily Programmer，旨在通过每周的编程任务挑战具有各种技能水平的程序员。这些任务的难度各不相同 (https://www.reddit.

com/r/dailyprogrammer/)。
- Rosetta Code。
Rosetta Code 的魅力在于其多样性的编程语言。该网站上有超过 1 000 个编程问题和 800 多种编程语言的解决方案。作为 Java 开发人员，我们可以通过其他编程语言的解决方案学习，虽然不太可能通过像 COBOL 这样的古老编程语言学习，但是可以通过函数式编程语言学到很多东西 (https://rosettacode.org/wiki/Rosetta_Code)。

有些公司在招聘测试中使用编程任务。这种做法催生了一个商业模式，即商业提供者定期提供需要应聘者完成的封闭性任务。人力资源部门可以在后续的评估中与主要开发人员一起评估解决方案，并获取一些度量指标。

一个类似的发展是竞技编程。你就像比赛一样开发解决方案。完成一个任务可以获得一定的分数，谁得分最高谁就是赢家。

附录 A
Java 领域中常见的类型和方法

一本关于 Java 编程任务的书籍中，重要的是项目中相关的数据类型和方法。很少使用的数据类型和方法几乎没有用处，特别是当重要的数据类型缺失时。在为这本书做准备时，我编写了一个软件，用于研究百余个开源库中出现的数据类型和方法，结果非常有趣。本附录展示了这些统计数据，其中所列出的是在实践中经常出现的类型。Java EE、Spring 或其他开源库的类型不在这里出现，这里只有 Java SE 的类型。

A.1 经常出现的类型的包

- java.io
  BufferedReader, ByteArrayInputStream, ByteArrayOutputStream, DataOutputStream, FileInputStream, FileOutputStream, File, IOException, InputStream, ObjectInputStream, ObjectOutputStream, OutputStream, PrintStream, PrintWriter, StringReader, StringWriter, Writer

- java.lang
  Appendable, AssertionError, Boolean, Byte, CharSequence, Character, ClassLoader, Class, Double, Enum, Exception, Float, IllegalArgumentException, IllegalStateException, IndexOutOfBoundsException, Integer, Iterable, Long, Math, NullPointerException, Number, Object, RuntimeException, Short, StringBuffer, StringBuilder, String, System, ThreadLocal, Thread, Throwable, UnsupportedOperationException

- java.lang.annotation
  Annotation

- java.lang.ref
  SoftReference

- java.lang.reflect

  Array, Constructor, Field, InvocationTargetException, Method, ParameterizedType
- java.math

  BigInteger
- java.net

  URI, URL
- java.nio

  ByteBuffer
- java.security

  AccessController
- java.sql

  PreparedStatement
- java.text

  MessageFormat
- java.util

  AbstractList, ArrayList, Arrays, BitSet, Calendar, Collection, Collections, Comparator, Date, Enumeration, HashMap, HashSet, Hashtable, Iterator, LinkedHashMap, LinkedHashSet, LinkedList, List, Locale, Map, NoSuchElementException, Objects, Optional, Properties, ResourceBundle, Set, Stack, StringTokenizer, TreeMap, Vector
- java.util.concurrent

  ConcurrentHashMap, ConcurrentMap
- java.util.concurrent.atomic

  AtomicBoolean, AtomicInteger, AtomicLong, AtomicReference
- java.util.concurrent.locks

  Lock, ReentrantLock
- java.util.function

  Consumer, Function
- java.util.logging

  Logger
- java.util.regex

  Matcher, Pattern
- java.util.stream

  Collectors, Stream
- javax.xml.bind

JAXBElement
- javax.xml.namespace
QName

A.2 100 个最常使用的类

表 A.1 经常使用的数据类型

类的名称	出现次数	百分比分布 /%
java.lang.StringBuilder	605.692	25.28
java.lang.String	190.854	7.97
java.lang.Object	138.093	5.76
java.util.Iterator	102.072	4.26
java.util.List	99.833	4.17
java.lang.StringBuffer	94.562	3.95
java.util.Map	69.415	2.90
java.lang.Class	52.435	2.19
java.util.ArrayList	46.855	1.96
java.lang.Integer	45.650	1.91
java.util.Set	35.131	1.47
java.util.HashMap	28.958	1.21
java.util.logging.Logger	26.173	1.09
java.lang.IllegalArgumentException	25.762	1.08
javax.xml.namespace.QName	22.050	0.92
java.io.File	19.951	0.83
java.lang.Boolean	19.919	0.83
java.lang.System	18.881	0.79
java.util.Collection	15.678	0.65
java.util.Arrays	15.533	0.65

续表

类的名称	出现次数	百分比分布 /%
java.lang.AssertionError	14.927	0.62
java.lang.IllegalStateException	14.189	0.59
java.util.Map$Entry	13.554	0.57
java.util.Collections	13.061	0.55
java.lang.Long	12.493	0.52
java.util.Hashtable	11.934	0.50
java.lang.Enum	11.191	0.47
java.lang.Math	10.670	0.45
java.lang.UnsupportedOperationException	10.434	0.44
java.lang.reflect.Method	10.357	0.43
java.io.PrintStream	10.278	0.43
java.util.Vector	10.118	0.42
java.lang.Character	9.904	0.41
java.lang.Thread	9.294	0.39
java.nio.ByteBuffer	9.285	0.39
java.util.HashSet	8.881	0.37
java.lang.Throwable	8.415	0.35
java.util.Properties	8.106	0.34
java.lang.Double	7.956	0.33
java.lang.IndexOutOfBoundsException	7.799	0.33
java.lang.RuntimeException	7.734	0.32
java.util.Objects	7.700	0.32
java.io.Writer	7.473	0.31
java.io.IOException	6.902	0.29

续表

类的名称	出现次数	百分比分布 /%
java.io.InputStream	6.539	0.27
java.util.stream.Stream	6.429	0.27
java.lang.CharSequence	6.170	0.26
java.lang.Exception	6.054	0.25
java.io.PrintWriter	5.785	0.24
java.math.BigInteger	5.520	0.23
java.util.Enumeration	5.047	0.21
java.util.Stack	4.904	0.20
java.util.ResourceBundle	4.777	0.20
java.io.OutputStream	4.682	0.20
java.util.LinkedList	4.646	0.19
java.util.Optional	4.169	0.17
java.io.ByteArrayOutputStream	4.115	0.17
java.util.AbstractList	4.074	0.17
java.lang.Float	4.062	0.17
java.util.StringTokenizer	4.024	0.17
java.lang.NullPointerException	3.840	0.16
java.util.concurrent.atomic.AtomicReference	3.579	0.15
java.net.URI	3.491	0.15
java.util.LinkedHashMap	3.490	0.15
java.lang.Iterable	3.483	0.15
java.lang.reflect.Field	3.452	0.14
java.lang.Number	3.449	0.14
java.net.URL	3.436	0.14

续表

类的名称	出现次数	百分比分布 /%
java.util.regex.Pattern	3.386	0.14
java.util.regex.Matcher	3.343	0.14
java.util.Calendar	3.281	0.14
java.util.concurrent.ConcurrentHashMap	3.231	0.13
java.text.MessageFormat	3.070	0.13
javax.xml.stream.XMLStreamReader	3.032	0.13
java.util.concurrent.locks.Lock	3.012	0.13
java.lang.ClassLoader	2.861	0.12
java.util.concurrent.atomic.AtomicInteger	2.835	0.12
java.lang.ThreadLocal	2.706	0.11
java.security.AccessController	2.687	0.11
java.util.concurrent.ConcurrentMap	2.579	0.11
java.util.BitSet	2.553	0.11
java.math.BigDecimal	2.437	0.10
java.sql.ResultSet	2.408	0.10
java.io.BufferedReader	2.359	0.10
java.io.DataOutputStream	2.264	0.09
java.util.concurrent.atomic.AtomicLong	2.245	0.09
java.sql.PreparedStatement	2.237	0.09
java.util.LinkedHashSet	2.222	0.09
java.util.Date	2.212	0.09
java.lang.ref.SoftReference	2.139	0.09
java.io.ObjectOutputStream	2.119	0.09

续表

类的名称	出现次数	百分比分布 /%
java.lang.reflect.Array	2.048	0.09
java.io.ObjectInputStream	2.043	0.09
java.io.StringWriter	1.992	0.08
java.util.concurrent.atomic.AtomicBoolean	1.991	0.08

A.3 100 种常用的方法

表 A.2 带有方法名称的类

方法名称	出现次数	百分比分布 /%
java.lang.StringBuilder#append	377.938	15.77
java.lang.StringBuilder#toString	111.511	4.65
java.lang.StringBuilder#<init>	111.272	4.64
java.lang.Object#<init>	80.559	3.36
java.lang.StringBuffer#append	61.081	2.55
java.lang.String#equals	56.525	2.36
java.util.Iterator#next	50.355	2.10
java.util.Iterator#hasNext	50.093	2.09
java.util.ArrayList#<init>	28.413	1.19
java.lang.Integer#valueOf	27.554	1.15
java.lang.String#length	26.959	1.13
java.util.Map#put	26.388	1.10
java.util.List#add	26.041	1.09
java.lang.IllegalArgumentException#<init>	25.190	1.05
java.lang.Object#getClass	24.894	1.04

续表

方法名称	出现次数	百分比分布 /%
java.util.List#size	21.020	0.88
java.util.Map#get	18.625	0.78
java.util.List#iterator	18.422	0.77
javax.xml.namespace.QName#<init>	17.541	0.73
java.lang.String#substring	16.687	0.70
java.lang.StringBuffer#toString	15.771	0.66
java.lang.Object#equals	15.554	0.65
java.lang.StringBuffer#<init>	15.488	0.65
java.lang.Class#getName	15.238	0.64
java.lang.AssertionError#<init>	14.877	0.62
java.lang.IllegalStateException#<init>	13.984	0.58
java.lang.String#charAt	12.815	0.53
java.util.Set#iterator	12.788	0.53
java.util.logging.Logger#log	12.576	0.52
java.util.List#get	12.204	0.51
java.util.HashMap#<init>	12.185	0.51
java.lang.Boolean#valueOf	10.513	0.44
java.util.HashMap#put	10.470	0.44
java.lang.UnsupportedOperation-Exception#<init>	10.340	0.43
java.util.Set#add	9.598	0.40
java.lang.System#arraycopy	9.116	0.38
java.lang.String#startsWith	8.501	0.35
java.lang.Object#toString	8.418	0.35
java.io.PrintStream#println	8.240	0.34

续表

方法名称	出现次数	百分比分布 /%
java.lang.String#indexOf	8.053	0.34
java.lang.IndexOutOfBoundsException#<init>	7.792	0.33
java.util.Collection#iterator	7.486	0.31
java.lang.RuntimeException#<init>	7.414	0.31
java.lang.Long#valueOf	7.268	0.30
java.lang.Boolean#booleanValue	7.132	0.30
java.lang.String#valueOf	7.027	0.29
java.lang.Integer#intValue	7.006	0.29
java.util.Hashtable#put	6.884	0.29
java.util.Map$Entry#getValue	6.781	0.28
java.util.Map$Entry#getKey	6.634	0.28
java.util.ArrayList#add	6.581	0.27
java.util.logging.Logger#isLoggable	6.530	0.27
java.util.HashSet#<init>	6.527	0.27
java.lang.Object#hashCode	6.479	0.27
java.io.Writer#write	6.423	0.27
java.lang.Class#getClassLoader	6.378	0.27
java.util.Arrays#asList	6.083	0.25
java.lang.String#equalsIgnoreCase	6.070	0.25
java.util.List#toArray	5.872	0.25
java.lang.String#format	5.769	0.24
java.io.File#<init>	5.631	0.24
java.lang.Enum#<init>	5.352	0.22
java.lang.Enum#valueOf	5.322	0.22

续表

方法名称	出现次数	百分比分布 /%
java.lang.String#<init>	5.298	0.22
java.lang.String#trim	5.115	0.21
java.io.IOException#<init>	5.079	0.21
java.util.Objects#requireNonNull	4.767	0.20
java.util.List#isEmpty	4.748	0.20
java.lang.Class#isAssignableFrom	4.468	0.19
java.util.Map#entrySet	4.254	0.18
java.lang.Throwable#addSuppressed	4.100	0.17
java.lang.String#hashCode	3.984	0.17
java.lang.Math#min	3.964	0.17
java.util.AbstractList#<init>	3.943	0.16
java.util.Map#containsKey	3.905	0.16
java.lang.Class#desiredAssertionStatus	3.884	0.16
java.lang.NullPointerException#<init>	3.808	0.16
java.util.ArrayList#size	3.758	0.16
java.lang.String#endsWith	3.718	0.16
java.lang.Character#valueOf	3.714	0.16
java.util.Set#contains	3.698	0.15
java.io.InputStream#close	3.684	0.15
java.util.ResourceBundle#getString	3.670	0.15
java.lang.Thread#currentThread	3.488	0.15
java.lang.Double#valueOf	3.465	0.14
java.lang.Iterable#iterator	3.363	0.14
java.lang.Integer#parseInt	3.350	0.14

续表

方法名称	出现次数	百分比分布 /%
java.util.HashMap#get	3.319	0.14
java.lang.System#getProperty	3.292	0.14
java.util.Map#values	3.240	0.14
java.util.Arrays#fill	3.202	0.13
java.util.ArrayList#get	3.189	0.13
java.lang.Integer#<init>	3.181	0.13
java.lang.Math#max	2.960	0.12
java.io.OutputStream#write	2.951	0.12
java.util.Map#remove	2.909	0.12
java.lang.Class#forName	2.903	0.12
java.lang.String#replace	2.887	0.12

A.4　100 个最常用的方法，包括参数列表

表 A.3　带有方法名称和参数列表的类

方法名称和参数列表	出现次数	百分比分布 /%
java.lang.StringBuilder#append(String)	296.283	12.37
java.lang.StringBuilder#toString( )	111.511	4.65
java.lang.StringBuilder#<init>( )	102.410	4.27
java.lang.Object#<init>( )	80.559	3.36
java.lang.String#equals(Object)	56.525	2.36
java.util.Iterator#next( )	50.355	2.10
java.util.Iterator#hasNext( )	50.093	2.09
java.lang.StringBuffer#append(String)	48.916	2.04
java.lang.StringBuilder#append(Object)	33.491	1.40

续表

方法名称和参数列表	出现次数	百分比分布 /%
java.lang.Integer#valueOf(int)	27.170	1.13
java.lang.String#length( )	26.959	1.13
java.util.Map#put(Object, Object)	26.388	1.10
java.util.List#add(Object)	25.409	1.06
java.lang.Object#getClass( )	24.894	1.04
java.lang.IllegalArgumentException#<init>(String)	22.429	0.94
java.lang.StringBuilder#append(int)	21.752	0.91
java.util.ArrayList#<init>( )	21.117	0.88
java.util.List#size( )	21.020	0.88
java.util.Map#get(Object)	18.625	0.78
java.util.List#iterator( )	18.422	0.77
javax.xml.namespace.QName#<init>(String, String)	17.076	0.71
java.lang.StringBuilder#append(char	16.402	0.68
java.lang.StringBuffer#toString( )	15.771	0.66
java.lang.Object#equals(Object)	15.554	0.65
java.lang.Class#getName( )	15.238	0.64
java.lang.StringBuffer#<init>( )	13.318	0.56
java.lang.String#charAt(int)	12.815	0.53
java.util.Set#iterator( )	12.788	0.53
java.util.List#get(int)	12.204	0.51
java.lang.IllegalStateException#<init>(String)	10.673	0.45
java.lang.AssertionError#<init>( )	10.622	0.44
java.util.HashMap#put(Object, Object)	10.470	0.44

续表

方法名称和参数列表	出现次数	百分比分布 /%
java.util.HashMap#<init>( )	10.273	0.43
java.util.Set#add(Object)	9.598	0.40
java.lang.String#substring(int, int)	9.538	0.40
java.lang.Boolean#valueOf(boolean)	9.449	0.39
java.lang.System#arraycopy(Object, int, Object, int, int)	9.116	0.38
java.lang.Object#toString( )	8.418	0.35
java.lang.String#startsWith(String)	8.344	0.35
java.io.PrintStream#println(String)	7.568	0.32
java.util.Collection#iterator( )	7.486	0.31
java.lang.String#substring(int)	7.149	0.30
java.lang.Boolean#booleanValue( )	7.132	0.30
java.lang.Long#valueOf(long)	7.066	0.29
java.lang.Integer#intValue( )	7.006	0.29
java.lang.IndexOutOfBoundsException#<init>( )	6.941	0.29
java.util.Hashtable#put(Object, Object)	6.884	0.29
java.util.Map$Entry#getValue( )	6.781	0.28
java.util.Map$Entry#getKey( )	6.634	0.28
java.util.logging.Logger#isLog-gable(java.util.logging.Level)	6.530	0.27
java.lang.Object#hashCode( )	6.479	0.27
java.lang.Class#getClassLoader( )	6.378	0.27
java.util.ArrayList#add(Object)	6.359	0.27
java.util.Arrays#asList(Object…)	6.083	0.25
java.lang.String#equalsIgnore-Case(String)	6.070	0.25

续表

方法名称和参数列表	出现次数	百分比分布 /%
java.lang.UnsupportedOperation-Exception#<init>( )	5.769	0.24
java.util.List#toArray(Object…)	5.691	0.24
java.lang.Enum#<init>(String, int)	5.352	0.22
java.lang.Enum#valueOf(Class, String)	5.322	0.22
java.lang.String#trim( )	5.115	0.21
java.lang.StringBuffer#append(char)	5.074	0.21
java.lang.StringBuilder#append(long)	5.035	0.21
java.util.HashSet#<init>( )	5.015	0.21
java.util.ArrayList#<init>(int)	4.941	0.21
java.util.logging.Logger#log(java.util.logging.Level, String, Throwable)	4.766	0.20
java.util.List#isEmpty( )	4.748	0.20
java.io.Writer#write(String)	4.690	0.20
java.util.logging.Logger# log(java.util.logging.Level, String)	4.577	0.19
java.lang.StringBuilder#<init>(String)	4.512	0.19
java.lang.UnsupportedOperation-Exception#<init>(String)	4.490	0.19
java.lang.Class#isAssignable- From(Class)	4.468	0.19
java.lang.String#format(String, Object…)	4.411	0.18
java.io.IOException#<init>(String)	4.321	0.18
java.lang.StringBuilder#<init>(int)	4.314	0.18
java.util.Map#entrySet( )	4.254	0.18
java.lang.AssertionError#<init>(Object)	4.129	0.17
java.lang.Throwable#addSup-pressed(Throwable)	4.100	0.17

续表

方法名称和参数列表	出现次数	百分比分布 /%
java.lang.String#indexOf(int)	4.088	0.17
java.lang.String#hashCode( )	3.984	0.17
java.util.AbstractList#<init>( )	3.943	0.16
java.util.Map#containsKey(Object)	3.905	0.16
java.lang.Class#desiredAssertion-Status( )	3.884	0.16
java.lang.RuntimeException#<init>(String)	3.801	0.16
java.util.ArrayList#size( )	3.758	0.16
java.lang.String#endsWith(String)	3.718	0.16
java.lang.Character#valueOf(char)	3.714	0.16
java.util.Set#contains(Object)	3.698	0.15
java.io.InputStream#close( )	3.684	0.15
java.util.ResourceBundle#get-String(String)	3.670	0.15
java.lang.Thread#currentThread( )	3.488	0.15
java.lang.Iterable#iterator( )	3.363	0.14
java.util.HashMap#get(Object)	3.319	0.14
java.lang.String#valueOf(Object)	3.288	0.14
java.lang.StringBuffer#append(int)	3.248	0.14
java.util.Map#values( )	3.240	0.14
java.lang.Double#valueOf(double)	3.229	0.13
java.util.ArrayList#get(int)	3.189	0.13
java.lang.Integer#<init>(int)	3.120	0.13
java.util.Objects#requireNon-Null(Object, String)	3.102	0.13

《漫画学 Java》三部曲

别告诉我你不懂 Java！　薛定谔来教你！

全彩印刷 零基础 漫画版

扫码购书